高等学校工程管理专业系列教材

工程造价案例分析

（第二版）

郭树荣　刘爱芳　主　编
王红平　叶　玲　副主编
陈起俊　主　审

中国建筑工业出版社

图书在版编目（CIP）数据

工程造价案例分析/郭树荣，刘爱芳主编. —2版. —北京：
中国建筑工业出版社，2019.12（2023.12重印）
高等学校工程管理专业系列教材
ISBN 978-7-112-24635-9

Ⅰ.①工… Ⅱ.①郭… ②刘… Ⅲ.①建筑造价管理-案例-高等
学校-教材 Ⅳ.①TU723.3

中国版本图书馆CIP数据核字(2020)第010997号

本书主要内容包括建设项目财务评价、工程设计及施工方案技术经济分析、建设工程定额与概预算、工程量清单与计价、建设项目招标与投标、建设工程合同管理与索赔、工程价款结算与竣工决算各章的基本知识、典型案例分析和对应的练习题。

本书可作为高等学校工程管理、工程造价专业及相关专业的教材，也可以作为参加造价工程师、监理工程师、建造师考试学员的参考用书。

为更好地支持相应课程的教学，我们向采用本书作为教材的教师提供教学课件，有需要者可与出版社联系，邮箱：jckj@cabp.com.cn，电话：（010）58337285，建工书院 http：//edu.cabplink.com。

* * *

责任编辑：张　晶
责任校对：党　蕾

高等学校工程管理专业系列教材
工程造价案例分析（第二版）
郭树荣　刘爱芳　主　编
王红平　叶　玲　副主编
陈起俊　主　审
*
中国建筑工业出版社出版、发行（北京海淀三里河路9号）
各地新华书店、建筑书店经销
北京红光制版公司制版
北京君升印刷有限公司印刷
*
开本：787×1092毫米　1/16　印张：17¾　字数：443千字
2020年5月第二版　2023年12月第十六次印刷
定价：**45.00**元（赠教师课件）
ISBN 978-7-112-24635-9
（35000）

第二版前言

本书是工程管理专业、工程造价专业的综合应用型教材，内容融合了学生所学的前期课程，包括工程经济、工程施工、工程计量与计价、工程招标投标与合同管理、工程项目管理等的主要知识和基本原理，力争做到技术与经济、管理的有机结合。本书在第一版的基础上，根据国家最新颁布的相关文件，修订了涉及营改增、工程项目费用组成、建筑安装、工程费用的计算、建设工程工程量清单与计价、工程索赔程序、建设工程施工合同示范文本等章节的内容，并修订了相关章节中的案例和习题。

在编写中突出了以下特点：

1. 章节清晰、结构严谨、阐述清楚。本教材打破了同类教材的风格，将内容按照工程造价基础知识的实际应用点进行分类，并分章节较详细地阐述了案例所涉及的各科知识，这更有利于学生学习掌握。

2. 所讲案例，紧扣工程造价理论与实践，最大限度地与生产管理一线相结合，且多数案例来源于生产管理一线，这有利于学生做到理论与实践相结合，灵活地学习理论知识。

3. 节后均附有大量紧扣本节案例内容的练习题，让学生进一步巩固所讲案例的内容，并有利于教师布置作业。这是其他同类教材所不具备的。

4. 吸收了同类教材的优点，即在案例解答之前，有较为详细的解题要点分析，这有助于学生开拓思路，也有助于教师很好地讲解案例。

5. 知识覆盖面广，时效性强。本教材内容以基本建设程序为线索，以国家最新颁布的有关计价文件为依据，结合工程实际编写。编写教师就《关于做好建筑业营改增建设工程计价依据调整准备工作的通知》（建办标［2016］4号）、《关于全面推开营业税改征增值税试点的通知》（财税［2016］36号）两个重要文件进行了学习研讨，以中华人民共和国住房和城乡建设部最新颁布的《建筑安装工程费用项目组成》（建标［2013］44号）、《建筑工程施工发包与承包计价管理办法》（第16号令）、《建设工程工程量清单计价规范》GB 50500—2013、《房屋建筑与装饰工程工程量计算规范》GB 50854—2013、《房屋建筑与装饰工程消耗量定额》TY 01—31—2015等为依据编写教材内容。知识覆盖面广，时效性强。

本书第2、7章由郭树荣编写；第1、4章由刘爱芳编写；第3、5章由王红平编写；第6章由叶玲编写。参加编写的人员还有王翠琴、杜彬彬、张川、刘永强、王文静、孙广伟、谢丹凤等。全书由郭树荣统稿，郭树荣、刘爱芳主编，陈起俊主审。

本书在编写过程中参阅了大量的国内教材和全国造价工程师执业资格考试各类应考复习用书，得到了教育部人文社会科学研究专项任务项目“基于‘互联网+’思维的工程人才混合式培养模式研究”（16JDGC012）和山东省本科高校教学改革研究项目“基于 OBE—CDIO 的工程管理专业应用型人才培养模式研究”的资助，在此对有关作者和项目组成员一并表示感谢。限于编者水平有限，书中不足之处，欢迎读者批评指正。

2019 年 10 月

第 一 版 前 言

本书是工程管理专业、工程造价专业的综合应用教材，内容融合了学生所学的前期课程，如工程经济、工程施工、工程计量与计价、工程招标投标与合同管理等主要知识和基本原理，力争做到技术与经济、管理的有机结合。在编写中突出了以下特点：

1. 章节清晰、结构严谨、阐述清楚。本教材打破同类教材的模式，采用章节编排思路，将内容进行分类，并较详细地阐述了案例所涉及的各科知识，这更有利于学生学习掌握。

2. 所讲案例，最大限度地与生产管理一线的实践相结合，且多数案例来源于生产管理一线，这有利于学生理论与实践相结合，灵活地学习理论知识。

3. 节后均附有大量紧扣本节案例内容的练习题，使学生进一步巩固所讲案例的内容，并有利于教师布置作业。这是其他同类教材所不具备的。

4. 吸收了同类教材的优点，即在案例解答之前，有较为详细的解题要点分析，这有助于学生开拓思路，也有助于教师很好地讲解案例。

5. 知识覆盖面广，时效性强。本教材在编写中以基本建设程序为线索，以国家最新颁布的有关工程计价的规章、办法等为依据，增加了工程量清单与计价章节，并结合实际工程编写教材的内容。

本书第 1、2、7 章由郭树荣编写；第 3、4、5 章由王红平编写；第 6 章由叶玲编写。参加编写的人员还有刘爱芳、王文静、孙广伟、谢丹凤等。全书由郭树荣统稿，郭树荣、王红平主编，陈起俊主审。

本书在编写过程中参阅了大量的国内教材和造价工程师执业资格考试各类应考复习用书，在此对有关作者一并表示感谢。限于编者水平有限，书中不足之处，欢迎读者批评指正。

2007 年 8 月

目　录

第 1 章　建设项目财务评价 …… 1
1.1　投资估算的基本内容及估算方法 …… 1
1.1.1　建设工程投资估算内容及方法 …… 1
1.1.2　案例 …… 4
练习题 …… 10
1.2　基于现金流量表的财务评价 …… 12
1.2.1　基于现金流量表的财务评价内容和方法 …… 12
1.2.2　案例 …… 18
练习题 …… 27
1.3　基于利润与利润分配表的财务评价 …… 31
1.3.1　基于利润与利润分配表的财务评价内容和方法 …… 31
1.3.2　案例 …… 37
练习题 …… 47
1.4　不确定性分析 …… 50
1.4.1　不确定性分析的内容和方法 …… 50
1.4.2　案例 …… 51
练习题 …… 58
第 2 章　工程设计及施工方案技术经济分析 …… 60
2.1　评价指标与评价方法 …… 60
2.1.1　设计、施工方案的技术经济评价指标与方法 …… 60
2.1.2　案例 …… 61
练习题 …… 67
2.2　价值工程的应用 …… 69
2.2.1　价值工程的基本理论及应用方法 …… 69
2.2.2　案例 …… 71
练习题 …… 79
2.3　网络计划技术在方案评价中的应用 …… 83
2.3.1　网络计划技术的基本理论 …… 83
2.3.2　决策树分析法在方案评价中的应用 …… 84
2.3.3　案例 …… 85
练习题 …… 94
第 3 章　建设工程定额与概预算 …… 98
3.1　建设工程定额 …… 98

3.1.1　建筑安装工程人工、材料、机具台班消耗量指标的确定和市场价格的确定　………… 98
3.1.2　案例 …………………………………………………………………………………… 110
练习题 …………………………………………………………………………………………… 117
3.2　设计概算的编制 ………………………………………………………………………… 118
3.2.1　设计概算的编制方法和内容 ………………………………………………………… 118
3.2.2　案例 …………………………………………………………………………………… 124
练习题 …………………………………………………………………………………………… 128
3.3　建筑安装工程施工图预算的编制 ……………………………………………………… 130
3.3.1　建筑安装工程施工图预算的编制和审查 …………………………………………… 130
3.3.2　案例 …………………………………………………………………………………… 133
练习题 …………………………………………………………………………………………… 141
第4章　工程量清单与计价 …………………………………………………………………… 145
4.1　工程量清单的编制 ……………………………………………………………………… 145
4.1.1　工程量清单 …………………………………………………………………………… 145
4.1.2　案例 …………………………………………………………………………………… 149
练习题 …………………………………………………………………………………………… 153
4.2　工程量清单计价的确定 ………………………………………………………………… 156
4.2.1　工程量清单计价方法 ………………………………………………………………… 156
4.2.2　案例 …………………………………………………………………………………… 163
练习题 …………………………………………………………………………………………… 173
第5章　建设项目招标与投标 ………………………………………………………………… 178
5.1　建设工程施工招标投标 ………………………………………………………………… 178
5.1.1　建设工程施工招标投标程序、标底的编制 ………………………………………… 178
5.1.2　案例 …………………………………………………………………………………… 180
练习题 …………………………………………………………………………………………… 186
5.2　建设工程施工投标 ……………………………………………………………………… 191
5.2.1　建设工程施工投标报价技巧的选择、决策树的应用 ……………………………… 191
5.2.2　案例 …………………………………………………………………………………… 193
练习题 …………………………………………………………………………………………… 197
第6章　建设工程合同管理与索赔 …………………………………………………………… 202
6.1　建设工程合同管理、变更价款的确定 ………………………………………………… 202
6.1.1　建设工程合同管理 …………………………………………………………………… 202
6.1.2　案例 …………………………………………………………………………………… 206
练习题 …………………………………………………………………………………………… 212
6.2　建设工程索赔 …………………………………………………………………………… 214
6.2.1　建设工程索赔程序、计算与审查 …………………………………………………… 214
6.2.2　案例 …………………………………………………………………………………… 220
练习题 …………………………………………………………………………………………… 233
第7章　工程价款结算与竣工决算 …………………………………………………………… 240

7.1 建筑安装工程竣工结算 …… 240
7.1.1 工程价款结算方法、审查与调整 …… 240
7.1.2 案例 …… 243
练习题 …… 251
7.2 竣工决算 …… 255
7.2.1 竣工决算、新增资产的构成及其价值的确定 …… 255
7.2.2 案例 …… 258
练习题 …… 262
7.3 资金使用计划与投资偏差分析 …… 264
7.3.1 资金使用计划、投资偏差分析 …… 264
7.3.2 案例 …… 265
练习题 …… 271
参考文献 …… 276

第1章　建设项目财务评价

本章知识要点

1. 投资估算的基本内容及估算方法
2. 基于现金流量表的财务评价
3. 基于利润及利润分配表的财务评价
4. 不确定性分析

1.1　投资估算的基本内容及估算方法

1.1.1　建设工程投资估算内容及方法

建设项目总投资＝固定资产投资＋流动资产投资

↓ 工程造价　　↓ 流动资金

一、固定资产投资估算

1. 固定资产估算表的编制

固定资产投资＝工程费用＋工程建设其他费＋预备费＋建设期利息

建设项目固定资产投资估算表计算如表1-1所示。

建设项目固定资产投资估算表的计算　　单位：万元　　**表1-1**

<table>
<tr><th rowspan="2">序号</th><th rowspan="2">工程费用名称</th><th colspan="5">估算价值</th><th rowspan="2">占固定资产投资比例（%）</th></tr>
<tr><th>建筑工程</th><th>设备购置</th><th>安装工程</th><th>其他费用</th><th>合计</th></tr>
<tr><td>1</td><td>工程费用</td><td></td><td></td><td></td><td></td><td></td><td rowspan="9">工程费用/（工程费用＋工程建设他费＋预备费）
注意：计算占固定资产投资比例时，是按实际投在建设项目上的资金即建设投资计算，故其固定资产不含建设期利息。建设投资＝工程费用＋工程建设其他费＋预备费</td></tr>
<tr><td>1.1</td><td>主要生产系统</td><td colspan="5" rowspan="9">按组成建设项目的各单项工程在建筑工程、设备购置、安装工程和其他工程的各项投资，分别计算填写。
主要估算方法有：
生产能力指数法：$C_2 = C_1 \left(\frac{Q_2}{Q_1}\right)^n \cdot f$
设备系数法：
$C = E(1 + f_1 p_1 + f_2 p_2 + f_3 p_3 + \cdots\cdots) + I$
主体专业系数法：
$C = E(1 + f_1 p'_1 + f_2 p'_2 + f_3 p'_3 + \cdots\cdots) + I$
（各符号意义见2. 固定资产投资估算的方法）</td></tr>
<tr><td>1.2</td><td>辅助生产系统</td></tr>
<tr><td>1.3</td><td>公用工程</td></tr>
<tr><td>1.4</td><td>环保工程</td></tr>
<tr><td>1.5</td><td>总图运输工程</td></tr>
<tr><td>1.6</td><td>服务性工程</td></tr>
<tr><td>1.7</td><td>生活福利工程</td></tr>
<tr><td>1.8</td><td>厂外工程</td></tr>
<tr><td>2</td><td>工程建设其他费</td><td>工程建设其他费/（工程费用＋工程建设其他费＋预备费）</td></tr>
<tr><td></td><td>1～2小计</td><td></td><td></td><td></td><td></td><td></td><td></td></tr>
</table>

续表

序号	工程费用名称	估算价值					占固定资产投资比例（%）
		建筑工程	设备购置	安装工程	其他费用	合计	
3	预备费						预备费/（工程费用＋工程建设其他费＋预备费）
3.1	基本预备费	基本预备费＝（工程费用＋工程建设其他费）×基本预备费费率					
3.2	价差预备费	价差预备费＝ $\sum_{t=1}^{n} I_t[(1+f)^m(1+f)^{0.5}(1+f)^{t-1}-1]$					
4	建设期利息	建设期利息＝ $\sum$(年初累计借款＋本年新增借款/2)×贷款年利率					—
	总计						

注：(1) 工程费用＝建筑工程投资＋安装工程投资＋设备及工器具购置投资

(2) 工程建设其他费＝建设用地费＋与项目建设有关的其他费用＋与未来生产经营有关的其他费用

(3) 预备费＝基本预备费＋价差预备费

1）基本预备费＝（工程费用＋工程建设其他费）×基本预备费费率

2）价差预备费＝ $\sum_{t=1}^{n} I_t[(1+f)^m(1+f)^{0.5}(1+f)^{t-1}-1]$

(4) 建设期利息＝ $\sum$(年初累计借款＋本年新增借款/2)×贷款年利率

(5) 固定资产投资估算基数＝1＋2＋3＋4

其中：静态投资＝工程费用＋工程建设其他费＋基本预备费

固定资产投资＝静态投资＋价差预备费＋建设期利息

2. 固定资产投资估算的方法

固定资产投资中动态部分投资主要包括价差预备费和建设期利息，这两项的计算可以参考表 1-1：建设项目固定资产投资估算表的计算。以下为静态投资部分的计算方法。

(1) 生产能力指数法

又称指数估算法，是根据已建成类似项目的投资额、生产能力以及拟建项目的生产能力来粗略估算拟建项目的投资额。计算公式如下：

$$C_2 = C_1\left(\frac{Q_2}{Q_1}\right)^n \cdot f \qquad (1\text{-}1)$$

式中　C_1、C_2——分别为已建类似项目、拟建项目的静态投资额；

Q_1、Q_2——分别为已建类似项目、拟建项目的生产能力；

n——生产能力指数；

f——不同时期、不同地点的定额、单价、费用变更等的综合调整系数。

(2) 系数估算法

系数估算法的基数是拟建项目的主体工程费或主要设备购置费，其以其他辅助配套工程费与主体工程费或设备购置费的百分比为系数。

1）设备系数法

$$C = E(1 + f_1p_1 + f_2p_2 + f_3p_3 + \cdots\cdots) + I \qquad (1\text{-}2)$$

式中 C——拟建项目静态投资额；

E——拟建项目根据当时当地价格计算的设备购置费；

p_1、p_2、p_3……——已建类似项目中建筑安装工程费及其他工程费等占设备购置费的比重；

f_1、f_2、f_3……——不同建设时间、地点而产生的定额、价格、费用标准等差异的调整系数；

I——拟建项目的其他费用。

2）主体专业系数法

$$C = E(1 + f_1 p'_1 + f_2 p'_2 + f_3 p'_3 + \cdots\cdots) + I \tag{1-3}$$

式中 E——与生产能力直接相关的工艺设备投资；

p'_1、p'_2、p'_3——已建项目中各专业工程费用占工艺设备投资的比重。

其他符号含义同前。

3）郎格系数法

郎格系数法是以设备购置费为基数，乘以适当的系数来推算项目的建设费用。

建设费用=设备费用×朗格系数

$$C = E \cdot K_{\mathrm{L}} = E \cdot (1 + \sum K_i) \cdot K_{\mathrm{c}} \tag{1-4}$$

式中 K_i——管线、仪表、建筑物等项费用的估算系数；

K_{c}——管理费、合同费、应急费等间接费用在内的总估算系数。

其他符号同主体专业系数法。

总建设费用与设备费用之比为朗格系数 K_{L}。即：

$$K_{\mathrm{L}} = (1 + \sum K_i) \cdot K_{\mathrm{c}}$$

（3）比例估算法

估算出拟建项目的主要设备投资，根据已有同类建设项目主要设备投资占总建设投资的比例，即可求出拟建项目的总建设投资。

$$I = \frac{1}{K}\sum_{i=1}^{n} Q_i \cdot P_i \tag{1-5}$$

式中 I——拟建项目的静态投资；

K——已建同类建设项目主要设备购置费占已建项目投资的比例；

n——设备种类数；

Q_i——第 i 种主要设备的数量；

P_i——第 i 种主要设备的单价（到厂价格）。

（4）指标估算法

把拟建建设项目以单项工程或单位工程为单位，按建设内容纵向划分为各个主要生产系统、辅助生产系统、公用工程、服务性工程、生活福利设施以及各项其他工程费用；同时，按费用性质横向划分为建筑工程、设备购置、安装工程等。然后，根据各种具体的投资估算指标，进行各单位工程或单项工程投资的估算，在此基础上汇集编制成拟建建设项目的各个单项工程费用和拟建项目的工程费用投资估算。最后，再按相关规定估算工程建设其他费、基本预备费等，形成拟建建设项目静态投资。

3. 投资估算方法的选择

在项目建议书阶段，投资估算的精度较低，可采取简单的匡算法，如生产能力指数法、系数估算法、比例估算法，在条件允许时，也可以采用指标估算法；在可行性研究阶段，投资估算精度要求高，需采用相对详细的指标估算法。

二、流动资金的估算

流动资金的估算方法有：扩大指标估算法和分项详细估算法两种。

1. 扩大指标估算法

扩大指标估算法是根据流动资金占某种基数的比率估算的。一般常用的基数有：营业收入、经营成本、总成本费用和建设投资等。

年流动资金额＝年费用基数×各类流动资金率

如：年流动资金额＝建设投资×流动资金占建设投资比例

2. 分项详细估算法

流动资金＝流动资产－流动负债

用分项详细估算法计算的流动资金估算表如表 1-2 所示。

流动资金估算表的计算（分项详细估算法）　　　　表 1-2

序号	项目＼年份	最低周转天数	周转次数	投产期	达产期
1	流动资产	T	年周转次数＝360/T	流动资产＝应收账款＋预付账款＋现金＋存货	
1.1	现金	T_1	年周转次数＝360/T_1	现金＝（年工资福利费＋年其他费用）/年周转次数	
1.2	应收账款	T_2	年周转次数＝360/T_2	应收账款＝销售收入/年周转次数	
1.3	预付账款	T_3	年周转次数＝360/T_3	预付账款＝外购商品或服务年费用金额/年周转次数	
1.4	存货	T_4	年周转次数＝360/T_4	存货＝外购原材料、燃料＋其他材料＋在产品＋产成品	
1.4.1	外购原材料、燃料			外购原材料、燃料＝（年外购原材料、燃料、动力费）/分项年周转次数	
1.4.2	其他材料			其他材料＝年其他材料费用/其他材料年周转次数	
1.4.3	在产品			在产品＝(年外购原材料、燃料动力费＋年工资福利费＋年修理费＋年其他制造费用）/在产品年周转次数	
1.4.4	产成品			产成品＝年经营成本－年其他营业费用/产成品年周转次数	
2	流动负债			流动负债＝应付账款＋预收账款	
2.1	应付账款	T_5	年周转次数＝360/T_5	应付账款＝年外购原材料、燃料、动力费及年其他材料费用/应付账款年周转次数	
2.2	预收账款	T_6	年周转次数＝360/T_6	预收账款＝预收的营业收入年金额/预收账款年周转次数	
3	流动资金（1－2）			流动资金＝流动资产－流动负债	
4	流动资金增加额			流动资金本年增加额＝本年流动资金－上年流动资金	

1.1.2　案例

【案例一】

背景材料：

某公司拟投资建设一个生物化工厂，这一建设项目的基础数据如下：

(1) 项目实施计划

该项目建设期为3年，实施计划进度为：第1年完成项目全部投资的20%，第2年完成项目全部投资的55%，第3年完成项目全部投资的25%，第4年项目投产，投产当年项目的生产负荷达到设计生产能力的70%，第5年项目的生产负荷达到设计生产能力的90%，第6年项目的生产负荷达到设计生产能力。项目的运营期总计为15年。

(2) 建设投资估算

本项目工程费用与工程建设其他费的估算额为56180万元，预备费（包括基本预备费和价差预备费）为4800万元。

(3) 建设资金来源

本项目的资金来源为自有资金和贷款，贷款总额为40000万元，其中外汇贷款为2500万美元。外汇牌价为1美元兑换6.4元人民币。贷款的人民币部分，从中国工商银行获得，年利率为12.48%（按季计息）。贷款的外汇部分，从中国建设银行获得，年利率为8%（按年计息）。

(4) 生产经营费用估计

建设项目达到设计生产能力以后，全厂配备人员为1200人，工资和福利费按照每人每年72000元估算。每年的其他费用为860万元（其中：其他制造费用为650万元）。年外购原材料、燃料及动力费估算为20200万元。年经营成本为25000万元，年销售收入为38000万元，年修理费占年经营成本10%。年预付账款为1000万元，年预收账款为1200万元。各项流动资金的最低周转天数分别为：应收账款30天，现金45天，应付账款30天，存货40天，预付账款为30天，预收账款为30天。

问题：

1. 估算建设期利息。
2. 用分项详细估算法估算拟建项目的流动资金。
3. 估算拟建项目的总投资。

[解题要点分析]

本案例所考核的内容：建设项目投资估算的主要内容和基本知识点。对于这类案例分析题的解答，首先是注意充分阅读背景所给的各项基本条件和数据，分析这些条件和数据之间的内在联系。

问题1：在固定资产投资估算中，涉及的知识点为名义利率和实际利率的概念及换算方法。计算建设期利息前，要首先将名义利率换算为实际利率，再进行下面的计算。换算公式为：

$$i=\left(1+\frac{r}{m}\right)^{m}-1$$

式中 i——年实际利率；

r——年名义利率；

m——年计息期数。

问题2：流动资金估算时，应掌握分项详细法估算流动资金的方法。

问题3：估算拟建项目的总投资，要求根据建设项目总投资的构成内容，计算建设项目总投资。

［答案］

问题1：

建设期利息计算：

（1）人民币贷款实际利率计算：

$$人民币实际利率\ i=\left(1+\frac{r}{m}\right)^{m}-1=\left(1+\frac{12.48\%}{4}\right)^{4}-1=13.08\%$$

（2）每年投资的本金数额计算：

人民币部分：

贷款总额为：40000－2500×6.4＝24000万元

第1年为：24000×20％＝4800万元

第2年为：24000×55％＝13200万元

第3年为：24000×25％＝6000万元

美元部分：

贷款总额为：2500万美元

第1年为：2500×20％＝500万美元

第2年为：2500×55％＝1375万美元

第3年为：2500×25％＝625万美元

（3）每年应计利息计算：

每年应计利息＝(年初借款本利累计额＋本年借款额÷2)×年实际利率

人民币建设期利息计算：

第1年利息＝(0＋4800÷2)×13.08％＝313.92万元

第2年利息＝［(4800＋313.92)＋13200÷2］×13.08％＝1532.18万元

第3年利息＝［(4800＋313.92＋13200＋1532.18)＋6000÷2］×13.08％＝2988.27万元

人民币建设期利息合计＝313.92＋1532.18＋2988.27＝4834.37万元

外币建设期利息计算：

第1年外币利息＝(0＋500÷2)×8％＝20.00万美元

第2年外币利息＝［(500＋20)＋1375÷2］×8％＝96.60万美元

第3年外币利息＝［(500＋20＋1375＋96.60)＋625÷2］×8％＝184.33万美元

外币建设期利息合计＝20.00＋96.60＋184.33＝300.93万美元

问题2：

用分项详细估算法估算流动资金：

（1）应收账款＝年经营成本÷年周转次数＝25000÷(360÷30)＝2083.33万元

（2）现金＝(年工资福利费＋年其他费用)÷年周转次数＝(1200×7.2＋860)÷(360÷45)＝1187.50万元

（3）存货：

外购原材料、燃料＝年外购原材料、燃料、动力费÷年周转次数＝20200÷(360÷40)＝2244.44万元在产品＝(年工资福利费＋年其他制造费用＋年外购原材料、燃料、动力费＋年修理费)÷年周转次数＝(1200×7.2＋650＋20200＋25000×10%)÷(360÷40)＝3554.44 万元

产成品＝年经营成本÷年周转次数＝25000÷(360÷40)＝2782.22 万元

存货＝2244.44＋3554.44＋2782.22＝8581.10 万元

(4) 预付账款＝年预付账款÷年周转次数＝1000÷(360÷30)＝83.33 万元

(5) 流动资产＝应收账款＋现金＋存货＋预付账款＝2083.33＋1187.50＋8581.50＋83.33＝11935.66 万元

(6) 应付账款＝年外购原材料、燃料、动力费÷年周转次数＝20200÷(360÷30)＝1683.33 万元

(7) 预收账款＝年预收账款÷年周转次数＝1200÷(360÷30)＝100.00 万元

(8) 流动负债＝应付账款＋预收账款＝1683.33＋100.00＝1783.33 万元

(9) 流动资金＝流动资产－流动负债＝11935.66－1783.33＝10152.33 万元

问题 3：

根据建设项目总投资的构成内容，计算拟建项目的总投资：

项目总投资估算额＝固定资产投资总额＋流动资金＝(工程费用＋工程建设其他费＋预备费＋建设期利息)＋流动资金

＝(56180＋4800＋4834.37＋300.93×6.4)＋ 10152.33

＝67740.32＋10152.33＝77892.65 万元

【案例二】

背景材料：

拟建某工业建设项目，各项数据如下：

(1) 主要生产项目 7400 万元(其中：建筑工程费 2800 万元，设备购置费 3900 元，安装工程 700 万元)。

(2) 辅助生产项目 4900 万元(其中：建筑工程费 1900 万元，设备购置费 2600 元，安装工程费 400 万元)。

(3) 公用工程 2200 万元(其中：建筑工程费 1320 万元，设备购置费 660 元，安装工程 220 万元)。

(4) 环境保护工程 660 万元(其中：建筑工程费 330 万元，设备购置费 220 元，安装工程费 110 万元)。

(5) 总图运输工程 330 万元(其中：建筑工程费 220 万元，设备购置费 110 万元)。

(6) 服务性工程建筑工程费 160 万元。

(7) 生活福利工程建筑工程费 220 万元。

(8) 厂外工程建筑工程费 110 万元。

(9) 工程建设其他费用 400 万元。

(10) 基本预备费费率为 10%。

(11) 建设期各年价差预备费费率为 6%。

(12) 项目建设前期年限为 1 年，建设期为 2 年，每年建设投资相等。建设资金来源为：第 1 年贷款 5000 万元，第 2 年贷款 4800 万元，其余为自有资金。贷款年利率为 6%

（每半年计息一次）。

问题：

1. 试将以上数据填入表1-3（建设项目固定资产投资估算表）。

2. 列式计算基本预备费、价差预备费和建设期利息，并将费用名称的相应计算结果填入表1-3中。

3. 完成该建设项目固定资产投资估算表。

注：计算结果为百分数的，取2位小数，其余均取整数。

建设项目固定资产投资估算表　　单位：万元　　**表1-3**

序号	工程费用名称	估算价值					占固定资产投资比例（%）
		建筑工程	设备购置	安装工程	其他费用	合计	
1	工程费用						
1.1	主要生产项目						
1.2	辅助生产项目						
1.3	公用工程						
1.4	环保工程						
1.5	总图运输工程						
1.6	服务性工程						
1.7	生活福利工程						
1.8	厂外工程						
2	工程建设其他费						
	1～2小计						
3	预备费						
3.1	基本预备费						
3.2	价差预备费						
4	建设期利息						
	总计						

［解题要点分析］

本案例所涉及的知识点：

问题1：对于一个拟建项目应分清楚各单位工程的投资费用组成，在此基础上，填写建设项目固定资产投资估算表。

问题2：计算基本预备费、价差预备费和建设期利息时，应首先掌握它们的计算基础及各自的计算公式。

问题3：完成建设项目固定资产投资估算表，注意归类合计。计算工程费用、工程建设其他费用和预备费分别占固定资产投资比例时，固定资产投资＝工程费用＋工程建设其他费用＋预备费。

［答案］

问题1：见表1-4。

建设项目固定资产投资估算表 单位：万元 表 1-4

序号	工程费用名称	估算价值					占固定资产投资比例（%）
		建筑工程	设备购置	安装工程	其他费用	合计	
1	工程费用	7060	7490	1430		15980	78.9
1.1	主要生产项目	2800	3900	700		7400	
1.2	辅助生产项目	1900	2600	400		4900	
1.3	公用工程	1320	660	220		2200	
1.4	环保工程	330	220	110		660	
1.5	总图运输工程	220	110			330	
1.6	服务性工程	160				160	
1.7	生活福利工程	220				220	
1.8	厂外工程	110				110	
2	工程建设其他费				400	400	1.97
	1～2 小计	7060	7490	1430	400	16380	
3	预备费				3874	3874	19.13
3.1	基本预备费				1638	1638	
3.2	价差预备费				2236	2236	
4	建设期利息				612	612	
	总计	7060	7490	1430	4886	20866	

问题 2：

基本预备费＝16380×10％＝1638 万元

每年的静态投资额＝(16380＋1638)÷2＝9009 万元

第一年价差预备费＝9009×[(1+6%)^{1}＋(1+6%)$^{0.5}$－1)]＝823 万元

第二年价差预备费＝9009×[(1+6%)^{1}＋(1+6%)$^{0.5}$(1+6%)－1]＝1413 万元

价差预备费＝823＋1413＝2236 万元

年实际利率＝$\left(1+\frac{6\%}{2}\right)^2-1=6.09\%$

建设期利息计算：

第一年利息＝1/2×5000×6.09％＝152 万元

第二年利息＝(5000＋152＋1/2×4800)×6.09％＝460 万元

建设期利息：152＋460＝612 万元

问题 3：见表 1-4。

工程费用占固定资产的比例＝15980/(15980＋400＋3874)＝15980/20254＝78.90％

工程建设其他费占固定资产的比例＝400/20254＝1.97％

预备费占固定资产的比例＝3874/20254＝19.13％。

练　习　题

习题 1

背景材料：

拟建某工业建设项目，各项费用估计如下：

（1）主要生产项目 4410 万元（其中：建筑工程费 2550 万元，设备购置费 1750 万元，安装工程费 110 万元）。

（2）辅助生产项目 3600 万元（其中：建筑工程费 1800 万元，设备购置费 1500 万元，安装工程费 300 万元）。

（3）公用工程 2000 万元（其中：建筑工程费 1200 万元，设备购置费 600 万元，安装工程费 200 万元）。

（4）环境保护工程 600 万元（其中：建筑工程费 300 万元，设备购置费 200 万元，安装工程费 100 万元）。

（5）总图运输工程 300 万元（其中：建筑工程费 200 万元，设备购置费 100 万元）。

（6）服务性工程 150 万元。

（7）生活福利工程 200 万元。

（8）厂外工程 100 万元。

（9）工程建设其他费 380 万元。

（10）基本预备费为工程费用与工程建设其他费合计的 10%。

（11）建设期内年均投资价格上涨率估计为 6%。

（12）项目建设前期为 1 年，建设期为 2 年，每年建设投资相等，贷款年利率为 11%（每半年计息一次）。

问题：

1. 将以上数据填入投资估算表（表 1-5）。
2. 列式计算基本预备费、价差预备费、实际年利率和建设期利息。
3. 完成建设项目投资估算表。

注：除贷款利率取 2 位小数外，其余均取整数计算。

建设项目投资估算表　　单位：万元　　**表 1-5**

序号	工程费用名称	估算价值					占固定资产投资比例（%）
		建筑工程	设备购置	安装工程	其他费用	合计	
1	工程费用						
1.1	主要生产项目						
1.2	辅助生产项目						
1.3	公用工程						
1.4	环保工程						
1.5	总图运输工程						
1.6	服务性工程						
1.7	生活福利工程						

续表

序号	工程费用名称	估算价值					占固定资产投资比例（%）
		建筑工程	设备购置	安装工程	其他费用	合计	
1.8	场外工程						
2	其他费用						
	第1～2合计						
3	预备费						
3.1	基本预备费						
3.2	价差预备费						
	第1～3合计						
	占1～3比例（%）						
4	建设期利息						
	总计						

习题 2

背景材料：

拟建年产15万吨炼钢厂，根据可行性研究报告提供的主厂房工艺设备清单和询价资料估算出该项目主厂房工艺设备投资约5400万元。已建类似项目资料：主厂房其他各专业工程投资占工艺设备投资的比例，见表1-6。项目其他各系统工程及工程建设其他费用占主厂房投资的比例，见表1-7。

主厂房其他各专业工程投资占工艺设备投资的比例表　　表1-6

加热炉	气化冷却	余热锅炉	自动化仪表	起重设备	供电与传动	建安工程
0.13	0.01	0.04	0.02	0.08	0.18	0.42

项目其他各系统工程及工程建设其他费用占主厂房投资的比例表　　表1-7

动力系统工程	机修系统工程	总图运输系统工程	行政及生活福利设施工程	工程建设其他费
0.25	0.17	0.20	0.32	0.18

本项目的资金来源为自有资金和贷款，贷款本金为9000万元，分年度按投资比例发放，贷款年利率6%（按半年计息）。建设期3年，第一年投入20%，第二年投入60%，第三年投入20%。预计建设期物价平均上涨率4%，投资估算到开工的时间按1年考虑，基本预备费率为5%。

问题：

1. 试用系数估算法估算该项目主厂房投资和项目的工程费用与工程建设其他费用。

2. 估算该项目的固定资产投资额，并编制固定资产投资估算表。

3. 若固定资产投资资金率为6%，试用扩大指标估算法估算项目的流动资金。确定该项目的总投资。

习题 3

背景材料：

某拟建项目在进行投资估算时，有如下数据及资料：

（1）该拟建工业项目年生产能力为500万吨。与其同类型的某已建项目年生产能力为

300 万吨，设备投资额为 4000 万元，经测算，设备投资的综合调价系数为 1.2。该已建项目中建筑工程、安装工程及其他费用等占设备投资的百分比分别为 60%、30%和 6%，相应的综合调价系数为 1.2、1.1、1.05。

（2）已知拟建项目投资中的 4500 万元靠建设银行贷款解决，其余为自筹资金。建设期投资安排为：第一年投资额为 30%，第二年投资额为 50%，第三年投资额为 20%。建设银行贷款各年的发放比例也为 30%、50%和 20%。贷款年利率为 10%，每半年计息一次。

（3）基本预备费按设备购置费、建设工程费、安装工程费和其他费用之和的 8%计算；建设期前 2 年，建设期内年平均价格上涨 5%。

（4）该拟建项目生产，根据统计资料，该项目年经营成本估算为 140000 万元，存货资金占用估算为 47000 万元，全部职工人数为 1000 人，每人每年工资及福利费估算为 76000 元，年其他费用估算为 3500 万元，年外购原材料、燃料及动力费为 15000 万元。各项资金的周转天数：应收账款为 30 天，现金为 15 天，应付账款为 30 天。

问题：

1. 用生产能力指数法估算拟建项目的设备投资额。已知生产能力指数 $n=0.5$。
2. 确定固定资产投资中的静态投资估算值。
3. 确定拟建项目的投资估算总额。

1.2　基于现金流量表的财务评价

1.2.1　基于现金流量表的财务评价内容和方法

一、财务评价指标体系

财务评价是可行性研究的核心内容。财务评价是在项目市场研究、生产条件及技术研究的基础上进行，它主要通过有关的基础数据，编制财务报表，计算分析相关经济评价指标，做出评价结论。其评价程序为：

收集预测基础数据并编制辅助财务报表（包括总成本费用表和还本付息表）→编制基本财务报表→计算有关财务评价指标→评价项目的财务可行性→进行不确定性分析→风险分析→得出财务评价的最终结论。

财务评价指标体系见表 1-8。

财务评价指标体系　　表 1-8

评价内容	基本报表		评价指标	
			静态指标	动态指标
盈利能力分析	融资前分析	项目投资现金流量表	静态投资回收期	项目财务净现值 项目投资内部收益率 动态投资回收期
	融资后分析	项目资本金现金流量表		项目资本金财务内部收益率
		投资各方现金流量表	—	投资各方财务内部收益率
		利润与利润分配表	总投资收益率 项目资本金净利润率	—

续表

评价内容	基本报表	评价指标	
		静态指标	动态指标
偿债能力分析	借款还本付息计划表	借款偿还期 偿债备付率 利息备付率	—
	资产负债表	资产负债率 流动比率 速动比率	—
财务生存能力分析	财务计划现金流量表	累计盈余资金	
不确定性分析	盈亏平衡分析	平衡点生产能力利用率 平衡点产量、单价、可变成本、固定成本	—
	敏感性分析	—	财务内部收益率 财务净现值
	概率分析	—	净现值期望值 净现值大于零的累计概率

二、基于现金流量表的财务评价主要报表

1. 项目投资现金流量表见表1-9。

项目投资现金流量表的计算　　**表1-9**

序号	项目＼年份	建设期	生产期
	生产负荷	项目在投产期逐年递增，直至达产期达到100％	
1	现金流入	各年现金流入＝营业收入（不含销项税额）＋销项税额＋补贴收入＋回收固定资产余（残）值＋回收流动资金（各对应年份1.1＋1.2＋1.3＋1.4＋1.5）	
1.1	营业收入（不含销项税额）	各年不含税营业收入＝设计生产能力×产品单价（不含税）×当年生产负荷	
1.2	销项税额	销项税额＝营业收入（不含销项税额）×增值税税率	
1.3	补贴收入	与收益相关的政府补助	
1.4	回收固定资产余值	当运营期＝固定资产使用年限时，回收固定资产余值＝固定资产残值 当运营期＜固定资产使用年限时，回收固定资产余值＝（使用年限－运营期）×年折旧费＋残值 或回收固定资产余值＝原值－年折旧费×运营期 式中：固定资产原值＝形成固定资产的费用－可抵扣固定资产进项税额 固定资产残值＝固定资产原值×残值率 年折旧费＝固定资产原值（1－残值率）÷折旧年限 或年折旧费＝（固定资产原值－残值）÷折旧年限（直线法折旧）	
1.5	回收流动资金	项目投产期各年投入的流动资金总和，即项目投产期各年投入的流动资金在项目期末全额回收，填写在项目期末	

续表

<table>
<tr><th>序号</th><th>年份
项目</th><th>建设期</th><th>生产期</th></tr>
<tr><td>2</td><td>现金流出</td><td colspan="2">现金流出＝建设投资＋流动资金＋经营成本（不含进项税额）＋进项税额＋应纳增值税额＋增值税附加＋维持运营投资（即对应各年份 2.1＋2.2＋2.3＋2.4＋2.5＋2.6＋2.7）</td></tr>
<tr><td>2.1</td><td>建设投资</td><td colspan="2">根据所给项目投资资料中的数据得出，或根据第一节的计算得出。注意不含建设期利息</td></tr>
<tr><td>2.2</td><td>流动资金投资</td><td colspan="2">根据投资计划得出，或根据项目投资资料中投产期各年投入的流动资金额得出，填入对应年份</td></tr>
<tr><td>2.3</td><td>经营成本
（不含进项税额）</td><td colspan="2">从总成本费用表中对应得出，或根据项目投资资料中运营期各年实际发生的经营成本数额得出，填入对应年份</td></tr>
<tr><td>2.4</td><td>进项税额</td><td colspan="2">进项税额＝经营成本（不含进项税额）×增值税税率
即当年进项税额为纳税人当年购进货物或者接受应税劳务支付或者负担的增值税额</td></tr>
<tr><td>2.5</td><td>应纳增值税</td><td colspan="2">当年增值税应纳税额＝当年销项税额－当年进项税额－可抵扣固定资产进项税额
当年销项税额小于当年进项税额不足抵扣时，其不足部分可以结转下年继续抵扣</td></tr>
<tr><td>2.6</td><td>增值税附加</td><td colspan="2">各年增值税附加＝当年增值税应纳税额×增值税附加税率</td></tr>
<tr><td>2.7</td><td>维持运营投资</td><td colspan="2">某些项目运营期为了维持正常运营需投入的固定资产投资</td></tr>
<tr><td>3</td><td>所得税前净
现金流量</td><td colspan="2">对应年份 1—2</td></tr>
<tr><td>4</td><td>累计所得税前净
现金流量</td><td colspan="2">累计所得税前净现金流量＝本年及以前各年度所得税前净现金流量之和</td></tr>
<tr><td>5</td><td>折现系数</td><td colspan="2">根据实际年利率计算　注意：名义利率应换算成实际利率
第 t 年折现系数＝$(1+i)^{-t}$</td></tr>
<tr><td>6</td><td>折现所得税前
净现金流量</td><td colspan="2">各年折现所得税前净现金流量＝各年所得税前净现金流量×折现系数</td></tr>
<tr><td>7</td><td>累计折现所得税前
净现金流量</td><td colspan="2">累计折现所得税前净现金流量＝本年及以前各年度折现所得税前净现金流量之和</td></tr>
<tr><td>8</td><td>调整所得税</td><td colspan="2">调整所得税＝息税前利润（EBIT）×所得税税率
息税前利润＝利润总额＋利息支出
或息税前利润＝营业收入－增值税及附加－总成本费用＋补贴收入＋利息支出
其中：总成本费用＝经营成本＋折旧费＋摊销费＋利息支出＋年维持运营投资
或者息税前利润＝营业收入－增值税及附加－经营成本－折旧费－摊销费－年维持运营投资＋补贴收入
式中：摊销费＝无形资产/摊销年限
总成本费用从总成本费用表中直接获得</td></tr>
<tr><td>9</td><td>所得税后净
现金流量</td><td colspan="2">对应年份 3—8</td></tr>
<tr><td>10</td><td>累计所得税后净
现金流量</td><td colspan="2">累计所得税后净现金流量＝本年及以前各年度所得税后净现金流量之和</td></tr>
</table>

续表

序号	年份 项目	建设期	生产期
11	折现所得税后净现金流量	各年折现所得税后净现金流量＝各年所得税后净现金流量×折现系数	
12	累计折现所得税后净现金流量	累计折现所得税后净现金流量＝本年及以前各年度折现所得税后净现金流量之和	

评价指标：投资财务净现值
投资财务内部收益率
动态投资回收期
静态投资回收期
具体评价标准见下文

注：(1) 因项目投资现金流量表是融资前的财务评价，所以上表固定资产原值不含建设期利息。项目投资现金流量表中的评价指标皆区分所得税前、所得税后计算。

(2) 上表计算调整所得税时，营业收入为不含销项税额的不含税营业收入，经营成本为不含进项税额的不含税经营成本。理解如下：

不含税营业收入－不含税经营成本

＝（含税营业收入－当期销项税额）－（含税经营成本－当期进项税额）

＝（含税营业收入－含税经营成本）－（当期销项税额－当期进项税额）

＝含税营业收入－含税经营成本－增值税

因此，在营业收入不考虑销项税额、在经营成本不考虑进项税额时，计算调整所得税时可以不考虑增值税的影响。

(3) 对维持运营投资，根据实际情况有两种处理方式，一种是予以资本化，即计入固定资产原值，一种是费用化，列入年度总成本。维持运营投资是否能予以资本化，取决于其是否能为企业带来经济利益且该固定资产的成本是否能够可靠地计量。在项目评价中，如果该投资投入后，或是延长了固定资产的使用寿命，或使产量质量实质性提高，或使成本实质性降低等，使可能流入企业的经济利益增加，那么该投资应予以资本化，即应计入固定资产原值，并计提折旧；否则该投资只能费用化，不形成新的固定资产原值列入年度总成本。

2. 项目资本金现金流量表

项目资本金现金流量表的计算如表 1-10 所示。

项目资本金现金流量表的计算　　表 1-10

序号	年份 项目	建设期	生产期
	生产负荷	项目在投产期逐年递增，直至达产期达到 100%	
1	现金流入	各年现金流入＝营业收入（不含销项税额）＋销项税额＋补贴收入＋回收固定资产余（残）值＋回收流动资金（各对应年份 1.1＋1.2＋1.3＋1.4＋1.5）	
1.1	营业收入（不含销项税额）	各年不含税营业收入＝设计生产能力×产品单价（不含税）×当年生产负荷	
1.2	销项税额	销项税额＝营业收入（不含销项税额）×增值税税率	
1.3	补贴收入	与收益相关的政府补助	

续表

序号	年份 项目	建设期	生产期
1.4	回收固定资产余值	当运营期＝固定资产使用年限时，回收固定资产余值＝固定资产残值 当运营期<固定资产使用年限时，回收固定资产余值＝（使用年限－运营期）×年折旧费＋残值 或回收固定资产余值＝原值－年折旧费×运营期 式中：固定资产原值＝形成固定资产的费用－可抵扣固定资产进项税额 固定资产残值＝固定资产原值×残值率 年折旧费＝固定资产原值（1－残值率）÷折旧年限 或年折旧费＝（固定资产原值－残值）÷折旧年限（直线法折旧）	
1.5	回收流动资金	项目投产期各年投入的流动资金总和，即项目投产期各年投入的流动资金在项目期末全额回收，填写在项目期末	
2	现金流出	现金流出＝项目资本金＋借款本金偿还＋借款利息支付＋经营成本＋增值税及附加＋所得税＋维持运营投资（即对应各年份2.1＋2.2＋2.3＋2.4＋2.5＋2.6＋2.7＋2.8＋2.9＋2.10）	
2.1	项目资本金	项目资本金＝建设期各年固定资产投资中自有资金＋投产期各年流动资金投资中自有资金	
2.2	借款本金偿还	偿还借款本金＝各对应年份的2.2.1＋2.2.2＋2.2.3	
2.2.1	长期借款本金偿还	建设期发生的固定资产投资借款（含未支付的建设期利息）在运营期各年偿还的本金	
2.2.2	流动资金借款本金偿还	投产期发生的流动资金借款在项目期末一次偿还的本金	
2.2.3	临时借款本金偿还	利润表及利润分配表中，未分配利润＋折旧费＋摊销费≤该年应还本金时，该年的未分配利润全部用于还款，不足部分为该年的资金亏损，需用临时借款弥补偿还本金的不足部分。在该年的年末（下一年年初）借款。	
2.3	借款利息支出	借款利息支出＝各对应年份的2.3.1＋2.3.2＋2.3.3	
2.3.1	长期借款利息支出	建设期发生的固定资产投资借款（含未支付的建设期利息）在运营期各年支付的利息，各年利息与借款还本付息计划表对应	
2.3.2	流动资金借款利息支出	投产期发生的流动资金借款在运营期各年支付的利息，按银行贷款年利率计算	
2.3.3	临时借款利息支出	投产期发生的临时借款在借款计息当年支付的利息，按银行贷款年利率计算	
2.4	流动资金投资（自有资金）	根据投资计划得出，或根据项目投资资料中投产期各年投入的流动资金额（自有资金）得出，填入对应年份	
2.5	经营成本（不含进项税额）	从总成本费用表中对应得出，或根据项目投资资料中运营期各年实际发生的经营成本数额得出，填入对应年份	
2.6	进项税额	进项税额＝经营成本（不含进项税额）×增值税税率 即当年进项税额为纳税人当年购进货物或者接受应税劳务支付或者负担的增值税额	
2.7	应纳增值税	当年增值税应纳税额＝当年销项税额－当年进项税额－可抵扣固定资产进项税额 当年销项税额小于当年进项税额不足抵扣时，其不足部分可以结转下年继续抵扣	

续表

序号	年份 项目	建设期	生产期
2.8	增值税附加	各年增值税附加＝当年增值税应纳税额×增值税附加税率	
2.9	维持运营投资	某些项目运营期为了维持正常运营需投入的固定资产投资	
2.10	所得税	所得税＝利润总额×所得税税率 ＝(营业收入－增值税附加－总成本费用＋补贴收入－弥补以前年度亏损)×所得税税率 ＝（营业收入－增值税附加－经营成本－折旧－摊销－利息支出－维持运营投资＋补贴收入－弥补以前年度亏损）×所得税率 其中：总成本费用＝经营成本＋折旧费＋摊销费＋利息支出＋维持运营投资 摊销费＝无形资产/摊销年限 利息支出＝长期借款利息支出＋流动资金借款利息支出＋短期借款利息支出 总成本费用从总成本费用表中直接获得	
3	净现金流量	净现金流量＝现金流入－现金流出　即对应各年份中 1—2	
4	累计净现金流量	累计净现金流量＝本年及以前各年度净现金流量之和	
5	折现系数	根据实际年利率计算　注意：名义利率应换算成实际利率 第 t 年折现系数＝$(1+i)^{-t}$	
6	折现净现金流量	各年折现净现金流量＝各年净现金流量×折现系数	
7	累计折现净现金流量	累计折现净现金流量＝本年及以前各年度折现净现金流量之和	
评价指标：资本金财务内部收益率，具体评价标准见下文			

注：因项目投资现金流量表是融资前的财务评价，所以本表固定资产原值包含建设期利息。上表计算所得税时，营业收入为不含销项税额的不含税营业收入，经营成本为不含进项税额的不含税经营成本。

三、基于现金流量表的财务评价指标

1. 基于项目投资现金流量表的财务评价指标包括项目的投资财务内部收益率、投资财务净现值、动态投资回收期等动态财务评价指标，以及静态投资回收期该静态财务评价指标。

评价结论：

投资财务内部收益率≥行业基准收益率（或设定的基准折现率)，则认为项目盈利能力可以满足最低要求，在财务上是可行的；

投资财务净现值≥0，则表明项目在计算期内可获得不低于基准收益水平的收益额，项目是可行的；

动态投资回收期≤行业基准投资回收期，则认为该项目在投资回收能力方面是可行的；

静态投资回收期≤行业基准投资回收期，项目是可行的，项目静态投资回收期值越小，反映项目的投资回收能力越强。

2. 基于项目资本金现金流量表主要计算的财务评价指标为资本金财务内部收益率。

资本金财务内部收益率≥行业基准收益率（或设定的基准折现率)，则认为项目盈利能力可以满足最低要求，在财务上是可行的。注意判别基准应体现项目发起人对投资获利的最低期望值。

1.2.2　案例

【案例一】

背景材料：

某企业拟建设一个生产性项目，以生产国内某种市场急需产品，各项基础数据如下：

（1）该项目的建设期为 1 年，运营期为 8 年。

（2）项目投产第一年可获得当地政府扶持该产品生产的补贴收入 60 万元。

（3）建设期间固定资产投资为 700 万元（不含建设期利息），预计全部形成固定资产（包含可抵扣固定资产进项税额 80 万元）。固定资产使用年限 10 年，残值率为 5%，按照平均年限法计算折旧，固定资产余值在项目运营期末收回。

（4）投产当年投入运营期流动资金 200 万元。

（5）运营期，正常年份的每年营业收入为 500 万元（其中销项税额为 80 万元），经营成本 200 万元（其中进项税额为 40 万元），税金及附加按应纳增值税的 10%计算，所得税税率为 25%。

（6）运营期第一年生产负荷达到设计生产能力的 80%，以后各年均达到设计生产能力。投产第一年的营业收入及其所含销项税额、经营成本及其所含进项税额均按正常年份的 80%计算。

（7）运营期第 4 年，需要花费 30 万元（无可抵扣进项税额）更新新型自动控制设备配件，维持以后的正常运营需要，该维持运营投资按当期费用计入年度总成本。

（8）该行业所得税后基准收益率为 10%，基准投资回收期为 7 年。

（9）折现系数取 4 位小数，其余计算结果保留 2 位小数。

问题：

1. 计算增值税及附加、折旧费、调整所得税。
2. 编制该项目全部投资现金流量表（见表 1-11）。
3. 计算项目的静态投资回收期、动态投资回收期。
4. 计算项目财务净现值和财务内部收益率。
5. 从财务评价的角度，分析说明拟建项目的可行性。

某拟建项目的项目投资现金流量表　　单位：万元　　**表 1-11**

序号	项　目	建设期	投　产　期							
		1	2	3	4	5	6	7	8	9
	生产负荷		80%	100%	100%	100%	100%	100%	100%	100%
1	现金流入									
1.1	营业收入（不含销项税额）									
1.2	销项税额									
1.3	补贴收入									
1.4	回收固定资产余值									
1.5	回收流动资金									

续表

序号	项目	建设期	投产期							
		1	2	3	4	5	6	7	8	9
2	现金流出									
2.1	固定资产投资									
2.2	流动资金投资									
2.3	经营成本（不含进项税额）									
2.4	进项税额									
2.5	增值税应纳税额									
2.6	增值税附加									
2.7	维持运营投资									
3	所得税前净现金流量									
4	累计所得税前净现金流量									
5	折现系数 $i_c=10\%$	0.9091	0.8264	0.7513	0.6830	0.6209	0.5645	0.5132	0.4665	0.4241
6	所得税前折现净现金流量									
7	累计所得税前折现净现金流量									
8	调整所得税									
9	所得税后净现金流量									
10	累计所得税后净现金流量									
11	折现系数 $i_c=10\%$	0.9091	0.8264	0.7513	0.6830	0.6209	0.5645	0.5132	0.4665	0.4241
12	所得税后折现净现金流量									
13	累计所得税后折现净现金流量									

[解题要点分析]

本案例主要练习项目全部投资的现金流量表的编制，并计算建设项目的投资财务内部收益率、动态投资回收期、投资财务净现值等动态盈利能力评价指标和静态投资回收期，进而对项目进行评价。

在完成本案例计算时，应注重以下知识的应用：

1. 当年增值税应纳税额＝当年销项税额－当年进项税额－可抵扣固定资产进项税额

当年销项税额＝当年销售额×增值税税率

各年增值税附加＝当年增值税应纳税额×增值税附加税率

当年进项税额为纳税人当年购进货物或者接受应税劳务支付或者负担的增值税额，当年销项税额小于当年进项税额不足抵扣时，其不足部分可以结转下年继续抵扣。

2. 调整所得税＝息税前利润（$EBIT$）×所得税率

息税前利润＝利润总额＋利息支出

＝营业收入－增值税及附加－总成本费用＋补贴收入＋利息支出

其中：总成本费用＝经营成本＋折旧费＋摊销费＋利息支出＋维持运营投资

息税前利润＝营业收入－增值税及附加－经营成本－折旧费－摊销费－维持运营投资＋补贴收入

式中：摊销费＝无形资产/摊销年限

本例中考虑运营期第 4 年的维持运营投资成本化，计入总成本费用。

3. 项目投资现金流量表的编制中，固定资产投资不包括建设期利息，因为项目投资现金流量表是站在项目全部投资的角度，或者说不分投资资金来源，是设定项目全部投资均为自有资金条件下的项目现金流量系统的表格式反映，故不存在建设期利息。

4. 现金流量表中，回收固定资产余值的计算，可能出现的两种情况：

当运营期＝固定资产使用年限时，回收固定资产余值＝回收固定资产的残值；

当运营期＜固定资产使用年限时，回收固定资产余值＝（使用年限－运营期）×年折旧费＋残值

或回收固定资产余值＝原值－年折旧费×运营期

式中：年折旧费＝固定资产原值（1－残值率）÷折旧年限

或年折旧费＝（固定资产原值－残值）÷折旧年限（直线法折旧）

固定资产原值＝形成固定资产的费用－可抵扣固定资产进项税额

注意：固定资产原值，是建设期项目固定资产投资形成固定资产的部分，因为建设期利息计入固定资产价值，故融资后盈利能力分析固定资产原值中包含建设期利息。

5. 流动资金，在运营期间使用，在运营期最后一年原值收回；

6. 项目投资财务内部收益率反映了项目所占用资金的盈利率，是评价项目盈利能力的主要动态指标，其计算可以通过试算法确定。在项目财务评价中，将求出的全部投资的财务内部收益率（$FIRR$）与行业的基准收益率 i_c 比较。当 $FIRR \geqslant i_c$ 时，在财务上是可行的。

［答案］

问题 1：

计算增值税、增值税附加和调整所得税：

（1）运营期增值税及增值税附加

增值税应纳税额＝当期销项税额－当期进项税额－可抵扣固定资产进项税额

第 2 年增值税应纳税额＝80×80％－40×80％－80＝－48 万元＜0，故第 2 年应纳税额为 0。

第 3 年增值税应纳税额＝80－40－48＝－8 万元＜0，故第 3 年应纳税额为 0。

第 4 年增值税应纳税额＝80－40－8＝32 万元

第 5～9 年增值税应纳税额＝80－40＝40 万元

各年增值税附加＝各年增值税应纳税额×10％

（2）计算固定资产折旧费和余值（融资前，固定资产原值不含建设期利息）

固定资产的使用年限 10 年，运营期 8 年，固定资产残值率为 5％，所以固定资产折旧费以下公式计算：

固定资产原值＝形成固定资产的费用－可抵扣固定资产进项税额

年折旧费＝固定资产原值×(1－残值率)÷折旧年限

＝(700－80)×(1－5％)÷10＝58.90 万元

固定资产余值＝年折旧费×(使用年限－运营期)＋残值

＝58.9×2＋(700－80)×5％

＝148.8 万元

（3）运营期调整所得税

调整所得税＝息税前利润(*EBIT*)×所得税税率

＝[(营业收入－当期销项税额)－增值税附加－(经营成本－当期进项税额)－折旧费－摊销费－维持运营投资＋补贴收入]×25％

第 2 年调整所得税＝[(500－80)×80％－0－(200－40)×80％－58.9－0－0＋60]×25％＝52.28 万元

第 3 年调整所得税＝(420－0－160－58.9－0－0＋0)×25％＝50.28 万元

第 4 年调整所得税＝(420－32×10％－160－58.9－0－0＋0)×25％＝49.48 万元

第 5 年调整所得税＝(420－40×10％－160－58.9－0－30＋0)×25％＝41.78 万元

第 6～9 年所得税＝(420－40×10％－160－58.9－0－0＋0)×25％＝49.28 万元

问题 2：

根据表 1-11 格式和相关的计算数据，编制项目投资现金流量表 1-12。

某拟建项目的项目投资现金流量表 单位：万元 **表 1-12**

序号	项目	建设期	投产期							
		1	2	3	4	5	6	7	8	9
	生产负荷		80％	100％	100％	100％	100％	100％	100％	100％
1	现金流入		460.00	500.00	500.00	500.00	500.00	500.00	500.00	848.80
1.1	营业收入（不含销项税额）		336.00	420.00	420.00	420.00	420.00	420.00	420.00	420.00
1.2	销项税额		64.00	80.00	80.00	80.00	80.00	80.00	80.00	80.00
1.3	补贴收入		60.00							
1.4	回收固定资产余值									148.80
1.5	回收流动资金									200.00
2	现金流出	700.00	360.00	200.00	235.20	274.00	244.00	244.00	244.00	244.00
2.1	固定资产投资	700.00								
2.2	流动资金投资		200.00							

续表

序号	项　目	建设期	投　产　期							
		1	2	3	4	5	6	7	8	9
2.3	经营成本（不含进项税额）		128.00	160.00	160.00	160.00	160.00	160.00	160.00	160.00
2.4	进项税额		32.00	40.00	40.00	40.00	40.00	40.00	40.00	40.00
2.5	增值税应纳税额		0	0	32.00	40.00	40.00	40.00	40.00	40.00
2.6	增值税附加		0	0	3.20	4.00	4.00	4.00	4.00	4.00
2.7	维持运营投资					30.00				
3	所得税前净现金流量	−700.00	100.00	300.00	264.80	226.00	256.00	256.00	256.00	604.80
4	累计所得税前净现金流量	−700.00	−600.00	−300.00	−35.20	190.80	446.80	702.80	958.80	1563.6
5	折现系数 $i_c=10\%$	0.9091	0.8264	0.7513	0.6830	0.6209	0.5645	0.5132	0.4665	0.4241
6	所得税前折现净现金流量	−636.37	82.64	225.39	180.86	140.32	144.51	131.38	119.42	256.50
7	累计所得税前折现净现金流量	−636.37	−553.73	−328.34	−147.48	−7.16	137.35	268.73	388.15	644.65
8	调整所得税		52.28	50.28	49.48	41.78	49.28	49.28	49.28	49.28
9	所得税后净现金流量	−700.00	47.72	249.72	215.32	184.22	206.72	206.72	206.72	555.52
10	累计所得税后净现金流量	−700.00	−652.28	−402.56	−187.24	−3.02	203.70	410.42	617.14	1172.66
11	折现系数 $i_c=10\%$	0.9091	0.8264	0.7513	0.6830	0.6209	0.5645	0.5132	0.4665	0.4241
12	所得税后折现净现金流量	−636.37	39.44	187.61	147.06	114.38	116.69	106.09	96.43	235.60
13	累计所得税后折现净现金流量	−636.37	−596.93	−409.32	−262.26	−147.88	−31.19	74.90	171.33	406.93

问题 3：

根据表 1-12 中的数据，计算项目的静态投资回收期、动态投资回收期。

静态投资回收期=（累计净现金流量出现正值的年份−1）+（｜出现正值年份上年累计现金流量｜÷出现正值年份当年净现金流量）=（6−1）+（｜−3.02｜÷206.72）=5.01 年

动态投资回收期=（累计折现净现金流量出现正值的年份−1）+（｜出现正值年份上年累计折现净现金流量｜÷出现正值年份当年折现净现金流量）=（7−1）+（｜−31.19｜÷106.09）=6.29 年

问题 4：

由表 1-12 可知：项目净现值 $FNPV$=406.93 万元

计算项目的内部收益率。

假定 $i_1=22\%$，以 i_1 作为设定的折现率，计算各年的折现系数。利用现金流量延长表，计算各年的折现净现金流量和累计折现净现金流量，从而得到财务净现值 $FNPV_1$，见表 1-13。

在设定 $i_2=23\%$，用同样方法，得到财务净现值 $FNPV_2$，见表 1-13。

由表 1-13 可知：$i_1=22\%$时，$FNPV_1=10.14$ 万元

$i_2=23\%$时，$FNPV_2=-9.93$ 万元

采用插入法计算拟建项目的内部收益率 $FIRR$。即：

$$FIRR=i_1+(i_2-i_1)\times\frac{FNPV_1}{FNPV_1+FNPV_2}$$

$$=22\%+(23\%-22\%)\times\frac{10.14}{10.14+|-9.93|}$$

$$=22.51\%$$

某拟建项目的全部投资现金流量延长表(所得税后) 单位：万元 **表 1-13**

序号	项目	建设期	投产期							
		1	2	3	4	5	6	7	8	9
	生产负荷		80%	100%	100%	100%	100%	100%	100%	100%
1	现金流入		460.00	500.00	500.00	500.00	500.00	500.00	500.00	848.80
2	现金流出	700.00	360.00	200.00	235.20	274.00	244.00	244.00	244.00	244.00
3	调整所得税		52.28	50.28	49.48	41.78	49.28	49.28	49.28	49.28
4	净现金流量	−700.00	47.72	249.72	215.32	184.22	206.72	206.72	206.72	555.52
5	折现系数 $i_1=22\%$	0.8197	0.6719	0.5507	0.4514	0.3700	0.3033	0.2486	0.2038	0.1670
6	折现净现金流量	−573.79	32.06	137.52	97.20	68.16	62.70	51.39	42.13	92.77
7	累计折现净现金流量	−573.79	−541.73	−404.21	−307.01	−238.85	−176.15	−124.76	−82.63	10.14
8	折现系数 $i_2=23\%$	0.8130	0.6610	0.5374	0.4369	0.3552	0.2888	0.2348	0.1909	0.1552
9	折现净现金流量	−569.10	31.54	134.20	94.07	65.43	59.70	48.54	39.46	86.22
10	累计折现净现金流量	−569.10	−537.56	−403.36	−309.28	−243.85	−184.15	−135.61	−96.15	−9.93

问题 5：

从财务评价角度评价该项目的可行性：

根据计算结果，项目净现值 $FNPV=406.93$ 万元>0；内部收益率 $FIRR=22.51\%$ $>$行业基准收益率 10%；动态投资回收期 $p_t^*=6.29$ 年$<$项目的计算期，因此，从动态角度评价项目是可行的。

静态投资回收期 $p_t=5.01$ 年$<$行业基准投资回收期 7 年，从静态角度评价项目也是可行的。

【案例二】

背景材料：

某项目建设期为 2 年，生产期为 8 年，项目建设投资(含工程费、其他费用、预备费用)3100 万元，预计全部形成固定资产。固定资产折旧年限为 8 年，按平均年限法计算折旧，残值率为 5%，在生产期末回收固定资产残值。

建设期第一年投入建设资金的 60%，第二年投入 40%，其中每年投资的 50%为自有

资金，50%为银行贷款，贷款年利率为7%，建设期只计息不还款。生产期第一年投入流动资金300万元，全部为自有资金。流动资金在计算期末全部回收。

建设单位与银行约定：从生产期开始的6年间，按照每年等额本金偿还法进行偿还，同时偿还当年发生的利息。

预计生产期各年的经营成本相等，均为2600万元，其中可抵扣的进项税额为每年300万元；不含税营业收入在计算期的第三年为3800万元，第四年为4320万元，第五年至第十年均为5400万元。假定增值税税率为11%，增值税附加税率为10%，所得税税率为33%，行业基准投资回收期(P_c)为8年，行业基准收益率为i_c=10%。

问题：

1. 计算期第三年初的累计借款是多少(要求列出计算式)?
2. 编制项目借款还本付息计划表(将计算结果填入表1-14)。
3. 计算固定资产残值及各年固定资产折旧额(要求列出计算式)。
4. 编制项目资本金现金流量表(将现金流量有关数据填入表1-15)。
5. 计算资本金财务内部收益率、动态投资回收期(要求列出计算式)，并评价本项目是否可行?

注：计算结果保留小数点后2位。

某项目借款还本付息计划表　　单位：万元　　**表1-14**

序号	项目＼年份	1	2	3	4	5	6	7	8	9	10
1	年初累计借款										
2	本年新增借款										
3	本年应计利息										
4	本年应还本金										
5	本年应还利息										

某项目资本金现金流量表　　单位：万元　　**表1-15**

序号	项目＼年份	1	2	3	4	5	6	7	8	9	10
1	现金流入										
1.1	营业收入										
1.2	回收固定资产残值										
1.3	回收流动资金										
2	现金流出										
2.1	项目资本金										
2.2	借款本金偿还										
2.3	借款利息支付										
2.4	经营成本										
2.5	增值税										

续表

序号	项目 \ 年份	1	2	3	4	5	6	7	8	9	10
2.6	增值税附加										
2.7	所得税										
3	净现金流量										
4	累计净现金流量										
5	折现系数 $i_c=10\%$	0.9091	0.8264	0.7513	0.6830	0.6209	0.5645	0.5132	0.4665	0.4241	0.3855
6	折现净现金流量										
7	累计折现净现金流量										

[解题要点分析]

本案例主要练习项目资本金现金流量表的编制，并计算建设项目财务中项目的资本金内部收益率、投资回收期等盈利能力评价指标，进而对项目进行评价。

在完成本案例计算时，应注重以下知识的应用：

1. 项目资本金现金流量表的编制，是站在项目投资主体角度考察项目的现金流入流出情况，表中的投资只计资本金；另外，现金流入又是因项目全部投资所获得的，故应将借款本金的偿还及利息支付计入现金流出。

2. 借款本金偿还。可分为长期借款(建设期内的借款)本金偿还、流动资金借款本金偿还和临时借款本金偿还，需按照各自的还款方式正确计算。

长期借款还款方式主要有：
- 等额偿还法
  - 等额本金偿还法
  - 等额本息偿还法
- 最大偿还能力偿还法

流动资金借款本金偿还方式：项目期末一次偿还。

临时借款本金偿还方式：随借随还，上一年末(本年年初)借款本年年末偿还。

本案例只需考虑长期借款本金偿还，还款方式为等额本金偿还法。

3. 借款利息支出。可分为长期借款利息支付、流动资金利息支付和临时借款利息支付。长期借款利息支出应按照上述本金还款方式正确计算，流动资金利息偿还一般采取分年偿还，临时借款利息支付同本金一起偿还。本案例只需考虑长期借款利息支付。

4. 要完整地编制项目资本金现金流量表，必须在编制辅助报表——长期借款还本付息计划表的基础上进行。

[答案]

问题1：

第1年应计利息＝(0＋1/2×3100×60％×50％)×7％＝32.55万元

第2年应计利息＝(3100×60％×50％＋32.55＋1/2×3100×40％×50％)×7％

＝89.08万元

建设期利息＝32.55＋89.08＝121.63万元

第3年初累计借款＝3100×60％×50％＋3100×40％×50％＋121.63

或＝3100×50％＋121.63＝1671.63万元

问题2：

长期借款还款方式：在生产期前6年等额偿还本金，每年应还本金＝1671.63/6＝278.61万元

第3年初累计借款为1671.63万元

第4年初累计借款为1671.63－278.61＝1393.02万元

依次计算出第8年初累计借款，见表1-16。

某项目还本付息表　　单位：万元　　表1-16

序号	项目＼年份	1	2	3	4	5	6	7	8	9	10
1	年初累计借款		962.55	1671.63	1393.02	1114.41	835.80	557.19	278.58		
2	本年新增借款	930	620								
3	本年应计利息	32.55	89.08	117.01	97.51	78.01	53.51	39.00	19.50		
4	本年应还本金			278.61	278.61	278.61	278.61	278.61	278.61		
5	本年应还利息			117.01	97.51	78.01	58.51	39.00	19.50		

问题3：

固定资产原值＝3100＋121.63＝3221.63万元

残值＝3221.63×5%＝161.08万元

各年固定资产折旧额＝(3221.63－161.08)÷8＝382.57万元

问题4：

答案见表1-17。

某项目现金流量表（自有资金）　　单位：万元　　表1-17

序号	项目＼年份	1	2	3	4	5	6	7	8	9	10
1	现金流入			4218.00	4795.20	5994.00	5994.00	5994.00	5994.00	5994.00	6455.08
1.1	销售收入（含税）			4218.00	4795.20	5994.00	5994.00	5994.00	5994.00	5994.00	5994.00
1.2	回收固定资产残值										161.08
1.3	回收流动资金										300
2	现金流出	930.00	620.00	3751.66	3671.23	4141.33	4128.26	4115.19	4102.09	3810.45	3810.45
2.1	项目资本金	930.00	620.00	300.00							
2.2	借款本金偿还			278.61	278.61	278.61	278.61	278.61	278.58		
2.3	借款利息支付			117.01	97.51	78.01	58.51	39.00	19.50		
2.4	经营成本（含税）			2600	2600	2600	2600	2600	2600	2600	2600
2.5	增值税			118.00	175.20	294.00	294.00	294.00	294.00	294.00	294.00
2.6	增值税附加			11.80	17.52	29.40	29.40	29.40	29.40	29.40	29.40
2.7	所得税			326.24	502.39	861.31	867.74	874.18	880.61	887.05	887.05
3	净现金流量	－930.00	－620.00	466.34	1123.97	1852.67	1865.74	1878.81	1891.91	2183.55	2644.63
4	累计净现金流量	－930.00	－1550.00	－1083.66	40.30	1892.98	3758.72	5637.53	7529.44	9712.99	12357.62
5	折现系数 i_c＝10%	0.9091	0.8264	0.7513	0.6830	0.6209	0.5645	0.5132	0.4665	0.4241	0.3855
6	折现净现金流量	－845.46	－512.37	350.36	767.67	1150.32	1053.21	964.21	882.58	926.04	1019.50
7	累计折现净现金流量	－845.46	－1357.83	－1007.47	－239.80	910.52	1963.73	2927.94	3810.52	4736.56	5756.06

各年总成本费用：

第 3 年总成本费用＝2600＋382.57＋117.01＝3099.58 万元

第 4 年总成本费用＝2600＋382.57＋97.51＝3080.08 万元

第 5 年总成本费用＝2600＋382.57＋78.01＝3060.58 万元

第 6 年总成本费用＝2600＋382.57＋58.51＝3041.08 万元

第 7 年总成本费用＝2600＋382.57＋39.00＝3021.57 万元

第 8 年总成本费用＝2600＋382.57＋19.50＝3002.07 万元

第 9、10 年总成本费用＝2600＋382.57＝2982.57 万元

各年所得税：

第 3 年所得税＝(4218.00－3099.58－118.00－11.80)×33%＝326.24 万元

第 4 年所得税＝(4795.20－3080.08－175.20－17.52)×33%＝502.39 万元

第 5 年所得税＝(5994.00－3060.58－294.00－29.40)×33%＝861.31 万元

第 6 年所得税＝(5994.00－3041.08－294.00－29.40)×33%＝867.74 万元

第 7 年所得税＝(5994.00－3021.57－294.00－29.40)×33%＝874.18 万元

第 8 年所得税＝(5994.00－3002.01－294.00－29.40)×33%＝880.61 万元

第 9、10 年所得税＝(5994.00－2982.57－294.00－29.40)×33%＝887.05 万元

问题 5：

(1) 资本金财务内部收益率

经试算，取 $i_1 = 41\%$，得 $NPV_1 = 20.80$ 万元；取 $i_2 = 42\%$，得 $NPV_2 = -4.26$ 万元。

由内插值公式：$FIRR = 41\% + \frac{20.80}{20.80 + 4.26} \times (42\% - 41\%) = 41.3\%$

(2) 动态投资回收期

$$P'_t = 5 - 1 + \frac{|-239.60|}{1150.51} = 4.21 \text{ 年}$$

项目资本金财务内部收益率 $FIRR = 41.3\%$ 大于行业基准收益率 $i_c = 10\%$，动态投资回收期 $P'_t < P_c = 8$ 年，因此，本项目可行。

练 习 题

习题 1

背景材料：

某企业拟投资兴建一建设项目。预计该项目寿命周期为 12 年，其中建设期 2 年，生产期 10 年。项目建设投资预计全部形成固定资产（包含可抵扣固定资产进项税额 120 万元），固定资产使用年限 12 年，按直线法折旧，期末净残值率 5%，固定资产余值在项目运营期末收回。投产当年需投入流动资金 300 万元。项目投资现金流量基础数据见表 1-18（表中数据均按发生在期末计），表中的营业收入和经营成本均不含销项税额和进项税额。基准动态投资回收期为 9 年，折现率按当地银行贷款年利率（年利率 12%，每年两次计息）计算。

项目投资现金流量表　　单位：万元　　**表 1-18**

序号	年份 项目	建设期		生产期									
		1	2	3	4	5	6	7	8	9	10	11	12
	生产负荷（%）												
1	现金流入												
1.1	营业收入			2100	3000	3000	3000	3000	3000	3000	3000	3000	2100
1.2	销项税额			350	500	500	500	500	500	500	500	500	350
1.3	回收固定资产余值												
1.4	回收流动资金												
2	现金流出												
2.1	固定资产投资	1200	1800										
2.2	流动资金			500	200								
2.3	经营成本			1200	1700	1700	1700	1700	1700	1700	1700	1700	1200
2.4	进项税额			200	300	300	300	300	300	300	300	300	200
2.5	增值税												
2.6	增值税附加												
2.7	调整所得税												
3	净现金流量												
4	累计净现金流量												
5	折现系数												
6	折现净现金流量												
7	累计折现净现金流量												

问题：

1. 请根据已知基础数据将表 1-18 中的现金流入、现金流出、净现金流量、累计净现金流量各栏数据填写完整。

2. 计算折现率、折现系数、折现现金流量和累计折现现金流量。

3. 计算静态、动态投资回收期。

4. 根据上述计算结果对该项目的可行性做出评价。

习题 2

背景材料：

拟建某工业项目，建设期 2 年，生产期 10 年，基础数据如下：

（1）第一年、第二年固定资产投资分别为 2100 万元、1200 万元。

（2）第三年、第四年流动资金注入分别为 550 万元、350 万元。

（3）预计正常生产年份的年含税销售收入为 3500 万元、年含税经营成本为 1800 万元、增值税及附加为 260 万元、调整所得税为 310 万元。

（4）预计投产的当年达产率为 70%，投产后的第二年开始达产率为 100%，投产当年的销售收入、经营成本、税金及附加、所得税均按正常生产年份的 70%计算。

（5）固定资产余值回收为 600 万元，流动资金全部回收。

（6）上述数据均假设发生在期末。

问题：

1. 请在表 1-19 中填入项目名称和基础数据并进行计算。

2. 假设年折现率采用银行贷款年利率（年利率 12%，每半年计息一次），试计算实际折现率（要求列出计算式）、折现系数、折现净现金流量值和累计折现净现金流量值（不要求列出计算式，将数值直接填入表 1-19 中）。

3. 计算动态投资回收期（要求列出计算式）。

注：折现系数取小数点后 3 位，其余取小数点后 2 位。

某项目投资现金流量表 单位：万元 **表 1-19**

序号	寿命周期(年) 项目名称	建设期		生产期										合计
		1	2	3	4	5	6	7	8	9	10	11	12	

习题 3

背景材料：

某企业拟兴建一生产项目，建设期为 2 年，运营期为 6 年。运营期第 1 年达产 60%，以后各年均达产 100%。其他基础数据见表 1-20。

某建设项目财务评价基础数据表 单位：万元 **表 1-20**

序号	年份 项目	1	2	3	4	5	6	7	8
1	建设投资： （1）自有资金 （2）贷款	 700 1000	 800 1000						
2	流动资金： （1）自有资金 （2）贷款			 160 320	 320				

续表

序号	年份 项目	1	2	3	4	5	6	7	8
3	营业收入（不含税）			3240	5400	5400	5400	5400	5400
4	销项税额								
5	经营成本（不含税）			1680	3200	3200	3200	3200	3200
6	进项税额								
7	折旧费			347.69	347.69	347.69	347.69	347.69	347.69
8	摊销费			90	90	90	90	90	90
9	利息支出			140.11	131.69	110.47	89.25	68.04	46.82
9.1	长期借款利息			127.31	106.09	84.87	63.65	42.44	21.22
9.2	流动资金借款利息			12.80	25.60	25.60	25.60	25.60	25.60

有关说明如下：

（1）表中贷款额不含贷款利息。建设期投资贷款年利率为 6%（按年计息）。固定资产使用年限为 10 年，残值率为 4%，无可抵扣的进项税额，固定资产余值在项目运营期末一次收回。

（2）流动资金贷款年利率为 4%（按年计息）。流动资金本金在项目运营期期末一次收回并偿还。

（3）增值税附加税率为 6%，所得税税率为 33%。

（4）贷款偿还方式为：长期贷款本金在运营期 6 年中按照每年等额偿还法进行偿还（即从第 3 年至第 8 年）；项目运营期间每年贷款利息当年偿还。

问题：

1. 列式计算建设期利息、固定资产总投资、运营期末固定资产余值。
2. 列式计算第 3、4 年的增值税及增值税附加、所得税。
3. 根据上述数据编制项目资本金现金流量表（表 1-21）。
4. 列式计算动态投资回收期。

注：（1）本案例未要求列式计算的数据可直接填入表 1-21 中；

（2）除折现系数保留 3 位小数外，其余计算结果均保留 2 位小数。

项目资本金现金流量表　　单位：万元　　**表 1-21**

序号	年份 项目	1	2	3	4	5	6	7	8
1	现金流入								
1.1	营业收入（不含税）								
1.2	销项税额								
1.3	回收固定资产余值								
1.4	回收流动资金								
2	现金流出								

续表

序号	年份 项目	1	2	3	4	5	6	7	8
2.1	资本金								
2.2	经营成本（不含税）								
2.3	进项税额								
2.4	借款本金偿还								
2.4.1	长期借款本金偿还								
2.4.2	流动资金借款本金偿还								
2.5	借款利息支付								
2.5.1	长期借款利息支付								
2.5.2	流动资金借款利息支付								
2.6	增值税								
2.7	增值税附加								
2.8	所得税								
3	净现金流量								
4	折现系数（i_c=8%）								
5	折现净现金流量								
6	累计折现净现金流量								

1.3 基于利润与利润分配表的财务评价

1.3.1 基于利润与利润分配表的财务评价内容和方法

一、主要辅助报表——项目借款还本付息计划表和总成本费用估算表

1. 项目借款还本付息计划表

项目借款还本付息计划表的计算如表 1-22 所示。

项目借款还本付息计划表的计算 **表 1-22**

序号	年份 项目	建设期	运营期
1	借款 1（建设投资借款）		
1.1	年初借款余额	建设期发生的借款，在建设期不还本不付息，运营期开始还本付息 运营期第一年年初累计借款＝建设期新增借款＋建设期借款的应计利息（即建设期末的累计借款余额） 运营期其他各年年初借款余额＝上年年末借款余额＝上年年初借款余额－上年应还本金	
1.2	本年新增借款	发生在建设期，按实际借款数填写	
1.3	本年应计利息	建设期借款应计利息＝（年初借款本息累计＋本年借款/2）×年利率 运营期应计利息＝年初借款余额×银行贷款年利率	

续表

序号	年份 项目	建设期	运营期
1.4	本年应还本金	按照实际偿还方式计算。还款方式有：等额偿还法（包括等额本金偿还法、等额本息偿还法）和最大能力偿还法	
1.5	本年应还利息	建设期应还利息＝0（建设期不还本不付息） 运营期应还利息＝运营期应计利息＝年初借款余额×银行贷款年利率	
1.6	年末借款余额	年末借款余额＝年初借款余额－当年应还本金	
2	借款2（流动资金借款）		
2.1	年初借款余额	运营期发生的流动资金借款的累计值（在运营期不还本只付息，本金运营期末一次偿还）	
2.2	本年新增借款	发生在运营期，按实际借款数填写	
2.3	本年应计利息	流动资金借款应计利息＝年初借款余额×银行贷款年利率	
2.4	本年应还本金	运营期最后一年一次偿还，其余年份应还本金为0	
2.5	本年应还利息	流动资金借款应还利息＝流动资金借款应计利息＝年初借款余额×银行贷款年利率	
2.6	年末借款余额	年末借款余额＝年初借款余额	
3	借款3（临时借款）	利润表及利润分配表中，未分配利润＋折旧费＋摊销费≤该年应还本金时，该年的未分配利润全部用于还款，不足部分为该年的资金亏损，需用临时借款弥补偿还本金的不足部分	
3.1	年初借款余额	不足偿还本金年份的下一年年初借款余额＝不足偿还本金年份借款额	
3.2	本年新增借款	发生在不足偿还本金年份年末，按实际借款数填写	
3.3	本年应计利息	临时借款应计利息＝年初借款余额×银行贷款年利率	
3.4	本年应还本金	临时借款随借随还，还款额＝还款年份当年年初借款余额	
3.5	本年应还利息	临时借款应还利息＝临时借款应计利息＝年初借款余额×银行贷款年利率	
3.6	年末借款余额	不足偿还本金年份的借款额	

2. 总成本费用估算表

总成本费用估算表由经营成本、固定资产折旧费、无形资产摊销费和利息（长期借款利息、流动资金借款利息和临时借款利息）组成（还包括予以费用化的维持运营投资，实际发生时予以考虑），总成本费用的计算公式为：

总成本费用＝经营成本＋固定资产折旧费＋摊销费＋利息支出

总成本费用估算表的计算见表1-23。

总成本费用估算表的计算　　表1-23

序号	年份 项目	生　产　期
1	经营成本	含增值税进项税额的经营成本，一般根据项目所给定资料，确定填写 或根据总成本费用估算表先求得总成本费用，由下式求得： 经营成本＝总成本费用－折旧费－摊销费－财务费用

续表

序号	年份 项目	生产期
2	折旧费	按照实际情况计算。折旧费计算方法有：平均年限法、工作量法、双倍余额递减法和年数综合法
3	摊销费	摊销费=无形资产/摊销年限
4	利息支出 （或财务费用）	长期借款利息+流动资金借款利息+短期借款利息 即：4.1+4.2+4.3
4.1	长期借款利息	长期借款利息=各年年初长期借款余额×银行贷款年利率，或从项目借款还本付息计划表获得
4.2	流动资金借款利息	各年流动资金借款利息=各年年初流动资金借款总额×银行贷款年利率，或从项目借款还本付息计划表获得
4.3	短期借款利息	短期借款利息=年初临时借款余额×银行贷款年利率，或从项目借款还本付息计划表获得
5	总成本费用 （1+2+3+4）	总成本费用=经营成本+折旧费+摊销费+利息支出 或总成本费用=固定成本+可变成本
5.1	固定成本	按实际情况计算
5.2	可变成本	按实际情况计算

二、利润与利润分配表

利润与利润分配表反映项目计算期内各年的利润总额、所得税及税后利润分配情况，其计算如表 1-24 所示。

利润与利润分配表的计算 **表 1-24**

序号	年份 项目	投产期	达产期
	生产负荷	项目投产期逐年递增，直到达产期达到 100%	
1	产品营业收入	各年营业收入（含税）=设计生产能力×产品单价（含税）×当年生产负荷	
2	增值税	各年增值税应纳税额=当年销项税额－当年进项税额	
3	增值税附加	各年增值税附加=当年增值税额×增值税附加税率	
4	总成本费用	总成本费用=经营成本+折旧费+摊销费+利息支出，或从总成本费用估算表中获得	
5	补贴收入	与收益相关的政府补助	
6	利润总额	利润总额=产品营业收入－增值税－增值税附加－总成本费用+补贴收入 即：6=1－2－3－4+5	
7	弥补以前年度亏损	利润总额中用于弥补以前年度亏损的部分	
8	应纳所得税额	6－7	
9	所得税	8×所得税税率（应纳所得税额>0） 0（应纳所得税额≤0）	

续表

序号	项目 \ 年份	投产期	达产期
10	净利润	6－9	
11	期初未分配利润	上一年度留存的利润	
12	可供分配利润	10＋11	
13	法定盈余公积金	10×10％	
14	可供投资者分配利润	12－13	
15	应付投资者各方股利	可根据企业性质和具体情况选择填列	
16	未分配利润	14－15	
16.1	用于还款未分配利润	当年应还本金－折旧费－摊销费 注：当未分配利润＜当年应还本金－折旧费－摊销费时，需要临时借款，借款额＝当年应还本金－折旧费－摊销费	
16.2	剩余利润（转下年度期初未分配利润）	16－用于还款未分配利润	
17	息税前利润	息税前利润（$EBIT$）＝利润总额＋利息支出	

评价指标：总投资收益率、项目资本金净利润率 } 详细见下三

三、根据利润和利润分配表进行相关指标的计算和评价

1. 总投资收益率（ROI）

总投资收益率（ROI）是反映项目盈利能力的指标。公式为：

$$总投资收益率(ROI) = (EBIT/TI) \times 100\% \tag{1-6}$$

式中　$EBIT$——项目正常年份的年息税前利润或运营期内年平均息税前利润；

TI——项目总投资。

特别注意：

项目总投资：包括固定资产投资和流动资金投资，应注意固定资产投资中包括建设期利息。

判别准则：当总投资收益率≥行业收益率参考值时，表明项目用该指标表示的盈利能力满足要求。

2. 项目资本金净利润率（ROE）

$$项目资本金净利润率(ROE) = (NP/EC) \times 100\% \tag{1-7}$$

式中　NP——项目正常年份的年净利润或运营期内年平均利润率；

EC——项目资本金。

项目的资本金＝项目自有资金投资总额

判别准则：项目资本金净利润率≥行业净利润率参考值，表明项目用该指标表示的盈利能力满足要求。

四、清偿能力分析的评价

评价指标有：资产负债率、流动比率和速动比率等主要指标。这些指标可以通过资产负债表计算求得。资产负债表（表 1-25）是在还本付息表、总成本费用表和利润及利润分配表、流动资金估算表、财务计划现金流量表的基础上编制。

资产负债表的计算与填写　　表 1-25

序号	年份 项目	建设期	投产期	达产期
1	资产	各对应年份 1.1+1.2+1.3+1.4		
1.1	流动资产总额	各对应年份 1.1.1+1.1.2+1.1.3		
1.1.1	流动资产	应收账款+存货+现金，与流动资金估算表对应		
1.1.2	累计盈余资金	与项目财务计划现金流量表对应		
1.1.3	累计期初未分配利润	与利润及利润分配表对应		
1.2	在建工程	建设期为总投资累计数，运营期均为 0		
1.3	固定资产净值	固定资产净值=固定资产原值－累计折旧		
1.4	无形资产及递延资产净值	无形资产及递延资产净值=无形资产及递延资产原值－累计摊销		
2	负债及所有者权益	负债及所有者权益=负债+所有者权益		
2.1	负债	负债=流动负债总额+长期借款		
2.1.1	流动负债总额	流动负债总额=应付账款+预收账款+流动资金借款		
2.1.1.1	应付账款	与流动资金估算表对应		
2.1.1.2	预收账款	与流动资金估算表对应		
2.1.1.3	流动资金借款	流动资金借款期末累计数，与借款还本付息计划表中的流动资金借款期末借款余额对应		
2.1.2	建设投资借款	建设投资借款期末累计数，与借款还本付息计划表中的建设投资借款期末借款余额对应		
2.2	所有者权益	所有者权益=资本金+累计盈余公积金+累计未分配利润		
2.2.1	资本金	按照投资计划投入的自有资金累计数		
2.2.2	累计盈余公积金	与项目财务计划现金流量表对应		
2.2.3	累计未分配利润	与利润及利润分配表对应		

评价指标：

资产负债率=负债总额/资产总额×100%（此值越低，偿还能力越强，但指标水平应适当）

流动比率=流动资产总额/流动负债总额×100%（一般为 2∶1 较好）

速动比率=速动资产总额/流动负债总额×100%（一般为 1 左右较好）

五、财务生存能力分析的评价

财务计划现金流量表（表 1-26）中各项数据均来自于借款还本付息计划表、总成本费用估算表和利润与利润分配表。

财务计划现金流量表的计算与填写　　表 1-26

序号	年份 项目	建设期	投产期	达产期
1	经营活动净现金流量	1.1－1.2		
1.1	现金流入	1.1.1＋1.1.2＋1.1.3		
1.1.1	营业收入	各年不含税营业收入＝设计生产能力×产品单价（不含税）×当年生产负荷		
1.1.2	增值税销项税额	销项税额＝营业收入（不含销项税额）×增值税税率		
1.1.3	补贴收入	与收益相关的政府补助		
1.2	现金流出	1.2.1＋1.2.2＋1.2.3＋1.2.4＋1.2.5		
1.2.1	经营成本	从总成本费用表中对应得出，或根据项目投资资料中运营期各年实际发生的经营成本数额得出，填入对应年份		
1.2.2	增值税进项税额	进项税额＝经营成本（不含进项税额）×增值税税率 即当年进项税额为纳税人当年购进货物或者接受应税劳务支付或者负担的增值税额		
1.2.3	增值税	当年增值税应纳税额＝当年销项税额－当年进项税额－可抵扣固定资产进项税额 当年销项税额小于当年进项税额不足抵扣时，其不足部分可以结转下年继续抵扣		
1.2.4	增值税附加	各年增值税附加＝当年增值税应纳税额×增值税附加税率		
1.2.5	所得税	从利润及利润分配表中获取		
2	投资活动净现金流量	2.1－2.2		
2.1	现金流入	一般为 0		
2.2	现金流出	2.2.1＋2.2.2＋2.2.3		
2.2.1	建设投资	建设期建设投资额，包含资本金和建设期借款		
2.2.2	维持运营投资	某些项目运营期为了维持正常运营需投入的固定资产投资		
2.2.3	流动资金	流动资金＝流动资产－流动负债，从流动资金估算表中得出		
3	筹资活动净现金流量	3.1－3.2		
3.1	现金流入	3.1.1＋3.1.2＋3.1.3＋3.1.4＋3.1.5		
3.1.1	项目资本金投入	从背景资料中获取		
3.1.2	建设投资借款	建设投资借款期末累计数，与借款还本付息计划表中的建设投资借款期末借款余额对应		
3.1.3	流动资金借款	流动资金借款期末累计数，与借款还本付息计划表中的流动资金借款期末借款余额对应		
3.1.4	债券	从背景资料中获取		
3.1.5	短期借款	短期借款期末累计数，与借款还本付息计划表中的流动资金借款期末借款余额对应		
3.2	现金流出	3.2.1＋3.2.2＋3.2.3		
3.2.1	各种利息支出	从借款还本付息计划表中获取		

续表

序号	项目 \ 年份	建设期	投产期	达产期
3.2.2	偿还债务本金	从借款还本付息计划表中获取		
3.2.3	应付利润（股份分配）	从利润及利润分配表中获取		
4	净现金流量	1+2+3		
5	累积盈余资金	累计净现金流量		

1.3.2 案例

【案例一】

背景材料：

某建设项目有关资料如下：

（1）项目计算期10年，其中建设期2年。项目第3年投产，第5年开始达到100%设计生产能力。

（2）项目固定资产投资6000万元（不含建设期利息），预计5500万元形成固定资产，500万元形成无形资产。固定资产年折旧费为473万元，固定资产余值在项目运营期末收回。

（3）无形资产在运营期8年中，均匀摊入成本。

（4）流动资金为800万元，在项目计算期末收回。

（5）项目的设计生产能力为年产量1.2万吨，预计每吨不含税售价为5850元，企业适用的增值税税率为17%，增值税附加税率为10%，企业所得税税率为25%。

（6）项目的资金投入、收益、成本等基础数据，见下表1-27。

项目的资金投入、收益、成本等基础数据 单位：万元 **表1-27**

序号	项目 \ 年份		1	2	3	4	5～10
1	建设投资	自有资金部分	1000	500			
		贷款（不含建设期利息）		4500			
2	流动资金	自有资金部分			200		
		贷款			100	500	
3	年销售量（万吨）				0.95	1.1	1.2
4	年经营成本				4400	4800	5200
	其中可抵扣的进项税额				400	450	500

（7）还款方式：在项目运营期间（即从第3年起至第10年）按等额本金法偿还，流动资金贷款每年付息。长期贷款年利率为6.22%（按年付息），流动资金贷款年利率为3%。

问题：

1. 计算无形资产摊销费。

2. 编制项目借款还本付息计划表（表中数字按四舍五入取整）。

3. 编制总成本费用估算表（表中数字按四舍五入取整）。

4. 编制项目利润及利润分配表。盈余公积金提取比例为 10%。应付投资者各方股利按股东会事先约定的计取：运营期前两年按可供投资者分配的 10%计取，以后各年均按 30%计取，亏损年份不计取。期初未分配利润作为企业继续投资或扩大生产的资金积累。

5. 行业平均总投资收益率为 10%，资本金净利润率为 15%。从财务角度评价项目的可行性。

[解题要点分析]

本案例在编制长期借款还本付息表和总成本费用估算表两个辅助报表的基础上，编制项目的利润及利润分配表，并通过总成本费用估算表分析项目盈利能力和抗风险能力。

编制以上三表时按上面表中的各项内容进行。

需要注意的是本案例需要短期借款，项目财务评价中的短期借款系指运营期间由于资金的临时需要而发生的短期借款，短期借款的数额应在财务计划现金流量表中得到反映，其利息应计入总成本费用表的利息支出中。短期借款利息的计算与流动资金借款利息相同，短期借款本金的偿还按照随借随还的原则处理，即当年借款尽可能于下年偿还。

无形资产的摊销费＝无形资产/摊销年限

[答案]

问题 1：

无形资产摊销费＝500÷8＝62.5 万元

问题 2：

（1）长期借款

建设期利息＝1/2×4500×6.22%＝140 万元

每年应还本金＝（4500＋140）÷8＝580 万元

第 3 年年初累计借款＝4500＋140＝4640 万元

第 4 年年初累计借款＝上年年初累计借款－上年应还本金＝4640－580＝4060 万元

以此类推，可求出各年年初累计借款。

第 3 年应计利息＝4640×6.22%＝289 万元

第 4 年应计利息＝4060×6.22%＝253 万元

第 5 年应计利息＝3480×6.22%＝216 万元

依次类推可求得其他各年应计利息

本年应还利息＝本年应计利息

（2）流动资金借款

流动资金借款利息的计算：

第 3 年流动资金借款利息＝本年流动资金贷款总额×贷款年利率＝100×3%＝3 万元

第 4 年流动资金借款利息＝（100＋500）×3%＝18 万元

其他各年与第 4 年借款利息相同。详见表 1-28。

（3）短期借款

第三年应还本金为 580 万元，贷款还本的资金来源主要包括未分配利润、固定资产折旧、无形资产和其他资产摊销费和其他还款资金来源。

未分配利润＋折旧费＋摊销费＜该年应还本金，则该年的未分配利润全部用于还款，不足部分为该年的资金亏损，并需用临时借款（短期借款）来弥补偿还本金的不足部分。

短期借款＝580－473－63＋72＝116 万元

短期借款利息支出＝116×3％＝3.48 万元，取整为 3 万元。

借款还本付息计划表　　单位：万元　　**表 1-28**

序号	项目＼年份	1	2	3	4	5	6	7	8	9	10
1	借款 1（长期借款）										
1.1	年初累计借款			4640	4060	3480	2900	2320	1740	1160	580
1.2	本年新增借款		4500								
1.3	本年应计利息		140	289	253	216	180	144	108	72	36
1.4	本年应还本金			580	580	580	580	580	580	580	580
1.5	本年应还利息			289	253	216	180	144	108	72	36
2	借款 2（流动资金借款）										
2.1	年初累计借款			0	100	600	600	600	600	600	600
2.2	本年新增借款			100	500	0	0	0	0	0	0
2.3	本年应计利息			3	18	18	18	18	18	18	18
2.4	本年应还本金			0	0	0	0	0	0	0	600
2.5	本年应还利息			3	18	18	18	18	18	18	18
3	借款 3（短期借款）										
3.1	年初累计借款				116						
3.2	本年新增借款			116							
3.3	本年应计利息				3						
3.4	本年应还本金				116						
3.5	本年应还利息				3						

问题 3：

各年总成本费用＝经营成本＋折旧费＋摊销费＋利息支出

其计算结果见表 1-29。

总成本费用估算表　　单位：万元　　**表 1-29**

序号	项目＼年份	3	4	5	6	7	8	9	10
1	经营成本	4400	4800	5200	5200	5200	5200	5200	5200
2	折旧费	473	473	473	473	473	473	473	473
3	摊销费	63	63	63	63	63	63	63	63
4	利息支出	292	274	234	198	162	126	90	54
4.1	长期借款利息支出	289	253	216	180	144	108	72	36
4.2	流动资金借款利息支出	3	18	18	18	18	18	18	18
4.3	短期借款利息支出	0	3	0	0	0	0	0	0
5	总成本费用	5228	5610	5970	5934	5898	5862	5826	5790
	其中可抵扣进项税额	400	450	500	500	500	500	500	500

问题 4：

第 3 年营业收入＝5850×0.95＝5558 万元

第 4 年营业收入＝5850×1.1＝6435 万元

第 5～10 年营业收入＝5850×1.2＝7020 万元

利润及利润分配表见表 1-30。

利润及利润分配表 单位：万元 **表 1-30**

序号	项目＼年份	3	4	5	6	7	8	9	10
1	营业收入	5558	6435	7020	7020	7020	7020	7020	7020
2	总成本费用	5228	5610	5970	5934	5898	5862	5826	5790
3	增值税	365	485	520	520	520	520	520	520
3.1	销项税额	765	935	1020	1020	1020	1020	1020	1020
3.2	进项税额	400	450	500	500	500	500	500	500
4	增值税附加	37	49	52	52	52	52	52	52
5	利润总额（1－2－3－4）	－72	291	478	514	550	586	622	658
6	弥补以前年度亏损	0	72	71	0	0	0	0	0
7	应纳所得税额	0	219	407	514	550	586	622	658
8	所得税（7×25%）	0	55	102	129	138	147	156	165
9	净利润（5－8）	－72	236	376	385	412	439	466	493
10	期初未分配利润	0	0	98	261	480	679	862	1032
11	可供分配利润	0	238	376	647	892	1118	1328	1525
12	法定盈余公积金	0	0	38	65	89	112	133	153
13	可供投资者分配利润	0	238	338	582	803	1006	1195	1373
14	应付投资者各方股利	0	24	34	58	80	101	120	137
15	未分配利润	0	214	304	524	723	905	1075	1236
15.1	用于还款未分配利润	0	116	44	44	44	44	44	44
15.2	剩余利润（转下年度期初未分配利润）	0	98	260	480	679	860	1031	1192
16	息税前利润	220	565	712	712	712	712	712	712

问题 5：

（1）计算总投资收益率＝正常年份的息税前利润/总投资×100%

＝712/(6000＋140＋800)×100%＝10.25%

（2）计算资本金净利润率

由于正常年份净利润差异较大，故用运营期的年平均净利润计算：

年平均净利润＝(－72＋238＋376＋386＋413＋440＋467＋494)/8＝2740/8＝342.5 万元

资本金净利润率＝年平均净利润率/资本金×100%＝[342.5/(1540＋200)] ×100%

＝19.68%

可见，项目投资收益率为 10.25%>行业平均值 10%，项目资本金净利润率为 19.68%>行业平均值 15%，表明项目盈利能力大于行业平均水平，该项目可行。

【案例二】

背景材料：

拟建某化工项目，其基础数据如下：

(1) 固定资产投资总额为 5560 万元（其中包括无形资产 480 万元）。建设期 2 年，运营期 6 年。

(2) 本项目固定资产投资来源为自有资金和贷款。自有资金在建设期内均衡投入，在建设期内每年贷款 1000 万元，贷款总额为 2000 万元，贷款年利率 8%（按年计息），由中国工商银行获得。还款方式为：在运营期前 4 年等额还本付息。无形资产在运营期 6 年中，均匀摊入成本。固定资产残值 1200 万元，按照直线法折旧，折旧年限为 10 年。

(3) 企业适用的增值税销项税税率为 17%，增值税附加税率为 12%，企业所得税税率为 25%。

(4) 本项目第 3 年投产，当年生产负荷达到设计生产能力的 90%，以后各年均达到设计生产能力。

(5) 项目流动资金全部为自有资金。

(6) 股东约定正常年份按可供投资者分配利润 50%的比例，提取应付投资者各方的股利。运营期的前两年，按正常年份 70%和 90%的比例计算。

(7) 项目资金投入、收益、成本见表 1-31。

建设项目资金投入、收益、成本费用表　　单位：万元　　**表 1-31**

序号	项目	1	2	3	4	5	6	7	8
1	建设投资： 自有资金 贷款（不含贷款利息）	 1698.4 1000	 1698.4 1000						
2	营业收入（不含销项税）			4590.00	5100.00	5100.00	5100.00	5100.00	5100.00
3	经营成本（不含进项税）			3480.00	4020.00	4042.00	4059.00	4080.00	4089.00
4	经营成本中的进项税			260.00	310.00	310.00	310.00	310.00	310.00
5	流动资产（现金+应收账款+预收账款+存货）			612	680	680	680	680	680
6	流动负债（应付账款+预收账款）			106.43	118.26	118.26	118.26	118.26	118.26
7	流动资金（5−6）			505.57	561.74	561.74	561.74	561.74	561.74

问题：

1. 计算建设期利息和运营期固定资产折旧费、无形资产摊销费。
2. 编制项目的借款还本付息计划表、总成本费用估算表和利润及利润分配表。
3. 编制项目的财务计划现金流量表。
4. 编制项目的资产负债表。

5. 从清偿能力角度，分析项目的可行性。

[解题要点分析]

本案例重点练习项目还本付息计划表、总成本费用估算表、利润及利润分配表、财务计划现金流量表的编制及采用等额还本付息的还款方式偿还长期贷款的计算方法。

1. 编制项目借款还本付息计划表，需要清楚以下知识点：

运营期各年利息＝该年年初借款余额×贷款用利率

运营期各年初借款余额＝上年期初借款余额－上年偿还本金

运营期每年等额还本付息金额按以下公式计算：

$$A=P\times\frac{(1+i)^n\times i}{(1+i)^n-1}=P\times(A/P,i,n)$$

2. 编制利润及利润分配表时，根据已知数据，计算利润及利润分配表中各项费用：

增值税应纳税额＝当期销项税额－当期进项税额

＝营业收入×增值税率－当期进项税额

增值税附加＝增值税应纳税额×增值税附加税率

利润总额＝营业收入－总成本费用－增值税附加税额

所得税＝（利润总额－弥补以前年度亏损）×所得税率

在未分配利润＋折旧费＋摊销费＞该年应还本金的条件下：

用于还款的未分配利润＝该年应还本金－折旧费－摊销费

若未分配利润＋折旧费＋摊销费＜该年应还本金，则需要临时借款，临时借款额＝该年应还本金－折旧费－摊销费

3. 项目财务计划现金流量表按照表 1-35 编制方法填写。

项目财务计划现金流量表包含经营活动净现金流量、投资活动净现金流量和筹资活动净现金流量，表中各项数据均取自借款还本付息表、总成本费用估算表和利润与利润分配表。

4. 资产负债表按照表 1-36 编制方法填写。

资产负债表包含资产、负债及所有者权益，表中数据均取自背景资料、财务计划现金流量表、借款还本付息计划表和利润与利润分配表。

5. 清偿能力分析：包括资产负债率和财务比率。

（1）资产负债率$=\frac{负债总额}{资产总额}\times100\%$

（2）流动比率$=\frac{流动资产总额}{流动负债总额}\times100\%$

[答案]

问题 1：

（1）建设期利息计算

第一年贷款利息＝(0＋1000÷2)×8%＝40 万元

第二年贷款利息＝[(1000＋40)＋1000÷2]×8%＝123.2 万元

建设期贷款利息总计＝40＋123.2＝163.2 万元

(2)根据资产折旧费＝(5560－480－1200)÷10＝388 万元

(3)无形资产摊销费＝480÷6＝80 万元

问题 2：

（1）借款还本付息计划表（表 1-32）中，建设期每年借款 1000 万元，分别填入表中，建设期 2 年应计利息根据以上计算填入；

则第 3 年年初（即运营期第一年）累计借款额为 2163.2 万元；

第 3 年贷款利息＝2163.2×8%＝173.06 万元。

运营期的前 4 年应偿还的等额本息：

$$A = P \times \frac{(1+i)^n \times i}{(1+i)^n - 1} = 2163.2 \times \frac{(1+8\%)^4 \times 8\%}{(1+8\%)^4 - 1} = 2163.2 \times 0.30192 = 653.11 \text{万元}$$

借款还本付息计划表　　单位：万元　　**表 1-32**

序号	名　称	1	2	3	4	5	6
1	年初累计借款	0	1040	2163.20	1683.15	1164.69	604.76
2	本年新增借款	1000	1000	0.00	0.00	0.00	0.00
3	本年应计利息	40	123.20	173.06	134.65	93.18	48.38
4	本年还本付息额			653.11	653.11	653.11	653.11
5	本年应还本金			480.05	518.46	559.93	604.73
6	本年应还利息			173.06	134.65	93.18	48.38

（2）列出总成本费用估算表中各项费用名称。依据第 3 年贷款利息以及年经营成本、年折旧费、年摊销费一并填入总成本费用估算表，汇总得出第 3 年的总成本费用为 4041.06 万元。见表 1-33。

总成本费用表　　单位：万元　　**表 1-33**

序号	费用 / 名称	3	4	5	6	7	8
1	年经营成本（不含进项税）	3480	4020	4042	4059	4080	4089
2	年折旧费	388	388	388	388	388	388
3	年摊销费	80	80	80	80	80	80
4	长期借款利息	173.06	134.65	93.18	48.38	0	0
5	总成本费用	4121.06	4622.65	4603.18	4575.38	4548.00	4557.00

（3）利润及利润分配表的计算。将各年的营业收入、增值税、增值税附加和各年总成本费用一并填入利润及利润分配表，如下表 1-34 所示。

利润及利润分配表　　单位：万元　　**表 1-34**

序号	年份 / 项目	3	4	5	6	7	8
1	营业收入（不含销项税）	4590.00	5100.00	5100.00	5100.00	5100.00	5100.00
2	总成本费用	4121.06	4622.65	4603.18	4575.38	4548.00	4557.00
3	增值税附加	62.44	66.84	66.84	66.84	66.84	66.84
4	利润总额（1－2－3）	406.50	410.51	429.98	457.78	485.16	476.16

续表

序号	项目 \ 年份	3	4	5	6	7	8
5	弥补以前年度亏损	0.00	0.00	0.00	0.00	0.00	0.00
6	应纳所得税额	406.50	410.51	429.98	457.78	485.16	476.16
7	所得税（6×25%）	101.63	102.63	107.50	114.45	121.29	119.04
8	净利润（6－7）	304.87	307.88	322.48	343.33	363.87	357.12
9	期初未分配利润	0.00	5.29	20.37	61.11	133.62	223.87
10	可供分配利润（8＋9）	304.88	313.17	342.85	404.44	497.49	580.99
11	法定盈余公积金	30.49	31.32	34.29	40.44	49.75	58.10
12	可供投资者分配利润	274.39	281.85	308.56	364.00	447.74	522.89
13	应付投资者各方股利	96.04	126.84	154.28	182.00	223.87	261.45
14	未分配利润（12－13）	178.35	155.02	154.28	182.00	223.87	261.45
14.1	用于还款未分配利润	173.06	134.65	93.18	48.38	0.00	0.00
14.2	剩余利润（转下年度期初未分配利润）	5.29	20.37	61.10	133.62	223.87	261.45
15	息税前利润（4＋利息支出）	579.56	545.16	523.16	506.16	485.16	476.16

问题3：

编制项目财务计划现金流量表，见表1-35。表中各项数据均取自于借款还本付息计划表、总成本费用估算表和利润与利润分配表。

项目财务计划现金流量表　　单位：万元　　**表1-35**

序号	费用名称 \ 年份	1	2	3	4	5	6	7	8
1	经营活动净现金流量			945.93	910.53	883.66	859.71	831.87	825.12
1.1	现金流入			5370.30	5967.00	5967.00	5967.00	5967.00	5967.00
1.1.1	营业收入			4590.00	5100.00	5100.00	5100.00	5100.00	5100.00
1.1.2	增值税销项税额			780.30	867.00	867.00	867.00	867.00	867.00
1.2	现金流出			4424.37	5056.47	5083.34	5107.29	5135.13	5141.88
1.2.1	经营成本			3480.00	4020.00	4042.00	4059.00	4080.00	4089.00
1.2.2	增值税进项税额			260.00	310.00	310.00	310.00	310.00	310.00
1.2.3	增值税			520.30	557.00	557.00	557.00	557.00	557.00
1.2.4	增值税附加			62.44	66.84	66.84	66.84	66.84	66.84
1.2.5	所得税			101.63	102.63	107.50	114.45	121.29	119.04
2	投资活动净现金流量	－2698.40	－2698.40	－505.57	－56.17				
2.1	现金流入								
2.2	现金流出	2698.40	2698.40	505.57	56.17				
2.2.1	建设投资	2698.40	2698.40						

续表

序号	年份 费用名称	1	2	3	4	5	6	7	8
2.2.2	流动资金			505.57	56.17				
3	筹资活动净现金流量	2698.40	2698.40	−243.58	−723.78	−807.39	−835.11	−223.87	−261.45
3.1	现金流入	2698.40	2698.40	505.57	56.17				
3.1.1	项目资本金投入	1698.40	1698.40	505.57	56.17				
3.1.2	建设投资借款	1000.00	1000.00						
3.1.3	流动资金借款								
3.2	现金流出			749.15	779.95	807.39	835.11	223.87	261.45
3.2.1	各种利息支出			173.06	134.65	93.18	48.38		
3.2.2	偿还债务本金			480.05	518.46	559.93	604.73		
3.2.3	应付利润			96.04	126.84	154.28	182.00	223.87	261.45
4	净现金流量(1+2+3)	0.00	0.00	196.78	130.58	76.27	24.60	608.00	563.67
5	累计盈余资金	0.00	0.00	196.78	327.36	403.63	428.23	1036.23	1599.90

表中各项数据计算如下：

（1）营业收入取自背景资料表 1-31。

（2）增值税销项税额＝营业收入×17％。

（3）经营成本、进项税额取自背景资料表 1-31。

（4）增值税＝增值税销项税额－增值税进项税额。

（5）增值税附加税＝增值税×增值税附加税率＝增值税×12％。

（6）所得税取自利润及利润分配表 1-34。

（7）建设投资取自背景资料 1-31。

（8）投资活动净现金流量中流动资金的分摊，流动资金达产比例分配计算如下：

投产期第一年达产 90％，561.74×0.9＝505.57 万元

投产期第二年达产 100％，561.74×（1－0.9）＝561.74×0.1＝56.17 万元

（9）筹资活动净现金流量中，项目资本金投入、建设投资借款、流动资金借款取自背景资料表 1-31。

（10）各种利息支出、偿还债务本金取自总成本费用表 1-33。

（11）应付利润取自利润及利润分配表 1-34。

问题 4：

编制资产负债表。见表 1-36。表中各项数据均取自背景资料、财务计划现金流量表、借款还本付息计划表和利润及利润分配表。

资产负债表　　单位：万元　　**表 1-36**

序号	年份 费用名称	1	2	3	4	5	6	7	8
1	资产	2738.40	5560.00	5900.78	5636.65	5265.29	4883.00	5156.61	5476.15
1.1	流动资产总额	0.00	0.00	808.78	1012.65	1109.29	1194.99	1936.61	2724.15

续表

序号	年份 费用名称	1	2	3	4	5	6	7	8
1.1.1	流动资产			612.00	680.00	680.00	680.00	680.00	680.00
1.1.2	累计盈余资金	0.00	0.00	196.78	327.36	403.63	428.23	1036.23	1599.90
1.1.3	累计期初未分配利润			0.00	5.29	25.66	86.76	220.38	444.25
1.2	在建工程	2738.40	5560.00	0.00	0.00				
1.3	固定资产净值			4692.00	4304.00	3916.00	3528.00	3140.00	2752.00
1.4	无形资产净值			400.00	320.00	240.00	160.00	80.00	0.00
2	负债及所有者权益	2738.40	5560.00	5900.79	5636.67	5265.31	4883.00	5156.61	5476.16
2.1	负债	1040.00	2163.20	1789.58	1282.95	723.02	118.26	118.26	118.26
2.1.1	流动负债			106.43	118.26	118.26	118.26	118.26	118.26
2.1.2	贷款负债	1040.00	2163.20	1683.15	1164.69	604.76			
2.2	所有者权益	1698.40	3396.80	4111.21	4353.72	4542.29	4764.73	5038.36	5357.91
2.2.1	资本金	1698.40	3396.80	3902.37	3958.54	3958.54	3958.54	3958.54	3958.54
2.2.2	累计盈余公积金	0.00	0.00	30.49	61.81	96.10	136.54	186.29	244.39
2.2.3	累计未分配利润	0.00	0.00	178.35	333.37	487.65	669.65	893.53	1154.98
计算指标	资产负债率（%）	37.98	38.91	30.33	22.76	13.73	2.42	2.29	2.16
	流动比率（%）			759.92	856.30	938.01	1010.48	1637.59	2303.53

问题 5：

资产负债表中：

（1）资产

1）流动资产总额：指流动资产、流动盈余资金以及期初未分配利润之和。流动资产取自背景资料表 1-31；期初未分配利润取自利润与利润分配表 1-34 中数据的累计值。累计盈余资金取自财务计划现金流量表 1-35。

2）在建工程：指建设期各年的固定资产投资额。在建工程计算：

第 1 年固定资产投资＝1000＋40＋1698.40＝2738.40 万元

第 2 年固定资产投资＝1000＋123.20＋1698.40＝2821.60 万元

第一年在建工程＝2738.40 万元，第二年在建工程＝2738.40＋2821.60＝5560 万元。

3）固定资产净值：指投产期逐年从固定资产投资中扣除折旧费后的固定资产余值。

4）无形资产净值：指投产期逐年从无形资产投资中扣除摊销费后的无形资产余值。

（2）负债

1）流动资金负债：取自背景资料表 1-31 中的流动资金。

2）投资贷款负债：取自借款还本付息计划表 1-32。

（3）所有者权益

1）资本金：取自背景资料表 1-31。

2）累计盈余公积金：根据利润与利润分配表 1-34 中盈余公积金的累计计算。

3）累计未分配利润：根据利润与利润分配表 1-34 中未分配利润的累计计算。

表中：各年的资产与各年的负债和所有者权益之间应满足以下条件：

资产＝负债＋所有者权益

评价：根据利润与利润分配表计算出该项目的借款能按合同规定在运营期前4年内等额还本付息还请贷款。并自投产年份开始就为盈余年份。还清贷款后，每年的资产负债率均在3%以内，流动比率大，说明偿债能力强，该项目可行。

练 习 题

习题1

背景材料：

（1）某拟建项目固定资产投资估算总额为4000万元，其中：预计形成固定资产3100万元（含建设期利息为54万元），无形资产900万元。固定资产使用年限为10年，残值率为5%，固定资产余值在项目运营期末收回。该建设项目建设期为2年，运营期为6年。

（2）项目的资金投入、收益、成本等基础数据，见表1-37。

（3）无形资产在运营期6年中，均匀摊入成本。

（4）流动资金为1000万元，在项目的运营期末全部收回。

（5）项目的设计生产能力为年产量120万件，产品销售价为45元/件，增值税税率取12%，增值税附加税率为6%，所得税税率为33%，行业基准收益率为8%。

（6）固定资产贷款合同规定的还款方式为：在运营期内等额偿还本金。贷款年利率为6%（按年计息）；流动资金贷款年利率为4%（按年计息）。

（7）行业的平均投资利润率为20%，平均投资利税率为25%。

某建设项目资金投入、收益及成本表 单位：万元 **表1-37**

序号	项目＼年份	1	2	3	4	5～8
1	建设投资： 自有资金部分 贷款（不含贷款利息）	 1400 	 746 1800			
2	流动资金： 自有资金部分 贷款部分			 400 300	 300	
3	年销售量（万件）			70	100	120
4	年经营成本			1782	2560	3230

问题：

1. 编制项目的还本付息表。

2. 编制项目的总成本费用估算表。

3. 编制项目利润及利润分配表，并计算项目的投资利润率和资本金利润率。

4. 编制项目的自有资金现金流量表，并计算项目的净现值、静态和动态的项目投资回收期。

5. 从财务评价的角度，分析判断该项目的可行性。

习题2

背景材料：

某建设项目的基础数据如下：

（1）固定资产投资3975万元，建设期2年，第1年完成投资1475万元，第2年完成投资2500万元。

（2）资金来源为银行贷款和自有资金。建设期第1年借入1200万元，第2年借入1500万元，贷款年利率为6%，其余为自有资金；长期借款在项目投产后分5年按等额偿还本金。

（3）固定资产投资总额中有300万元形成无形资产，其余部分构成固定资产原值；无形资产摊销按国家有关规定的最低年限执行；固定资产按双倍余额递减法折旧，折旧年限为5年，残值率为5%。

（4）项目投产前2年销售收入分别为正常生产年份的70%和90%。投产后第3年开始达到正常生产能力，正常生产年份经营成本为2450万元、销售收入为5200万元，该项目增值税税率为13%，增值税附加税率为6%。

（5）正常生产年份流动资金为860万元，投产前2年流动资金分别为正常生产年份的70%和90%，流动资金中30%为自有资金，其余为银行贷款，贷款年利率为4%。

（6）所得税税率为33%，盈余公积金提取比例为10%。

问题：

1. 计算有关数据并编制长期借款还本付息表、总成本费用表、利润及利润分配表及资金来源与运用表。

2. 将基础数据2中，长期借款还款方式改为："按最大偿还能力偿还方式"，其他条件不变。计算有关数据并编制长期借款还本付息表、总成本费用表、利润及利润分配表及资金来源与运用表。

习题3

背景材料：

某建设项目有关数据如下：

（1）建设期2年，运营期8年，固定资产投资总额5000万元（不含建设期利息），其中包括无形资产600万元。项目固定资产投资资金来源为自有资金和贷款，贷款总额为2200万元，在建设期每年贷款1100万元，贷款年利率为5.85%（按季计息）。流动资金为900万元，全部为自有资金。

（2）无形资产在运营期8年中，均匀摊入成本。固定资产使用年限10年，残值为200万元，按照直线法折旧。

（3）固定资产投资贷款在运营期前3年按照等额本息法偿还。

（4）项目净现金流量表见表1-39，项目运营期的经营成本见表1-40。

（5）复利现值系数见表1-38，$(P/A,i,3)=2.674$。

注：计算结果四舍五入保留2位小数，表中计算数字四舍五入取整数。

复利现值系数表　　表 1-38

n	1	2	3	4	5	6	7
i=10%	0.909	0.826	0.751	0.683	0.621	0.564	0.513
i=15%	0.870	0.756	0.658	0.572	0.497	0.432	0.376
i=20%	0.833	0.694	0.597	0.482	0.402	0.335	0.279
i=25%	0.800	0.640	0.512	0.410	0.328	0.262	0.210

项目净现金流量表　　单位：万元　　表 1-39

年份	1	2	3	4	5	6	7
净现金流量	−100	−80	50	60	70	80	90

某建设项目经营成本费用表　　单位：万元　　表 1-40

序号	项目＼年份	3	4	5	6～10
1	经营成本	1960	2800	2800	2800

问题：

1. 计算建设期利息、运营期固定资产年折旧费和期末固定资产余值。

2. 按照表 1-41、表 1-42 的格式编制还本付息表和总成本费用表。

3. 假设某项目各年的净现金流量如表 1-39 所示，按表 1-43 中的项目，计算相关内容，并将计算结果填入表中。计算该项目的财务内部收益率（i_1与i_2的差额为 5%）。

某建设项目还本付息表　　单位：万元　　表 1-41

序号	项目＼年份	1	2	3	4	5
1	年初累计借款					
2	本年新增借款	1100	1100	0	0	0
3	本年应还利息					
4	本年应还本息					
5	本年应还利息					
6	本年应还本金					

某建设项目总成本费用表　　单位：万元　　表 1-42

序号	项目＼年份	3	4	5	6～10
1	经营成本	1960	2800	2800	2800
2	折旧费				
3	摊销费				
4	长期借款利息				
5	总成本费用				

累计折现净现金流量表 单位：万元 **表1-43**

年份	1	2	3	4	5	6	7
净现金流量	−100	−80	50	60	70	80	90
折现系数 $i=15\%$	0.870	0.756	0.658	0.572	0.497	0.432	0.376
折现净现金流量							
累计折现净现金流量							
年份	1	2	3	4	5	6	7
折现系数 $i=20\%$	0.833	0.694	0.597	0.482	0.402	0.335	0.279
折现净现金流量							
累计折现净现金流量							

1.4 不确定性分析

1.4.1 不确定性分析的内容和方法

在建设项目的经济评价中，所研究的问题都是发生于未来，所引用的数据也都来源于预测和估价，从而使经济评价不可避免地具有不确定性。因此，对于大中型建设项目除了要做盈利能力分析和清偿能力分析财务评价外，一般还需进行不确定性分析。

常用的不确定性分析的方法有：盈亏平衡分析、敏感性分析和概率分析。

一、盈亏平衡分析

盈亏平衡分析是在一定市场、生产能力及经营管理条件下，通过对产品产量、成本、利润相互关系的分析，判断企业对市场需求变化适应能力的一种不确定性分析方法。在盈亏平衡点的计算需要假设销售量等于生产量，并且项目的销售收入与总成本均是产量的线性函数，且在计算任一平衡点指标时，假定其他因素不变且已知。

1. 盈亏平衡分析的假定条件：

（1）销售量＝产量，并令项目总收益＝项目总成本

（2）产量变化，单位可变成本不变。

（3）产量变化，产品售价不变。

（4）只生产一种产品，或生产多种产品但可换算为单一产品计算，即不同产品负荷率的变化是一致的。

2. 盈亏平衡点的计算

鉴于增值税实行价外税，由最终消费者负担，增值税对企业利润的影响表现在增值税会影响城市建设维护税、教育费附加、地方教育附加的大小，若题目中已知了增值税的相关信息，盈亏平衡分析需要考虑增值税附加税对成本的影响。

根据“产品单价×销售量－单位产品增值税×增值税附加税率×销售量＝年固定成本＋单位产品可变成本×销售量”可分别求出盈亏平衡产量、盈亏平衡价格、盈亏平衡单位产品可变成本、固定成本及盈亏平衡生产能力利用率。

产量盈亏平衡点 $BEP(Q)$

$$=\frac{\text{年固定成本}}{\text{产品单价}-\text{单位产品增值税}\times\text{增值税附加税率}-\text{单位产品可变成本}}$$

单价盈亏平衡点 $BEP(P)=$

$$\frac{\text{年固定成本}+\text{设计生产能力}\times\text{单位产品可变成本}-\text{设计生产能力}\times\text{单位产品进项税}\times\text{增值税附加税率}}{\text{设计生产能力}(1-\text{增值税税率}\times\text{增值税附加税率})}$$

$$\text{生产能力利用率 } BEP(\%)=\frac{\text{盈亏平衡点销售量}}{\text{正常销售量}}\times 100\%$$

$$\text{或}=\frac{\text{年固定成本}}{\text{年营业收入}-\text{年可变成本}-\text{年增值税附加}}\times 100\%$$

即：产量盈亏平衡点 $BEP(Q)$ = 生产能力利用率 $BEP(\%)$ ×设计生产能力

判断：

(1) 产量盈亏平衡点越低，表明项目抗风险能力越强。一般生产能力利用率 $BEP(\%)\leqslant 70\%$，为判断产量抗风险能力的标准。

(2) 单价盈亏平衡点越低，表明项目抗风险的能力越强。在盈亏平衡分析时，通常盈亏平衡单价与产品的预测价格比较，可以计算出产品的最大降价空间。

(3) 固定成本和单位可变成本盈亏平衡点越高，表明项目的抗风险能力越强。通常与产品的预测成本比较，可以计算出成本的最大上升空间。

二、敏感性分析

敏感性分析是通过分析、预测项目的主要不确定因素发生变化对经济评价指标的影响程度，从而对项目承受各种风险的能力作出判断，为项目决策提供可靠依据。

敏感性分析有单因素敏感性分析和多因素敏感性分析两种，通常只进行单因素敏感性分析。

敏感性分析的步骤：

(1) 确定分析指标（如净现值、内部收益率、投资回收期等）；

(2) 设定需要分析的不确定性因素（投资额、产量或销售量、价格、经营成本折现率等）和其变动范围；

(3) 计算不确定性因素变动对指标的影响数值，绘制敏感性分析图，找出敏感性因素；

(4) 进行评价，对项目风险情况做出判断。

三、概率分析

概率分析又称风险分析，是研究不确定性因素和风险因素按一定概率变化时，对项目方案经济评价指标的影响的一种定量分析方法。

概率分析常用的方法有：净现值的期望值和决策树法。

1.4.2 案例

【案例一】

背景材料：

某新建工业项目正常年份的设计生产能力为 200 万件，年固定成本为 880 万元，每件产品销售价预计 90 元，增值税税率为 17%，增值税附加税率为 12%，单位产品的可变成本估算额为 70 元（含可抵扣进项税 8 元）。

问题：

1. 对项目进行盈亏平衡分析，计算项目的产量盈亏平衡点和单价盈亏平衡点。

2. 在市场销售良好情况下，正常生产年份的最大可能盈利额为多少?

3. 在市场销售不良情况下，企业欲保证能获年利润 250 万元的年产量应为多少?

4. 在市场销售不良情况下，为了促销，在产品的市场价格由 90 元降低 10%销售时，若欲保证每年获利 90 万元的年产量为多少?

5. 从盈亏平衡分析角度，判断该项目的可行性。

[解题要点分析]

本案例为不确定性分析中常用的——盈亏平衡分析的有关内容。计算项目的产量盈亏平衡点和单价盈亏平衡点；在市场销售情况发生变化时对最大盈利状况、年产量等进行相应的市场预测和分析，进而判断项目的可行性。

[答案]

问题 1：

产量盈亏平衡点＝ 880/［90－62－(90×17%－8) ×12%］＝32.44 万件

单价盈亏平衡点＝[880＋200×62－200×8×12%]/[200×(1－17%×12%)]＝66.80 元

问题 2：

最大可能盈利额 R＝正常年份总收益额－正常年份总成本

R ＝设计生产能力×单价－年固定成本－设计生产能力×(单位产品可变成本＋单位产品增值税×增值税附加税率)

＝200×90－880－200×[62＋(90×17%－8)×12%]＝4544.80 万元

问题 3：

计算在市场销售不良情况下，每年欲获 250 万元利润的最低年产量

$$产量=\frac{利润+固定成本}{产品单价-单位产品成本-单位产品增值税\times增值税附加税率}$$

$$=\frac{250+880}{90-62-(90\times17\%-8)\times12\%}$$

＝41.66 万件

问题 4：

在市场销售不良情况下，为了促销，产品的市场价格由 90 元降低 10%时，还要维持每年 90 万元利润额的年产量应为：

$$产量=\frac{90+880}{81-62-(81\times17\%-8)\times12\%}$$

＝52.98 万件

问题 5：

根据上述计算结果，从盈亏平衡分析角度，判断该项目的可行性。

(1) 本项目产量盈亏平衡点 32.44 万件，而项目的设计生产能力为 200 万件，远大于盈亏平衡点产量，可见，该项目产量盈亏平衡点仅为设计生产能力的 16.22%，所以，该项目盈利能力和抗风险能力较强。

(2)本项目单价盈亏平衡点 66.80 元/吨，而项目的预测单价为 90 元/吨，高于盈亏平衡点的单价。在市场销路不良的情况下，为了促销，产品价格降低在 25.47%以内，仍可以保本。

(3)在不利的情况下，单位产品价格即使压低 10%，只要年产量和年销售量达到设计

能力的 52.98/200=26.49%，每年仍能盈利 90 万元。所以，该项目盈利机会较大。

综上所述，可以判断该项目盈利能力和抗风险能力均较强。

【案例二】

背景材料：

某投资项目的设计生产能力为年产 10 万台，主要经济参数的估算值为：初始投资额为 1100 万元，预计产品价格为 40 元/台，年经营成本 160 万元，运营年限 10 年，运营期末残值为 100 万元，基准收益率 10%，现值系数见表 1-44。

问题：

以财务净现值为分析对象，就项目的投资额、产品价格和年经营成本等因素进行敏感性分析。

现值系数表 **表 1-44**

n	1	3	7	10
$(P/A, 10\%, n)$	0.9091	2.4869	4.8685	6.1446
$(P/F, 10\%, n)$	0.9091	0.7513	0.5132	0.3855

[解题要点分析]

本案例为不确定性分析方法中：敏感性分析的有关内容。它较为全面地考虑了项目的投资额、单位产品价格和年经营成本发生变化时，项目投资效果变化情况的分析内容。本案例主要利用各因素变化对财务评价指标影响的计算方法，找出其中最敏感的因素，因此属于单因素敏感性分析。

[答案]

(1) 根据净现值公式，计算初始条件下的项目净现值：

$$NPV_0 = -1100 + (40\times10-160)(P/A, 10\%, 10) + 100(P/F, 10\%, 10)$$
$$= -1100 + 240\times6.1446 + 100\times0.3855$$
$$= -1100 + 1474.70 + 38.55 = 413.25 \text{ 万元}$$

(2) 分别对投资额、单位产品价格和年经营成本，在初始值的基础上按照±10%、±20%的幅度变动，并逐一计算出其对应的净现值：

1) 投资额在±10%、±20%范围内变动：

$$NPV_{10\%} = -1100(1+10\%) + (40\times10-160)(P/A, 10\%, 10) + 100\times(P/F, 10\%, 10)$$
$$= -1210 + 240\times6.1446 + 100\times0.3855 = 303.25 \text{ 万元}$$

$$NPV_{20\%} = -1100(1+20\%) + 240\times6.1446 + 100\times0.3855 = 193.25 \text{ 万元}$$

$$NPV_{-10\%} = -1100(1-10\%) + 240\times6.1446 + 100\times0.3855 = 523.25 \text{ 万元}$$

$$NPV_{-20\%} = -1100(1-20\%) + 240\times6.1446 + 100\times0.3855 = 633.25 \text{ 万元}$$

2) 单位产品价格±10%、±20%变动：

$$NPV_{10\%} = -1100 + [40(1+10\%)\times10-160](P/A, 10\%, 10) + 100$$

$\times(P/F, 10\%, 10)$

$=-1100+280\times6.1446+100\times0.3855=659.04$ 万元

$NPV_{20\%}=-1100+[40(1+20\%)\times10-160](P/A, 10\%, 10)$

$+100\times(P/F, 10\%, 10)$

$=-1100+320\times6.1446+100\times0.3855=904.82$ 万元

$NPV_{-10\%}=-1100+[40(1-10\%)\times10-160](P/A, 10\%, 10)$

$+100\times(P/F, 10\%, 10)$

$=-1100+200\times6.1446+100\times0.3855=167.47$ 万元

$NPV_{-10\%}=-1100+[40(1-20\%)\times10-160](P/A, 10\%, 10)$

$+100\times(P/F, 10\%, 10)$

$=-1100+160\times6.1446+100\times0.3855=-78.31$ 万元

3）年经营成本±10%、±20%变动：

$NPV_{10\%}=-1100+[40\times10-160(1+10\%)](P/A, 10\%, 10)$

$+100\times(P/F, 10\%, 10)$

$=-1100+224\times6.1446+100\times0.3855=314.94$ 万元

$NPV_{20\%}=-1100+[40\times10-160(1+20\%)](P/A, 10\%, 10)$

$+100\times(P/F, 10\%, 10)$

$=-1100+208\times6.1446+100\times0.3855=216.63$ 万元

$NPV_{-10\%}=-1100+[40\times10-160(1-10\%)](P/A, 10\%, 10)$

$+100\times(P/F, 10\%, 10)$

$=-1100+256\times6.1446+100\times0.3855=511.57$ 万元

$NPV_{-20\%}=-1100+[40\times10-160(1-20\%)](P/A, 10\%, 10)$

$+100\times(P/F, 10\%, 10)$

$=-1100+272\times6.1446+100\times0.3855=609.88$ 万元

将计算结果列于表1-45中。

单因素敏感性分析表 **表1-45**

化幅度 / 因素	−20%	−10%	0	+10%	+20%	平均+1%	平均−1%
投资额	633.25	523.25	413.25	303.25	193.25	−2.66%	+2.66%
单位产品价格	−78.31	167.47	413.25	659.04	904.82	+5.95%	−5.95%
年经营成本	609.88	511.57	413.25	314.94	216.63	−2.38%	+2.38%

由表1-46可知，在变化率相同的情况下，单位产品价格的变动对净现值的影响最大。当其他因素均不发生变化时，单位产品价格每下降1%，净现值下降5.95%；对净现值影响次大的因素是投资额。当其他条件均不发生变化时，投资额每上升1%，净现值将下降

2.66%；对净现值影响最小的因素是年经营成本。当其他因素均不发生变化时，年经营成本每增加1%，净现值将下降2.38%。由此可见，净现值对各个因素敏感程度的排序是：单位产品价格、投资额、年经营成本，最敏感的因素是产品价格。因此，从方案决策角度来讲，应对产品价格进行更准确的测算。使未来产品价格发生变化的可能性尽可能的减少，以降低投资项目的风险。

【案例三】

背景材料：

某建设项目计算期10年，其中建设期2年。项目建设投资（不含建设期利息）1200万元，第1年投入500万元，全部为投资方自有资金；第2年投入700万元，其中500万元为银行贷款，贷款年利率6%。贷款还款方式为：第3年不还本付息，以第3年末的本息和为基准，从第4年开始，分4年等额还本、当年还清当年利息。

项目流动资金投资400万元，在第3年和第4年等额投入，其中仅第3年投入的100万元为投资方自有资金，其余均为银行贷款，贷款年利率为8%，贷款本金在计算期最后1年偿还，当年还清当年利息。

项目第3年的总成本费用（含贷款利息偿还）为900万元，第4年至第10年总成本费用均为1500万元，其中，第3年至第10年的折旧费均为100万元。计算结果除表1-46保留3位小数外，其余均保留2位小数。

问题：

1. 计算项目各年的建设投资贷款和流动资金贷款还本付息额，并将计算结果填入表1-46和表1-47。

项目建设投资贷款还本付息表 单位：万元 **表1-46**

序号	名　称	2	3	4	5	6	7
1	年初累计借款						
2	本年新增借款						
3	本年应计利息						
4	本年应还本金						
5	本年应还利息						

项目流动资金贷款还本付息表 单位：万元 **表1-47**

序号	名　称	3	4	5	6	7	8	9	10
1	年初累计借款								
2	本年新增借款								
3	本年应计利息								
4	本年应还本金								
5	本年应还利息								

2. 列式计算项目第3年、第4年和第10年的经营成本。

3. 项目的投资额、单位产品价格和年经营成本在初始值的基础上分别变动±10%时对应的财务净现值的计算结果见表 1-48。根据该表的数据列式计算各因素的敏感系数，并对 3 个因素的敏感性进行排序。

单因素变动情况下的财务净现值表　　单位：万元　　**表 1-48**

因素 \ 变动幅度	−10%	0	−10%
投资额	1410	1300	1190
单位产品价格	320	1300	2280
年经营成本	2050	1300	550

4. 根据表 1-48 中的数据绘制单因素敏感性分析图，列式计算并在图中标出单位产品价格的临界点。

[解题要点分析]

本案例是对项目同时进行确定性分析和不确定性分析。计算时应注意以下几点：

1. 在项目建设投资贷款还本付息计算时，还款方式为：第 3 年不还本付息，以第 3 年末的本息和为基准，从第 4 年开始，分 4 年等额还本、当年还清当年利息。第 3 年末的本息和＝建设期各年借款额＋建设期各年利息，第 3 年只计利息，但不还利息，从第 4 年～第 7 年，还本付息。

2. 项目流动资金贷款还本付息计算时，第 4 年应计利息＝第 4 年流动资金借款总额×年利率＝（第 4 年年初累计借款＋第 4 年新增借款）×年利率。

3. 各因素的敏感性系数，即灵敏度＝｜评价指标变动幅度｜/｜变量因素变化幅度｜，是敏感因素的相对测定法。

4. 各因素临界点为假定要付息的因素均向只对降价评价指标产生不利影响的方向变动，并假设该因素达到可能的最差值，然后计算此条件下的降价指标，此指标即为该因素的临界点。如果该因素的临界点大于项目可行的临界点，从而改变了项目的可行性，则表明该因素是敏感因素。此方法为敏感因素绝对测定法。

[答案]

问题 1：

（1）建设投资贷款还本利息计算：

项目建设期第 2 年新增借款为 500 万元，建设期利息＝1/2×500×6%＝15 万元

第 3 年初累计借款为：500＋15＝515 万元

第 3 年应计利息为：515×6%＝30.90 万元

第 4 年初的累计借款为：515＋30.90＝545.90 万元

第 4 年～第 7 年的应还本金均为：545.90/4＝136.475 万元

将以上计算结果填入表 1-49，再计算第 4 年～第 7 年的应计利息和年初累计借款。

项目建设投资贷款还本付息表　　单位：万元　　**表 1-49**

序号	名　称	2	3	4	5	6	7
1	年初累计借款		515.000	545.900	409.425	272.950	136.475
2	本年新增借款	500					

续表

序号	名 称	2	3	4	5	6	7
3	本年应计利息	15	30.900	32.754	24.566	16.377	8.189
4	本年应还本金			136.475	136.475	136.475	136.475
5	本年应还利息			32.754	24.566	16.377	8.189

(2) 流动资金贷款还本付息计算：

第3年新增借款为100万元，本年应计利息=本年应还利息=100×8%=8万元。

第4年新增借款为200万元，本年年初累计借款为300万元，本年应计利息=本年应还利息=300×8%=24万元。

第5年以后无新增借款，第5年～第10年年初累计借款均为300万元。

第5年～第10年，本年应计利息=本年应还利息=300×8%=24万元。

流动资金本金在计算期最后一年偿还，详细见表1-50。

项目流动资金贷款还本付息表 单位：万元 **表1-50**

序号	名 称	3	4	5	6	7	8	9	10
1	年初累计借款		100	300	300	300	300	300	300
2	本年新增借款	100	200						
3	本年应计利息	8	24	24	24	24	24	24	24
4	本年应还本金								300
5	本年应还利息	8	24	24	24	24	24	24	24

问题2：

经营成本=总成本费用－折旧费－贷款利息（包括长期借款利息和流动资金借款利息）

第3年的经营成本=900－100－30.9－8=761.1万元

第4年的经营成本=1500－100－32.75－24=1343.25万元

第10年的经营成本=1500－100－24=1376万元

问题3：

投资额的敏感性系数为：(1190－1300)/1300/10%=－0.85

单位产品价格的敏感性系数为：(2280－1300)/1300/10%=7.54，

或｜320－1300｜/1300/｜－10%｜=7.54

年经营成本的敏感性系数为：(550－1300)/1300/10%=－5.77

敏感性排序为：单位产品价格，年经营成本，投资额。

问题4：

单位产品价格的临界点为：1300×10%/(2280－1300)=13.27%，

或 －1300×10%/(1300－320)=－13.27%

单因素敏感性分析图如图1-1所示。

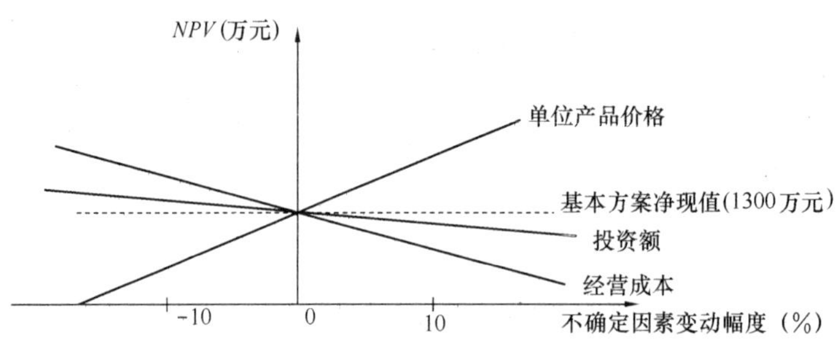

图1-1 单因素敏感性分析图

练 习 题

习题1

背景材料:

某企业生产某种产品，设计年产量为6600件，每件产品的销售价格为50元，企业每年的固定性开支为65 000元，每件产品可变成本为27元，增值税税率为17%，增值税附加税率为6%。

问题:

1. 计算产量的盈亏平衡点和单价的盈亏平衡点。
2. 若需要得到50000元的利润，其产量为多少?
3. 若产品的市场价格下降到47元时还要50000元的利润，其产量为多少?
4. 从盈亏平衡角度，分析该产品生产是否可行?

习题2

背景材料:

某建设项目的建设期为2年，生产期为8年。固定资产投资总额为5000万元，其中自有资金为2000万元，其余资金使用银行长期贷款，建设期第1年和第2年，分别贷款2000万元和1000万元，贷款年利率为8%，每年计息一次。从第三年起每年末付息，还款方式为：在生产期内，按照每年等额本金偿还法进行偿还，每年年末偿还本息；项目流动资金投入为500万元，全部为自有资金。项目设计生产能力为200万件，产品单价为8元/件，增值税销项税税率为15%，增值税进项税税率为12%，增值税附加税率按6%计算。项目投产后的正常年份中，年总成本费用为900万元。其中年固定成本150万元，单位产品变动成本3.75元/件。

问题:

1. 填写该项目的借款还本付息表。
2. 计算该项目的投资利润率、资本金利润率。
3. 计算项目产量和单价的盈亏平衡点。

习题3

背景材料:

某投资项目，初始投资为1100万元，当年建成并投产，预计可使用10年，每年销售收入为700万元，年经营成本为420万元，假设基准折现率为10%。

问题：

分别对初始投资、年销售收入和经营成本三个不确定因素做敏感性分析。

习题 4

背景材料：

某建设项目年初投资 150 万元，建设期 1 年，生产经营期 10 年，i_0 为 10%。经科学预测，在生产经营期每年的销售收入为 80 万元的概率为 0.5，在此基础上年销售收入增加或减少 20%的概率分别为 0.3 和 0.2。年经营成本为 50 万元的概率为 0.5，增加或减少 20%的概率分别为 0.3 和 0.2。假设此项目投资额不变，其他因素的影响忽略不计。

问题：

1. 计算该投资项目净现值的期望值。
2. 计算净现值大于或等于零的累计概率，并判断项目的风险程度。

第 2 章　工程设计及施工方案技术经济分析

本章知识要点

1. 评价指标与评价方法
2. 价值工程的应用
3. 网络计划技术在方案评价中的应用

2.1　评价指标与评价方法

2.1.1　设计、施工方案的技术经济评价指标与方法

一、设计、施工方案的技术经济评价指标

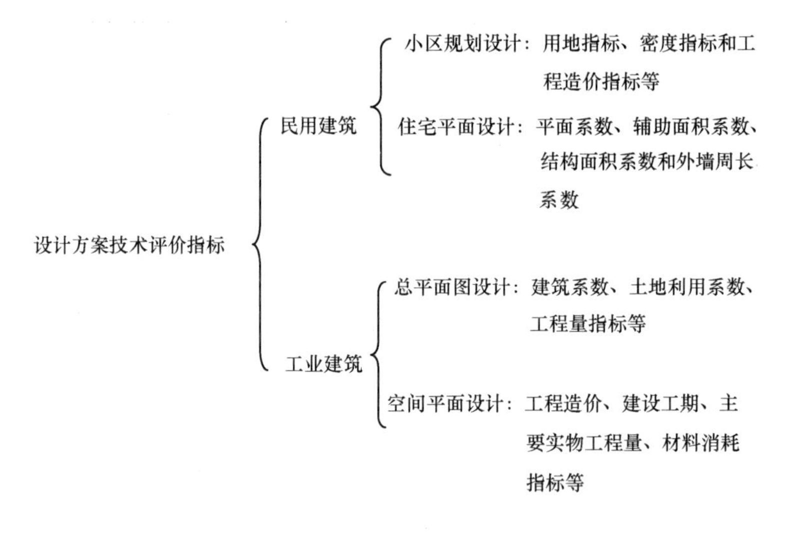

施工方案技术评价指标

- 技术经济评价指标：总工期指标、质量指标、造价指标、材料消耗指标、成本降低率、机具台班消耗指标、费用指标等
- 综合技术经济分析：一般对工期、质量、成本综合评价及劳动力节约、材料节约和机具台班节约等进行评价

二、工程设计、施工方案的评价方法

1. 多指标评价法

（1）多指标对比法

其基本特点是使用一组适用的指标体系，将对比方案的指标值列出，然后一一进行对

比分析，根据指标值的高低分析判断方案优劣。目前应用较多。

（2）多指标综合评分法

基本方法是确定评价指标，并按其重要程度确定各指标的权重，然后确定评分标准，对各方案指标的满意程度打分，最后计算各方案的加权得分，得分最高者为最优方案。计算公式如下：

$$S=\sum_{i=1}^{n}W_iS_i \tag{2-1}$$

式中 S——综合得分；

W_i——第 i 个指标的权重；

S_i——第 i 个指标的得分。

2. 静态经济评价指标方法

（1）投资回收期法——差额投资回收期

$$差额投资回收期\ \Delta Pt=\frac{方案2的投资额-方案1的投资额}{方案1的经营成本-方案2的经营成本}$$

当 ΔPt 小于基准投资回收期时，投资大的方案优。

（2）计算费用法

计算费用法也称最小费用法，其选择标准：年计算费用最小者为最优。

年计算费用＝年经营成本＋行业的标准投资效果系数×一次性投资额

3. 动态经济评价指标法

对于计算期相同的方案可以采用：

（1）净现值比较法：$NPA_A \geqslant NPA_B$时，应选择 A 方案（A、B 均可行时）；

（2）内部收益率比较法：$IRR_A \geqslant IRR_B$时，应选择 A 方案（A、B 均可行时）；

（3）动态投资回收期比较法：$Pt(A) \leqslant Pt(B)$时，应选择 A 方案（A、B 均可行时）。

对于计算期（或寿命期）不相同的方案可以采用：

（1）净年值法：$NAV_A \geqslant 0$，$NAV_B \geqslant 0$ 且 $NAV_A \geqslant NAV_B$时，应选择 A 方案；

（2）年费用法：当项目所产生的效益无法或很难用货币直接计量，即得不到项目具体的现金流量时采用年费用法。年费用法公式：

$$AC=\sum_{t=0}^{n}CO(P/F,i,n)(A/P,i,n) \tag{2-2}$$

$AC_A \geqslant AC_B$时，应选择 B 方案，即以年费用较低者为最佳方案。

2.1.2 案例

【案例一】

背景材料：

某六层单元式住宅共 54 户，建筑面积为 3949.62m²。原设计方案为砖混结构，内、外墙为 240mm 砖墙。现拟定的新方案为内浇外砌结构，外墙做法不变，内墙采用 C20 混凝土浇筑。新方案内横墙厚为 140mm，内纵墙厚为 160mm，其他部位的做法、选材及建筑标准与原方案相同。两方案各项指标见表 2-1。

设计方案指标对比表　　表 2-1

设计方案	建筑面积（m²）	使用面积（m²）	概算总额（元）
砖混结构	3949.62	2797.20	4163789
内浇外砌结构	3949.62	2881.98	4300342

问题：

1. 请计算两方案如下的技术经济指标：

（1）两方案建筑面积、使用面积单方造价各多少？每平方米差价多少？

（2）新方案每户增加使用面积多少平方米？多投入多少元？

2. 若作为商品房，按使用面积单方售价 5647.96 元出售，两方案的总售价相差多少？

3. 若作为商品房，按建筑面积单方售价 4000 元出售，两方案折合使用面积单方售价各为多少元？相差多少？

[解题要点分析]

本案例主要考核利用技术经济指标对设计方案进行比较和评价，要求能准确计算各项指标值，并能根据评价指标进行设计方案的分析和比较。

[答案]

问题 1：

（1）两方案的建筑面积、使用面积单方造价及每平方米差价见表 2-2。

两方案的建筑面积、使用面积单方造价及每平方米差价计算表　　表 2-2

方案	建筑面积			使用面积		
	单方造价（元/m²）	差价（元/m²）	差率（%）	单方造价（元/m²）	差价（元/m²）	差率（%）
砖混结构	4163789/3949.62 =1054.23	34.57	3.28	4163789/2797.20 =1488.56	3.59	0.24
内浇外砌结构	4300342/3949.62 =1088.80			4300342/2881.98 =1492.15		

由表 2-2 可知，按建筑面积计算，新方案比原方案每平方米高出 34.57 元，约高 3.28%；而按使用面积计算，新方案则比原方案高出 3.59 元，约高 0.24%。

（2）每户平均增加的使用面积为：（2881.98－2797.20）/54＝1.57m²

每户多投入：（4300342－4163789）/54＝2528.76 元

折合每平方米使用面积单价为：2528.76/1.57＝1610.68 元/m²

计算结果是每户增加使用面积 1.57m²，每户多投入 2528.76 元。

问题 2：

若作为商品房按使用面积单方售价 5647.96 元出售，则

总销售差价＝2881.98×5647.96－2797.20×5647.96
＝478834 元

总销售额差率＝478834/（2797.20×5647.96）＝3.03%

问题 3：

若作为商品房按建筑面积单方售价 4000 元出售，则两方案的总售价均为：

3949.62×4000=15798480 元

折合成使用面积单方售价：

砖混结构方案：单方售价=15798480/2797.20=5647.96 元/m^2

内浇外砌结构方案：单方售价=15798480/2881.98=5481.81 元/m^2

在保持销售总额不变的前提下，按使用面积计算，两方案

单方售价差额=5647.96−5481.81=166.15 元/m^2

单方售价差率=166.15/5647.96=2.94%

【案例二】

背景材料：

某建设项目拟引进国外设备，现有三个方案可供选择：

A 方案：引进设备 A 离岸价格（*FOB*）为 220 万美元（1∶8.1），重量 520 吨，国际运费标准为 400 美元/吨，海上运输保险费率为 0.25%，银行财务费率为 0.6%，外贸手续费率为 1.5%，关税税率为 21%，增值税税率为 17%。国内车辆运杂费率为 2.5%，国内其他费用为 398.582 万元人民币。

年生产费用 1250 万元，技术水平、质量水平一般，经济寿命 12 年，人员培训费用较低。

B 方案：引进设备 B 总费用为 4200 万元（人民币），年生产费用为 900 万元，技术水平先进，质量水平高，经济寿命 15 年，人员培训费用高。

C 方案：引进设备 C 总费用为 2800 万元（人民币），年生产费用为 1200 万元，技术水平较先进，质量水平较高，经济寿命 10 年，人员培训费用一般。

在项目综合评分时，经过调研同类项目投资额为 3100 万元人民币，年生产费用通常水平为 1200 万元，基准收益率为 12%。经过专家分析与同类项目比较，确定的评分标准为：

1）投资额等于同类项目投资时为 80 分、低于为 90 分、高于为 70 分；

2）年生产费用等于同类项目的为 70 分、低于为 90 分、高于为 60 分；

3）质量水平一般者为 60 分，较高者为 70 分、高者为 80 分；

4）技术水平一般为 70 分、较高为 80 分、先进为 90 分；

5）经济寿命≥15 年得 90 分、否则得 70 分；

6）人员培训费用：高者得 60 分、一般得 70 分、较低得 80 分。各评价指标权重见表 2-3，系数见表 2-4。

各方案综合评分表 **表 2-3**

评价指标	指标权重	各方案评分		
		A	B	C
投资额				
年生产费用				
质量水平				
技术水平				
经济寿命				
人员培训费用				

系数表　　表 2-4

n	10	12	14	15	16	18
$(A/P,\ 12\%,\ n)$	0.1770	0.1614	0.1509	0.1468	0.1434	0.1379

问题：

1. 计算 A 方案引进设备 A 的总费用。

2. 确定各方案得分，计算各方案的综合得分，做出方案选择。

3. 如果基准收益率为 12%，根据最小费用原理，考虑资金的时间价值，做出方案选择。

[解题要点分析]

本案例包括了：设备购置费用的计算、评价指标体系的设计与内容、综合评价法，以及资金时间价值的计算和最小费用法等多个知识点。本案例的实践性突出，综合运用能力强。

设备购置费的计算，注意各公式计算基础的不同，应记清公式，准确计算。

综合评价法是对需要进行分析评价的方案设定若干个评价指标并按其重要程度分配权重，然后根据评价标准给各指标打分。将各项指标所得分数与其权重相乘并汇总，便得出各方案的评价总分，以获总分最高者为最佳方案的方法。

在考虑资金时间价值时，年金费用的计算应注意三个方案中经济寿命期不相同的条件的运用。

[答案]

问题 1：

A 方案引进设备费用计算

引进设备离岸价(或货价)＝220×8.1＝1782 万元

国际运费＝运量×单位运价＝520×400×8.1×10^{-4}＝168.48 万元

国外运输保险费＝[(货价＋国外运费)/(1－保险费率)]×保险费率

＝[(1782＋168.48)/(1－0.25%)]×0.25%

＝4.888 万元

进口关税＝(货价＋国际运费＋国际保险费)×进口关税税率

＝(1782＋168.48＋4.888)×21%＝410.627 万元

增值税＝组成计税价格×增值税税率

＝(1782＋168.48＋4.888＋410.627)×17%＝402.219 万元

外贸手续费＝(货价＋国际运费＋国际保险费)×外贸手续费费率

＝(1782＋168.48＋4.888)×1.5%＝29.331 万元

银行财务费用＝货价×财务费率＝1782×0.6%＝10.692 万元

进口设备原价＝(1782＋168.48＋4.888＋410.627＋402.219＋29.331＋10.692)

＝2808.237 万元

进口设备总价＝2808.237×(1＋2.5%)＋398.582＝3277 万元

问题 2：

根据已知的评分标准得各方案评分见表 2-5。

各方案综合评分表 表 2-5

评价指标	指标权重	各方案评分		
		A	B	C
投资额	0.2	70	70	90
年生产费用	0.2	60	90	70
质量水平	0.2	60	80	70
技术水平	0.1	70	90	80
经济寿命	0.2	70	90	70
人员培训费用	0.1	80	60	70

分别计算各方案综合得分：

A 方案综合得分：

70×0.2+60×0.2+60×0.2+70×0.1+70×0.2+80×0.1=67 分

B 方案综合得分：

70×0.2+90×0.2+80×0.2+90×0.1+90×0.2+60×0.1=81 分

C 方案综合得分：

90×0.2+70×0.2+70×0.2+80×0.1+70×0.2+70×0.1=75 分

由以上计算可知，B 方案综合得分最高，故应选择 B 方案。

问题 3：

由于各方按经济寿命期不同，考虑资金的时间价值，应选择费用年值为评价指标。

A 方案费用年值：

$AC_A=3277(A/P, 12\%, 12)+1250=3277\times0.1614+1250=1778.91$ 万元

B 方案费用年值：

$AC_B=4200(A/P, 12\%, 15)+900=4200\times0.1468+900=1516.56$ 万元

C 方案费用年值：

$AC_C=2800(A/P, 12\%, 10)+1200=2800\times0.1770+1200=1695.60$ 万元

由以上计算可知，B 方案的费用年值最低，故应选择 B 方案。

【案例三】

背景材料：

某机械化施工公司承包了某工程的土方施工任务，土方工程量为 10000m^3，平均运土距离为 8km，计划工期为 10d。每天一班制施工。

该公司现有 WY50、WY75、WY100 液压挖掘机各 2 台及 5t、8t、10t 自卸汽车各 10 台，其主要参数见表 2-6 和表 2-7。

挖掘机主要参数 表 2-6

型号	WY50	WY75	WY100
斗容量（m^3）	0.50	0.75	1.00
台班产量（m^3/台班）	480	558	690
台班单价（元/台班）	618	689	915

自卸汽车主要参数　　**表 2-7**

载重能力	5t	8t	10t
运距 8km 时台班产量（m^3/台班）	32	51	81
台班单价（元/台班）	413	505	978

问题：

1. 若挖掘机和自卸汽车按表中型号只能各取一种，且数量没有限制，如何组合最经济？相应的每立方米土方的挖、运费用为多少（计算结果保留 2 位小数）？

2. 根据该公司现有的挖掘机和自卸汽车的数量，完成土方挖运任务应安排几台何种型号的挖掘机和几台何种型号的自卸汽车？

3. 根据上述安排的挖掘机和自卸汽车的型号和数量，该土方工程可在几天内完成？相应的每立方米土方的挖运费用为多少？

[解题要点分析]

本案例考核施工机械的经济组合。通常每种型号的施工机械都有其适用的范围，需要根据工程的具体情况通过技术经济比较来选择。另外，企业的机械设备数量总是有限的：因而理论计算的最经济组合不一定能实现，只能在现有资源条件下选择相对最经济的组合。本案例在选择比较时，以挖掘机和自卸汽车每立方米挖、运费用最少为原则选择和组合。

解题过程中需注意以下几点：

第一，在挖掘机与自卸汽车的配比若有小数，不能取整，应按实际计算数值继续进行其他相关计算。

第二，计算出的机械台数若有小数，不能采用四舍五入的方式取整，而应取其整数部分的数值加一。

[答案]

问题 1：

以挖掘机和自卸汽车每立方米挖、运费用最少为原则选择其组合。

三种型号挖掘机每立方米土方的挖土费用分别为：

$$618/480=1.29\text{ 元}/m^3$$

$$689/558=1.23\text{ 元}/m^3$$

$$915/690=1.33\text{ 元}/m^3$$

取单价为 1.23 元/m^3的 WY75 挖掘机。

三种型号自卸汽车每立方米土方的运土费用分别为：

$$413/32=12.91\text{ 元}/m^3$$

$$505/51=9.90\text{ 元}/m^3$$

$$978/81=12.07\text{ 元}/m^3$$

取单价为 9.90 元/m^3的 8t 自卸汽车。

相应的每立方米土方的挖运费用为：1.23+9.90=11.13 元/m^3

问题 2：

（1）挖掘机的选择

每天需 WY75 挖掘机的数量为：10000/(558×10)=1.79 台

取每天安排 WY75 挖掘机 2 台。

2 台 WY75 挖掘机每天挖土土方量为：558×2=1116m^3

(2) 自卸汽车的选择

1) 按最经济的 8t 自卸汽车每天应配备台数为：1116/51=21.88 台

或：挖掘机与自卸汽车的比例为 558/51=10.94

所需配备的 8t 自卸汽车台数为：2×10.94=21.88 台

所有的 10 台 8t 自卸汽车均配备：

每天运输土方量为：51×10=510m^3

每天尚有需运输土方量为：1116-510=606m^3

2) 增加配备 10t 和（或）5t 自卸汽车台数，有两种可行方案：

①仅配备 10t 自卸汽车台数：(1116-510)/81=7.48 台取 8 台

或：(21.88-10)×51/81=7.48 台取 8 台

②配备 6 台 10t 自卸汽车，4 台 5t 自卸汽车，每天运输土方量为：

6×81+41×32=614m^3

问题 3：

(1) 按 2 台 WY75 型挖掘机的台班产量完成 10000m^3 土方量所需时间为：

10000/(558×2)=8.96 天　即该土方工程在 9 天能完成。

(2) 相应的每 m^3 土方的挖运费用为：

(2×689+505×10+6×978+4×413)×9/10000=12.55 元/m^3

练　习　题

习题 1

背景材料：

某制造厂在进行厂址选择过程中，对 A、B、C 三个地点进行了考查。综合专家评审意见，提出厂址选择的评价指标。分别为：

(1) 接近原材料产地；

(2) 有良好的排污条件；

(3) 有一定的水源、动力条件；

(4) 当地有廉价的劳动力从事技术性较差的工作；

(5) 地价便宜。

经过专家综合评审，三个地点的得分情况和各项指标的重要程度见表 2-8。

各评价指标得分　　　　**表 2-8**

序号	评价指标	各评价指标权重	选择方案得分		
			A	B	C
1	靠近原材料产地	0.35	90	80	75
2	排污条件	0.25	80	75	90
3	水源、动力条件	0.20	75	90	80

续表

序号	评价指标	各评价指标权重	选择方案得分		
			A	B	C
4	劳动力资源	0.15	80	80	90
5	地价便宜	0.05	90	85	90

问题：

1. 计算各地点综合得分。

2. 根据综合得分做出厂址选择决策，并说明理由。

习题 2

背景材料：

某大厦要求设计一幢综合性办公大楼，基地面积为 4860m^2，规划容积率为 7.5，地下二层，地上二十八层，机动车停车位 77 个，经方案招标，共有三家设计单位提交了三个不同的设计方案。

A 方案设计为高档公寓式办公楼建筑造型，钢筋混凝土框架剪力墙（内筒）结构。按地区建筑节能有关规定，外墙为 240 厚多孔砖外墙，轻质内隔墙，现浇钢筋混凝土楼板，窗户采用单玻璃空腹铝合金窗（局部为幕墙），合资电梯，可视安全监控警卫系统。面积利用系数为 75%，综合造价为 5205 元/m^2。

B 方案设计为豪华立面办公楼建筑造型，大柱网框架轻墙体系，配合预应力大跨度迭合楼板，墙体材料采用多孔砖及移动式可拆装式分室隔墙，窗户采用单框双玻璃钢窗，进口独资电梯，高科技设备安全监控系统。面积利用系数为 80%，综合造价为 6136.50 元/m^2。

C 方案设计为新型独特的尖顶式建筑造型，钢筋混凝土核心筒与钢结构柱梁体系，墙体采用标准砌块，窗户采用单玻璃空腹铝合金窗，合资电梯，安全监控系统。面积利用系数为 76%，综合造价为 5440.40 元/m^2。

由 5 个评委按评分综合原理对以上三个设计方案的造价、结构体系、建筑造型、平面布置、设备及智能化系统五项指标分列打分，见表 2-9；并根据得分值分别给以权重值（权重值总和为 1），见表 2-10；设计人员、用户、施工人员三方对功能重要性评价结果见表 2-11。

问题：

根据上述资料综合运用加权平均法和价值工程法协助业主选择最优方案。

评委评分表　　　　**表 2-9**

评委 / 方案	一			二			三			四			五		
	A	B	C	A	B	C	A	B	C	A	B	C	A	B	C
造价	9.5	9.0	9.2	9.8	9.0	9.3	9.0	8.0	8.5	9.7	9.2	9.4	9.6	9.0	9.2
结构体系	9.8	9.9	9.7	9.9	9.5	9.4	9.5	9.6	9.5	9.5	9.3	9.5	9.7	9.7	9.4
建筑造型	9.5	9.6	9.5	9.8	9.7	9.4	9.3	9.6	9.8	9.4	9.5	9.3	9.4	9.4	9.3
平面布置	9.6	9.8	9.4	9.3	9.5	9.1	9.6	9.7	9.5	9.7	9.8	9.4	9.4	9.6	9.5
设备及智能化系统	9.0	9.4	9.0	9.2	9.5	9.3	9.3	9.5	9.2	9.4	9.6	9.2	9.1	9.2	9.1

权 重 值 **表 2-10**

指标	造价	结构体系	建筑造型	平面布置	设备及职能化系统
权重	0.3	0.2	0.2	0.2	0.1

功能重要系数评分 **表 2-11**

功能 / 得分 / 评价者	结构体系 $F1$	建筑造型 $F2$	平面布置 $F3$	设备及职能化系统 $F4$
设计人员（权重 0.4）	26	30	22	22
用户（权重 0.4）	24	27	26	23
施工人员（权重 0.2）	33	27	23	17

习题 3

背景材料：

由某建筑公司承担基坑土方施工，坑深为－4.0m，土方量为 15000m^3，运土距离按平均 5km 计算，工期为 7 天。公司现有 WY50、WY75、WY100 液压挖掘机及 5t、8t、15t 自卸汽车各若干台。它们的主要参数见表 2-12 和表 2-13。

（解题中涉及计算费用的结果保留两位小数，涉及机械设备台数的取整数）

挖掘机主要参数 **表 2-12**

型号	WY50	WY75	WY100
斗容量（m^3）	0.5	0.75	1.0
台班产量（m^3/台班）	480	558	690
台班价格（元/台班）	475	530	705

自卸汽车主要参数 **表 2-13**

载重能力（t）	5	8	15
运距 5km 时台班产量（m^3/台班）	40	62	103
台班价格（元/台班）	318	388	713

问题：

1. 挖掘机与自卸汽车按表中型号只能各取一种，如何组合最经济？
2. 每立方米土方挖、运的人、材、机费合计为多少？
3. 每天需要几台挖掘机和几台自卸汽车？

2.2 价值工程的应用

2.2.1 价值工程的基本理论及应用方法

一、价值工程的概念

价值工程以方案的功能为研究方法，通过技术与经济相结合的方式，评价并优化改进方案，从而达到提供方案价值的目的。

价值是价值工程中的一个核心概念，它是指研究对象所具有的功能与所需的全部成本之比。用公式表示为：

$$价值=\frac{功能}{成本}$$

价值工程方法侧重于在方案设计阶段工作中的应用，施工单位在制定施工组织设计时也可利用价值工程进行施工方案的优化设计。功能分析是价值工程分析的核心。需要指出的是，价值分析不是单纯以追求降低成本为唯一目的的，也不片面追求功能的提高，而是力求正确处理功能与成本的对立统一关系，提高它们之间的比值，研究得出功能与成本的最佳配置。

二、运用价值工程方法对方案进行评价的基本步骤

这种方法的实质是同时考虑方案的功能与成本两个方面各种因素，利用加权评分法，计算不同方案的综合得分（形象地称为价值系数），反映方案功能与费用的比值，选择合理的方案。加权评分法的基本步骤是：

1. 确定各项功能重要性系数。功能重要性系数又称功能权重，是通过分析该功能对各个评价指标的得分情况来确定该功能的重要程度，即权重。其计算公式为：

$$某功能重要性系数=\frac{\sum(该功能对各评价指标得分\times该指标权重)}{各个评价指标得分之和}$$

$$确定功能权重的主要方法有\begin{cases}0\sim1\ 评分法\\0\sim4\ 评分法\\环比评分法\end{cases}$$

2. 计算方案的成本系数：

$$某方案成本系数=\frac{该方案成本(造价)}{各个方案成本(造价)之和}$$

3. 计算方案的功能评价系数：

$$某方案功能评价系数=\frac{该方案评定总分}{各方案评定总分之和}$$

其中：

$$该方案评定总分=\sum(各项功能重要性系数\times该方案对该功能的满足程度得分)$$

4. 计算方案的价值系数：

$$某方案价值系数=\frac{该方案功能评价系数}{该方案成本系数}$$

5. 比较各个方案的价值系数，以价值系数最高的方案为最佳方案。

三、运用价值工程对方案改进的基本步骤

运用方案评价的方法得到最优方案后，需要对其进行进一步改进，以达到预想的目的，此时所经常采用的方法才是真正的价值工程方法。

1. 运用此种方法，首先要明确方案改进的目标有两个：

（1）根据实际情况估算的方案的总体目标成本。

（2）方案中各个功能项目的价值指数均应为1，也即各个功能项目的功能与实现该功能的成本应匹配。

2. 其次要掌握方案改进的具体做法。其基本步骤如下：

（1）计算功能指数。其计算公式为：

$$某功能项目的功能指数=\frac{该功能项目得分}{所有功能项目得分之和}$$

（2）计算成本指数。其计算公式为：

$$某功能项目的成本指数=\frac{该功能项目目前成本}{所有功能项目成本之和}$$

或

$$某功能项目的成本指数=\frac{该功能项目目前成本}{方案目前成本}$$

（3）计算价值指数。其计算公式为：

$$某功能项目的价值指数=\frac{该功能项目功能指标}{成本指标}$$

（4）确定目标成本。首先确定方案的总目标成本，然后确定各个功能项目的目标成本。其计算公式为：

某功能项目的目标成本=该功能项目的功能指数×方案的总目标成本

（5）确定改进的程度。各个功能项目的成本改进情况为：

某功能项目成本改进程度=该功能项目目标成本－实际成本

2.2.2 案例

【案例一】

背景材料：

某市为改善越江交通状况，提出以下两个方案：

方案1：在原桥基础上加固、扩建。该方案预计投资40000万元，建成后可通行20年。这期间每年需维护费1000万元。每10年需要进行一次大修，每次大修费用为3000万元，运营20年后报废没有残值。

方案2：拆除原桥，在原址建一座新桥。该方案预计投资120000万元，建成后可通行60年。这期间每年需维护费1500万元。每20年需要进行一次大修，每次大修费用为5000万元，运营60年后报废时可回收残值5000万元。

不考虑两方案建设期的差异，基准收益率为6%。

主管部门聘请专家对该桥应具备的功能进行深入分析后，认为应从F_1、F_2、F_3、F_4、F_5这5个方面对功能进行评价。表2-14是专家采用0～4评分法对5个功能进行评分的部分结果，表2-15是专家对两个方案的5个功能的评价结果。

功能评分　　表 2-14

	F_1	F_2	F_3	F_4	F_5	得分	权重
F_1		2	3	4	4		
F_2			3	4	4		
F_3				3	4		
F_4					3		
F_5							
合　计							

功能评分表　　表 2-15

功能 \ 方案	方案 1	方案 2
F_1	6	10
F_2	7	9
F_3	6	7
F_4	9	8
F_5	9	9

问题：

1. 在表 2-14 中计算各功能的权重（权重计算结果保留 3 位小数）。

2. 列式计算两方案的年费用（计算结果保留 2 位小数）。

3. 若采用价值工程方法对两方案进行评价，分别列式计算两方案的成本指数（以年费用为基础）、功能指数和价值指数，并根据计算结果确定最终应入选的方案（计算结果保留 3 位小数）。

4. 该桥梁未来将通过收取车辆通行费的方式回收投资并维持运营，若预计该桥梁的机动车通行量不会少于 1500 万辆，分别列式计算两个方案每辆机动车的平均最低收费额（计算结果保留 2 位小数），计算所需要系数见表 2-16。

系 数 表　　表 2-16

n	10	20	30	40	50	60
$(P/F，6\%，n)$	0.5584	0.3118	0.1741	0.0972	0.0543	0.0303
$(A/P，6\%，n)$	0.1359	0.0872	0.0726	0.0665	0.0634	0.0619

［解题要点分析］

本案例综合运用年费用法和价值工程方法对项目进行评价。各功能权重的计算采用 0～4评分法，按 0～4 评分法的规定，两个功能因素比较时，其相对重要程度有以下三种基本情况：

（1）很重要的功能因素得 4 分，另一很不重要的功能因素得 0 分；

（2）较重要的功能因素得 3 分，另一较不重要的功能因素得 1 分；

（3）同样重要或基本同样重要时，则两个功能因素各得 2 分。

［答案］

问题 1：

采用 0～4 评分法计算得到的功能评分表如表 2-17 所示。

功能评分 **表 2-17**

	F_1	F_2	F_3	F_4	F_5	得分	权重
F_1		2	3	4	4	13	0.325
F_2	2		3	4	4	13	0.325
F_3	1	1		3	4	9	0.225
F_4	0	0	1		3	4	0.100
F_5	0	0	0	1		1	0.025
合计						40	1.000

问题 2：

方案 1：年费用＝1000＋40000(A/P，6％，20)＋3000(P/F，6％，10)(A/P，6％，20)

＝1000＋40000×0.0827＋3000×0.5584×0.0872

＝4634.08 万元

方案 2：年费用＝1500＋120000(A/P，6％，60)＋5000(P/F，6％，20)(A/P，6％，60)＋5000(P/F，6％，40)(A/P，6％，60)－5000(P/F，6％，60)(A/P，6％，60)

＝1500＋120000×0.0619＋5000×0.3118×0.0619＋5000×0.0972×0.0619－5000×0.0303×0.0619

＝9045.20 万元

或：

方案 1：年费用＝1000＋[40000＋3000(P/F，6％，10)](A/P，6％，20)

＝1000＋[40000＋3000×0.5584]×0.0872

＝4634.08 万元

方案 2：年费用＝1500＋[120000＋5000(P/F，6％，20)＋5000(P/F，6％，40)－5000(P/F，6％，60)]×(A/P，6％，60)

＝1500＋[120000＋5000×0.3118＋5000×0.0972－5000×0.0303]×0.0619

＝9045.20 万元

问题 3：

方案 1 的成本指数：4634.08/(4634.08＋9045.20)＝0.339

方案 2 的成本指数：9045.20/(4634.08＋9045.20)＝0.661

方案 1 的功能得分：

6×0.325+7×0.325+6×0.225+9×0.100+9×0.025=6.700

方案2的功能得分：

10×0.325+9×0.325+7×0.225+8×0.100+9×0.025=8.775

方案1的功能指数：6.700/(6.700+8.775)=0.433

方案2的功能指数：8.775/(6.700+8.775)=0.567

方案1的价值指数：0.433/0.339=1.277

方案2的价值指数：0.567/0.661=0.858

因为方案1的价值指数>方案2的价值指数，所以应选择方案1。

问题4：

方案1的最低收费：4634.08/1500=3.09元/辆

方案2的最低收费：9045.20/1500=6.03元/辆

【案例二】

背景材料：

某工程项目设计人员根据业主的要求，提出了A、B、C三个设计方案。请有关专家进行论证，专家从五个方面（分别为$F_1 \sim F_5$表示）对三个方案的功能进行评价，并对各功能的重要性分析如下：F_3相对于F_4很重要，F_3相对于F_1较重要，F_2和F_5同样重要，F_4和F_5同样重要。此后，各专家对三个方案的功能满足程度分别打分，其结果见表2-18。A、B、C三个方案单位面积造价分别为1580、1620、1460元/m^2。

各功能得分　　　　表2-18

功　能	方案功能得分		
	A	B	C
F_1	9	8	9
F_2	8	7	8
F_3	8	10	10
F_4	7	6	8
F_5	10	9	8

问题：

1. 试用0～4评分法计算各功能的权重（列表计算）。

2. 用价值指数法选择最佳设计方案（要求列出计算式）。

3. 如果各功能指数存在以下关系$F_2 > F_1 > F_4 > F_3 > F_5$，试用0～1评分法计算各功能的权重（列表计算）。

[**解题要点分析**]

本案例内容是对以方案评价为目的的价值工程0～4和0～1评分法的运用，主要知识点为功能指数、成本指数和价值指数的确定与计算。0～1评分法的特点是：两指标（或功能）相比较时不论两者的重要程度相差多大，较重要的得1分，较不重要的得0分。在运用0～1评分法时，还应注意，在确定重要程度得分时，会出现合计得分为零的指标（或功能），需要将各指标合计得分分别加1进行修正后再计算其权重。

[答案]

问题1：

根据背景资料所给出的条件，各功能权重的计算结果见表2-19。

根据各功能之间的关系可得出：$F_3 > F_1 > F_2 = F_4 = F_5$。

功能评分　　表2-19

	F_1	F_2	F_3	F_4	F_5	得分	权重
F_1	×	3	1	3	3	10	10/40=0.250
F_2	1	×	0	2	2	5	5/40=0.125
F_3	3	4	×	4	4	15	15/40=0.375
F_4	1	2	0	×	2	5	5/40=0.125
F_5	1	2	0	2	×	5	5/40=0.125
合计						40	1.000

问题2：

分别计算各方案的功能指数、成本指数、价值指数如下：

(1) 计算功能指数

将各方案的各功能得分分别与该功能的权重相乘，然后汇总即为该方案的功能加权得分，各方案的功能加权得分为：

$W_A = 9\times0.250+8\times0.125+8\times0.375+7\times0.125+10\times0.125=8.375$

$W_B = 8\times0.250+7\times0.125+10\times0.375+6\times0.125+9\times0.125=8.500$

$W_C = 9\times0.250+8\times0.125+10\times0.375+8\times0.125+8\times0.125=9.000$

各方案功能的总加权得分为：$W = W_A + W_B + W_C = 8.375+8.500+9.000=25.875$

因此，各方案的功能指数为：

$$F_A = 8.375/25.875=0.324$$

$$F_B = 8.500/25.875=0.329$$

$$F_C = 9.000/25.875=0.348$$

(2) 计算各方案的成本指数

各方案的成本指数为：

$$C_A = 1580/(1580+1620+1460)=1580/4660=0.339$$

$$C_B = 1620/4660=0.348$$

$$C_C = 1460/4660=0.313$$

(3) 计算各方案的价值指数

各方案的价值指数为：

$$V_A = F_A/C_A = 0.324/0.339=0.956$$

$$V_B = F_B/C_B = 0.329/0.348=0.945$$

$$V_C = F_C/C_C = 0.348/0.313=1.112$$

由于C方案的价值指数最大，所以C方案为最佳方案。

问题3：

采用0～1评分法计算的各功能评分表如表2-20所示。

功能评分表　　表 2-20

	F_1	F_2	F_3	F_4	F_5	得分	修正得分	权　重
F_1	×	0	1	1	1	3	4	4/15=0.267
F_2	1	×	1	1	1	4	5	5/15=0.333
F_3	0	0	×	0	1	1	2	2/15=0.133
F_4	0	0	1	×	1	2	3	3/15=0.200
F_5	0	0	0	0	×	0	1	1/15=0.067
合　计						10	15	1.000

【案例三】

背景材料：

某设计单位对某一幢综合楼进行设计方案对比如下：

A 方案：结构方案为大柱网框架轻墙体系，采用预应力大跨度叠合楼板，墙体材料采用多孔砖及移动式可拆装式分室隔墙，窗户采用单框双玻璃钢塑窗，单方造价为 1528 元/m^2；

B 方案：结构方案同 A 方案，墙体采用内浇外砌，窗户采用单框双玻璃空腹钢窗，单方造价为 1246 元/m^2；

C 方案：结构方案采用砖混结构体系，采用多孔预应力板，墙体材料采用标准黏土砖，窗户采用单玻璃空腹钢窗，单方造价为 1179 元/m^2。

方案各功能的权重及各方案的功能得分见表 2-21。

各方案功能得分　　表 2-21

方案功能	功能权重	方案功能得分		
		A	B	C
结构体系（F_1）	0.25	10	10	8
立面造型（F_2）	0.05	9	10	9
墙体材料（F_3）	0.25	8	8	7
面积系数（F_4）	0.35	10	9	8
采光效果（F_5）	0.10	9	8	8

问题：

1. 试应用价值工程方法选择最优设计方案。

2. 如果经过专家的研究分析，背景材料中五项功能 F_4 最重要，其次为 F_1 和 F_3，再依次为 F_5、F_2。其重要程度比较为：F_4 的重要性是 F_1 的 1.5 倍，F_1 是 F_3 的 1 倍，F_3 是 F_5 的 2 倍，F_5 是 F_2 的 2.5 倍。其他条件不变，应用价值工程方法选择最优设计方案。

3. 为控制工程造价和进一步降低费用，设计人员进行限额设计。然后以分部工程为对象进一步开展价值工程分析。各功能项目评分值及其目前成本见表 2-22。按限额设计要求，目标成本额应控制为 15377 万元。

各分部工程评分值及目前成本表 表 2-22

功能项目	功能评分	目前成本（万元）
A. ±0.000 以下工程	23	3098
B. 主体结构工程	37	4869
C. 装饰工程	26	3803
D. 水电安装工程	34	4380
合 计	120	16150

试分析各功能项目的目标成本及其可能降低的额度，并确定功能改进顺序。

[解题要点分析]

问题 1：在已知功能权重和功能得分的前提下，考核运用价值工程进行设计方案评价的方法、过程和原理。

问题 2：本问题是考核利用环比评分法确定各功能权重的方法。其分四步进行：

第一步，确定功能区并排序。根据功能系统图决定评价功能的级别，确定功能区，为了分析方便，一般在评分前要进行粗略评估，使各指标大致按重要性程度上高下低的顺序排列；

第二步，对上下相邻两项功能的重要性进行对比打分，所打的分作为暂定重要性系数；

第三步，对暂定重要性系数进行修正。首先，将最后一项功能指标的重要性系数为基准（一般暂定为 1），任意给定一个数值作为其权重评分，再以此为基数用从下至上累计的倍数乘环比值，得到各指标相应的权重评分（或称修正重要性系数）。

第四步，确定功能指标的权重。各功能的修正重要性系数除以全部功能总得分，得出各功能的权重。

问题 3：考核运用价值工程进行设计方案优化和工程造价控制的方法。

价值工程要求方案满足必要功能，清除不必要功能。在运用价值工程对方案的功能进行分析时，各功能的价值指数有以下三种情况：

（1）$VI=1$，说明该功能的重要性与其成本的比重大体相当，是合理的，无需再进行价值工程分析；

（2）$VI<1$，说明该功能不太重要，且目前成本比重偏高，可能存在过剩功能，应作为重点分析对象，寻找降低成本的途径；

（3）$VI>1$，出现这种结果的原因较多，其中较常见的是：该功能较重要，且目前成本偏低，可能未能充分实现该重要功能，应适当增加成本，以提高该功能的实现程度。

各功能目标成本的数值为总目标成本与该功能指数的乘积。

[答案]

问题 1：

分别计算各方案的功能指数、成本指数和价值指数，并根据价值指数选择最优方案。

（1）计算各方案的功能指数，见表 2-23。

各功能指数计算　　　　表 2-23

方案功能	功能权重	方案功能得分		
		A	B	C
结构体系	0.25	10×0.25=2.50	10×0.25=2.50	8×0.25=2.00
立面类型	0.05	9×0.05=0.45	10×0.05=0.50	9×0.05=0.45
墙体材料	0.25	8×0.25=2.00	8×0.25=2.00	7×0.25=1.75
面积系数	0.35	10×0.35=3.50	9×0.35=3.15	8×0.35=2.80
采光效果	0.10	9×0.10=0.90	8×0.10=0.80	8×0.10=0.80
合　计		9.35	8.95	7.80
功能指数		9.35/26.10=0.358	8.95/26.10=0.343	7.80/26.10=0.299

注：表 2-23 中各方案的功能加权得分之和为：9.35+8.95+7.80=26.10。

（2）计算各方案的成本指数，见表 2-24。

各方案成本指数　　　　表 2-24

方　案	A	B	C	合计
单方造价（元/m^2）	1528	1246	1179	3953
成本指数	0.387	0.315	0.298	1.000

（3）计算各方案的价值指数，见表 2-25。

各方案价值指数计算　　　　表 2-25

方　案	A	B	C
功能指数	0.358	0.343	0.299
成本指数	0.387	0.315	0.298
价值指数	0.925	1.089	1.003

由表 2-25 的计算结果可知，B 方案的价值指数最高，为最优方案。

问题 2：

（1）利用环比评分法计算各功能权重。根据各功能的重要性程度从高到低排序见表 2-26。

各功能权重计算　　　　表 2-26

方案功能（功能区）	功能重要性评价		
	暂定重要性系数	修正重要性系数	功能权重
(1)	(2)	(3)	(4)
F_4	1.5	7.5	7.5/21=0.357
F_1	1	5	5/21=0.238
F_3	2	5	5/21=0.238
F_5	2.5	2.5	2.5/21=0.119
F_2		1	1/21=0.048
合　计		21	1.000

(2) 各方案功能得分计算表如表 2-27 所示。

各方案功能得分 **表 2-27**

方案功能	功能权重	方案功能得分		
		A	B	C
结构体系 F_1	0.238	10×0.238=2.38	10×0.238=2.38	8×0.238=1.904
立面效果 F_2	0.048	9×0.048=0.48	10×0.048=0.48	9×0.048=0.432
墙体材料 F_3	0.238	8×0.238=1.904	8×0.238=2.142	7×0.238=1.666
面积系数 F_4	0.357	10×0.357=3.375	9×0.357=3.000	8×0.357=2.625
采光效果 F_5	0.119	9×0.119=1.071	8×0.119=0.833	8×0.119=0.952
合　计		9.35	8.929	7.81
功能指数		9.357/26.096=0.359	8.929/26.096=0.342	7.81/26.096=0.299

(3) 计算各方案的价值指数，见表 2-28。

各方案的价值指数 **表 2-28**

方　案	A	B	C
功能指数	0.359	0.342	0.299
成本指数	0.387	0.315	0.298
价值指数	0.928	1.086	1.003

由表 2-28 的计算结果可知，B 方案的价值指数最高，为最优方案。

问题 3：

根据表 2-22 计算桩基围护工程、地下室工程、主体结构工程和装饰工程的功能指数、成本指数和价值指数；再根据给定的总目标成本额，计算各工程内容的目标成本额，从而确定其成本降低额度。具体计算结果汇总见表 2-29。

计算结果汇总表 **表 2-29**

功能项目	功能项目	功能指数	目前成本（万元）	成本指数	价值指数	目标成本（万元）	成本降低额（万元）
±0.000 以下工程	23	0.1917	3098	0.1918	1.0005	2948	150
主体结构工程	37	0.3083	4869	0.3015	1.0226	4741	128
装饰工程	26	0.2167	3803	0.2355	0.9202	3332	471
水电安装工程	34	0.2833	4380	0.2712	1.0446	4356	24
合　计	120	1.000	16150	1.000		15377	773

由表 2-29 的计算结果可知，根据成本降低额的大小，功能改进顺序依此为：装饰工程、地下工程、主体结构工程、水电安装工程。

练　习　题

习题 1

背景材料：

某房地产公司对某公寓项目的开发征集到若干设计方案，经筛选后对其中较为出色的四个设计方案作进一步的技术经济评价。有关专家决定从五个方面（分别以 $F_1 \sim F_5$ 表示）对不同方案的功能进行评价，并对各功能的重要性达成以下共识：F_2 和 F_3 同样重要，F_4 和 F_5 同样重要，F_1 相对于 F_4 很重要，F_1 相对于 F_2 较重要；此后，各专家对这四个方案的功能满足程度分别打分，其结果见表 2-30。

据造价工程师估算，A、B、C、D 四个方案的单方造价分别为 1420、1230、1150、1360 元/m^2。

方案功能得分　　**表 2-30**

功　能	方案功能得分			
	A	B	C	D
F_1	9	10	9	8
F_2	10	10	8	9
F_3	9	9	10	9
F_4	8	8	8	7
F_5	9	7	9	6

问题：

1. 计算各功能的权重（用 0～4 评分法）。

2. 用价值指数法选择最佳设计方案。

习题 2

背景材料：

某房地产开发公司拟用大模板工艺建造一批住宅楼，设计时为了降低工程造价，运用价值工程进行分析。通过造价分析，了解到混凝土墙体是造价降低的主要矛盾，故选择混凝土墙体为分析对象；通过调研和功能分析，了解到墙体的功能主要是承受荷载（F_1）、挡风防雨（F_2）、隔热防寒（F_3）；在设计方案中，墙体的单位造价为 540 元，其中承受荷载功能的成本占 60%，挡风防雨功能的成本占 15%，隔热防寒功能的成本占 25%。这三项功能的重要程度比为 $F_1 : F_2 : F_3 = 6 : 1 : 3$。

问题：

1. 用环比评分法确定功能权重。

2. 分析降低成本的对象。

习题 3

背景材料：

某施工企业对某框架高层建筑主体施工方案，拟进行改进，原方案的工程成本为 1100 元/m^2，目标成本为 950 元/m^2。在进行价值分析时，共划分为五项功能 F_1、F_2、F_3、F_4、F_5，目前各功能的成本分别是：300、200、250、200 和 100 元/m^2。对各功能的重要系数采用 0～1 评分法确定，施工企业共请了 10 名技术人员参加功能评价，这 10 人对各功能的重要性程度共得出了 3 种排序。(1) $F_1 > F_2 > F_3 > F_4 > F_5$，有 2 人按这种排序给分；(2) $F_1 > F_3 > F_2 > F_4 > F_5$，有 5 人按这种排序给分；(3) $F_1 > F_3 > F_2 > F_5 > F_4$，有 3 人按这种排序给分。

问题:

1. 分别计算三种排序下的功能重要性系数。
2. 计算各功能的权重。
3. 计算各功能的目标成本、应降低额及改进顺序。

注：重要性系数或权重计算保留 3 位小数，其余保留整数。

习题 4

背景材料:

根据业主的使用要求，某工程项目设计人员提出了三个设计方案。有关专家决定从五个方面（分别以 $F_1 \sim F_5$ 表示）对不同方案的功能进行评价，并对各项功能的重要性分析如下：F_1 相对于 F_4 很重要，F_3 相对于 F_1 较重要，F_3 和 F_5 同样重要，F_4 和 F_5 同样重要。各方案单位面积造价及专家对三个方案满足程度的评分结果见表 2-31。

备选方案功能评分表　　　表 2-31

功能＼得分＼方案	A	B	C
F_1	9	8	9
F_2	8	7	8
F_3	8	10	10
F_4	7	6	8
F_5	10	9	8
单位面积造价（元/m^2）	1680	1720	1590

问题:

1. 试用 0～4 评分法计算各功能的权重（计算结果填入表 2-33)。
2. 用功能指数法选择最佳设计方案（要求列出计算式)。
3. 在确定某一设计方案后，设计人员按限额设计要求确定建筑安装工程目标成本额为 14000 万元。然后以主要分部工程为对象进一步开展价值工程分析，各分部工程功能评分值及目前成本见表 2-32。试分析各功能项目的功能指数、目标成本（要求分别列出计算式）及应降低额，并确定功能改进顺序（填入表 2-34)。

注：计算结果保留小数点后 3 位。

分部工程功能评分及成本　　　表 2-32

功能项目	功能得分	目前成本（万元）
A. ±0.000 以下工程	21	3854
B. 主体结构工程	35	4633
C. 装饰工程	28	4364
D. 水电安装工程	32	3219

功能权重计算表 表2-33

功能	F_1	F_2	F_3	F_4	F_5	得分	权重
F_1	—						
F_2		—					
F_3			—				
F_4				—			
F_5					—		
合计							

分部工程目标成本及功能改进顺序 表2-34

功能项目	功能指数	目前成本（万元）	目标成本（万元）	应降低额（万元）	功能改进顺序
A. ±0.000以下工程					
B. 主体结构工程					
C. 装饰工程					
D. 水电安装工程					

习题5

背景材料：

承包商B在某高层住宅楼的现浇楼板施工中，拟采用钢木组合模板体系或小钢模体系施工。经有关专家讨论，决定从模板总摊销费用（F_1）、楼板浇筑质量（F_2）、模板人工费（F_3）、模板周转时间（F_4）、模板装拆便利性（F_5）等五个技术经济指标对这两个方案进行评价，并采用0～1评分法对各技术经济指标的重要程度进行评分，各个功能的重要性排序为 $F_2 > F_1 > F_4 > F_3 > F_5$（其中>表示前者较后者重要），两方案各技术经济指标的得分见表2-35。

经造价工程师估算，钢木组合模板在该工程的总摊销费用为40万元，每平方米楼板的模板人工费为8.5元；小钢模在该工程的总摊销费用为50万元，每平方米楼板的模板人工费为5.5元。该住宅楼的楼板工程量为 $2.5 \times 10^4 m^2$。

技术指标得分 表2-35

指标＼方案	钢木组合模板	小钢模
总摊销费用	10	8
楼板浇筑质量	8	10
模板人工费	8	10
模板周转时间	10	7
模板装拆便利性	10	9

问题：

1. 试确定各技术经济指标的权重（计算结果保留3位小数）。

2. 若以楼板工程的单方模板费用作为成本比较对象，试用价值指数法选择较经济的模板体系（功能指数、成本指数、价值指数的计算结果均保留 2 位小数）。

3. 若该承包商准备参加另一幢高层办公楼的投标，为提高竞争能力，公司决定模板总摊销费用仍按本住宅楼考虑，其他有关条件均不变。该办公楼的现浇楼板工程量至少要达到多少平方米才应采用小钢模体系（计算结果保留 2 位小数）？

2.3　网络计划技术在方案评价中的应用

2.3.1　网络计划技术的基本理论

网络计划是利用有向赋权图表示一项工程中各项工作的开展顺序及其相互关系的一种方法，在案例分析中常用的是双代号网络图。

一、双代号网络图计划中的时间参数计算

计算的时间参数包括：工作最早开始时间（ES_{i-j}）、工作最迟开始时间（LS_{i-j}）、工作最早结束时间（EF_{i-j}）、工作最迟结束时间（LF_{i-j}）、工作总时差（TF_{i-j}）、工作自由时差（FF_{i-j}）。工作时间参数的计算方法主要有：分析计算法、表上计算法、图上计算法、节点计算法等。由于应用方式不同，需要计算的时间参数类型可以不同：

1. 计算工作的最早开始时间和最早完成时间，应从网络计划起点开始，顺着箭线方向依次向前推算。

2. 计算工作的最迟开始时间和最迟结束时间，应从网络计划终点开始，逆着箭线方向依次向后推算。

3. 工程网络终点工作中最早完成时间的最大值，即是网络计划的计算工期。

4. 工作的总时差等于该工作的最迟开始（结束）时间与最早开始（结束）时间之差。

5. 某项工作的自由时差等于该工作的最早完成时间与其紧后工作最早开始时间最小值的时间差。

必须注意的是：一般情况某项工作的自由时差小于等于其总时差，自由时差为零时总时差不一定等于零，而总时差为零时，自由时差一定为零。

双代号网络计划时间参数的计算顺序：

确定工作持续时间→工作最早开始时间→工作最早完成时间→计算工期→计划工期→工作最迟结束时间→工作最迟开始时间→工作总时差→工作自由时差。

二、关键线路的确定

1. 确定关键线路的方法：应注意网络计划的具体内容和形式。

（1）计算时差法。一般网络计划中，总时差为零的工作称为关键工作，由开始节点至终止节点所有关键工作组成的线路为关键线路，这条线路上各工作持续时间之和为最大，即为工程的计算工期。

（2）比较线路长度法。不计算时间参数的情况下，由开始节点到终点节点形成的线路上各项工作持续时间之和最大值所对应的线路称为关键线路。

（3）在早时标网络图中，由开始节点至终止节点图中不含波形线的线路为关键线路。

（4）标号法及破圈法。

2. 在一个网络计划中，至少存在一条关键线路。关键线路和非关键线路在一定条件下可以转换。

三、网络计划的优化

网络计划的优化包括工期优化和资源使用优化。

1. 工期优化

一般通过压缩关键线路的持续时间来实现，工期优化案例分析中常用。

优化时应注意以下问题：

（1）工期优化必须压缩关键工作的工期，其选择依据是费用变动率，以最小费用消耗为目标，逐级压缩；

（2）网络计划中存在多条关键线路时，一般应使各条关键线路的工作持续时间之和压缩到同样的数值；

（3）不要将关键工作改变为非关键工作，否则将使优化工作复杂化。

工期优化的主要步骤如下：

（1）找出网络计划中的关键线路，并计算工期。（当计算工期＞计划工期时，应优化）；

（2）求出压缩工期。压缩工期＝计算工期－计划工期；

（3）选择压缩持续时间所需增加费用最小的关键工作为优先压缩对象进行调整优化（注意不要将关键工作变为非关键工作）；

（4）上述工作多次重复进行，以达到计划工期的要求。

2. 资源优化

资源优化是为了使资源使用均衡，一般采用调峰降荷法，优先利用非关键工作的时差范围，采取推迟、分段施工方法。

2.3.2　决策树分析法在方案评价中的应用

决策树分析法是在已知各种情况发生概率的基础上，通过构成决策树求净现值的期望值大于零的概率，评价项目风险、判断其可行性的决策分析方法。决策树也可用在投标策略分析中。

1. 决策树的绘图方法——由左向右绘制

确定决策点（用方形点表示），引出枝为方案枝；方案枝后连接圆形点，为机会点；机会点引出枝为概率枝，枝上数据为状态概率，枝尾数据为损益值，表示方案在此状态下的经济效果值。

注意：方案枝后的圆形点的个数由方案执行情况决定，由同一状态点引出的各枝上的状态概率之和为1；枝尾的损益值，通常经过计算确定。

2. 决策树的计算方法

根据已知材料中事件发生的先后顺序逻辑关系由左向右绘制树形图，计算时应从枝尾数自右向左计算各状态点的期望损益值 $E_j = \sum X_i P_i$。

各方案点后枝对应的状态点为 E_j 值，E_j 最大者确定为最佳方案。在决策树上对全部方案枝剪枝，只保留最佳方案对应枝。

决策树的决策形式有一级决策和多级决策。一级决策，在决策树中只有一个决策点，即方形点，计算相对简单；多级决策，在决策树中有两个或两个以上决策点，画决策树时应注意时间，以免画错。

2.3.3 案例

【案例一】

背景材料：

某工程双代号施工网络计划见图 2-1，该进度计划已经监理工程师审核批准，合同工期为 18 个月。

问题：

1. 该施工网络计划的计算工期为多少个月？关键工作有哪些？

2. 计算工作 D、E、H 的总时差和自由时差。

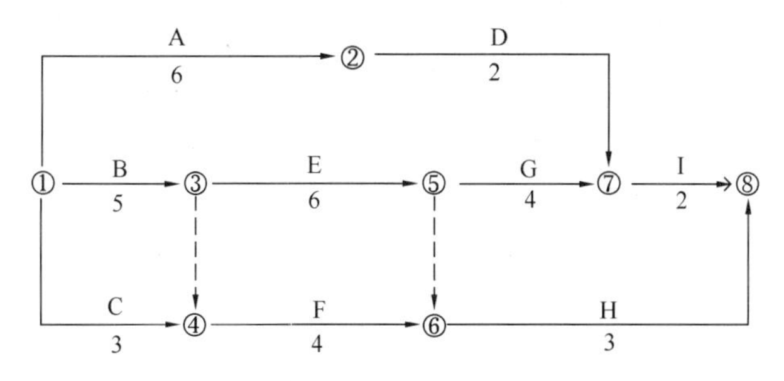

图 2-1 工程网络图

[解题要点分析]

问题 1：考核网络计划关键线路和总工期的确定。

问题 2：考核网络计划时间参数的计算。要计算工作 E、H、G 的总时差和自由时差，应首先计算工作的四个时间参数，然后再计算时差。

[答案]

问题 1：

按工作计算法，对该网络计划工作最早时间参数进行计算，可求得计算工期。

（1）计算工作最早开始时间 ES_{i-j}

$ES_{1-2}=ES_{1-3}=ES_{1-4}=0$

$ES_{3-5}=ES_{1-3}+D_{1-3}=0+5=5$

$ES_{4-6}=\max\{(ES_{1-3}+D_{1-3}),(ES_{1-4}+D_{1-4})\}=\max\{(0+5),(0+3)\}=5$

$ES_{2-7}=ES_{1-2}+D_{1-2}=0+6=6$

$ES_{5-7}=ES_{3-5}+D_{3-5}=5+6=11$

$ES_{6-8}=\max\{(ES_{4-6}+D_{4-6}),(ES_{3-5}+D_{3-5})\}=\max\{(5+4),(5+6)\}=11$

$ES_{7-8}=\max\{(ES_{5-7}+D_{5-7}),(ES_{2-7}+D_{2-7})\}=\max\{(11+4),(6+2)\}=15$

（2）计算工作最早完成时间 EF_{i-j}

$EF_{1-2}=ES_{1-2}+D_{1-2}=0+6=6$

$EF_{1-3}=ES_{1-3}+D_{1-3}=0+5=5$

$EF_{1-4}=ES_{1-4}+D_{1-4}=0+3=3$

$EF_{3-5}=ES_{3-5}+D_{3-5}=5+6=11$

$EF_{4-6}=ES_{4-6}+D_{4-6}=5+4=9$

$EF_{2-7}=ES_{2-7}+D_{2-7}=6+2=8$

$EF_{5-7}=ES_{5-7}+D_{5-7}=11+4=15$

$EF_{6-8}=ES_{6-8}+D_{6-8}=11+3=14$

$EF_{7-8}=ES_{7-8}+D_{7-8}=15+2=17$

上述计算也可直接在图上计算。

该网络计划的计算工期 $T_C=\max\{EF_{7-8}, EF_{6-8}\}=\max\{17, 14\}=17$ 月。

（3）关键线路的确定：

关键线路是所有线路中最长的线路，根据以上计算知，其长度等于 17 个月。

确定方法：比较所有线路的长度以确定（当线路的条数不太多时采用）。

从图 2-2 可见，网络图共有 5 条线路，其长度分别为：

线路 1：①—②—⑦—⑧　　　6+2+2=10 月

线路 2：①—③—⑤—⑦—⑧　　5+6+4+2=17 月

线路 3：①—④—⑥—⑧　　　3+4+3=10 月

线路 4：①—③—④—⑥—⑧　　5+4+3=12 月

线路 5：①—③—⑤—⑥—⑧　　5+6+3=14 月

可见：关键线路为①—③—⑤—⑦—⑧，关键工作为 B、E、G、I。

关键线路也可以直接在图 2-2 上计算：

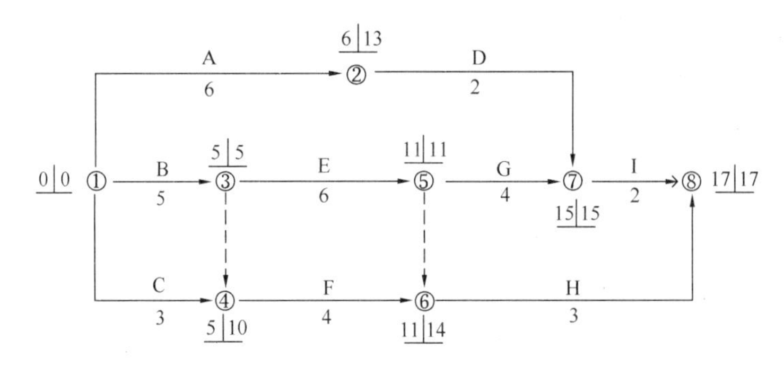

图 2-2　关键线路计算图

从图上直接可以看出，关键线路为：①—③—⑤—⑦—⑧。

问题 2：

计算工作 D、E、H 的总时差和自由时差，为此按工作计算法，首先确定网络计划工作最迟时间参数，再确定时差。

（1）工作最迟完成时间 LF_{i-j}（逆着箭杆从结束节点向开始节点计算）

$LF_{7-8}=LF_{6-8}=T_C=17$

$LF_{5-7}=LF_{7-8}-D_{7-8}=17-2=15$

$LF_{2-7}=LF_{7-8}-D_{7-8}=17-2=15$

$LF_{3-5}=\min\{(LF_{5-7}-D_{5-7}), (LF_{6-8}-D_{6-8})\}=\min\{(15-4), (17-3)\}$
$=\min\{11, 14\}=11$

$LF_{4-6}=LF_{6-8}-D_{6-8}=17-3=14$

$LF_{1-2}=LF_{2-7}-D_{2-7}=15-2=13$

$LF_{1-4}=LF_{4-6}-D_{4-6}=14-4=10$

$LF_{1-3}=\min\{(LF_{3-5}-D_{3-5}),\ (LF_{4-6}-D_{4-6})\}=\min\{(11-6),\ (14-4)\}$

$=\min\{5,\ 10\}=5$

（2）工作最迟开始时间 LS_{i-j}

$LS_{7-8}=LF_{7-8}-D_{7-8}=17-2=15$

$LS_{6-8}=LF_{6-8}-D_{6-8}=17-3=14$

$LS_{5-7}=LF_{5-7}-D_{5-7}=15-4=11$

$LS_{2-7}=LF_{2-7}-D_{2-7}=15-2=13$

$LS_{3-5}=LF_{3-5}-D_{3-5}=11-6=5$

$LS_{4-6}=LF_{4-6}-D_{4-6}=14-4=10$

$LS_{1-2}=LF_{1-2}-D_{1-2}=13-6=7$

$LS_{1-3}=LF_{1-3}-D_{1-3}=5-5=0$

$LS_{1-4}=LF_{1-4}-D_{1-4}=10-3=7$

上述计算也可直接在图上计算。

（3）计算工作 D、E、H 的总时差 TF_{i-j} 和自由时差 FF_{i-j}

工作 D：$TF_{2-7}=LS_{2-7}-ES_{2-7}=13-6=7$　　$FF_{2-7}=ES_{7-8}-EF_{2-7}=15-8=7$

工作 E：$TF_{3-5}=LS_{3-5}-ES_{3-5}=5-5=0$

$FF_{3-5}=\min\{(ES_{5-7}-EF_{3-5}),\ (ES_{6-8}-EF_{3-5})\}=\min\{(11-11),\ (11-11)\}$

$=0$

工作 H：$TF_{6-8}=LS_{6-8}-ES_{6-8}=14-11=3$

$FF_{6-8}=T_P-EF_{6-8}=T_C-EF_{6-8}=17-14=3$ （本题计划工期 $T_P=T_C$）

【案例二】

背景材料：

某施工单位编制的某工程网络图，如图 2-3 所示，进度计划原始方案各工作的持续时间和估价费用，如表 2-36 所示。

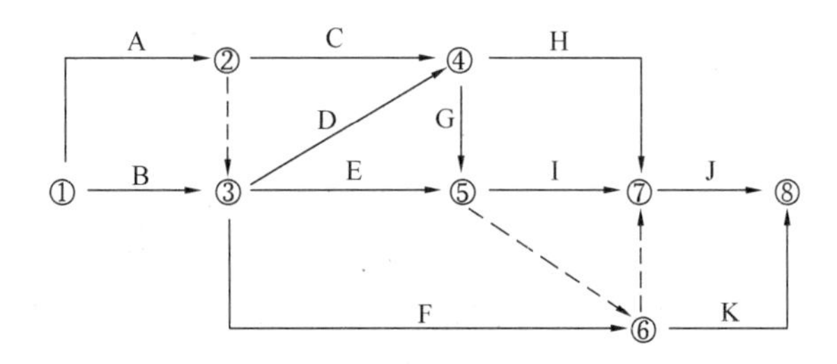

图 2-3　工程网络图

各工作持续时间和估价费用表　　**表 2-36**

工作	持续时间（天）	费用（万元）
A	12	18
B	26	40

续表

工作	持续时间（天）	费用（万元）
C	24	25
D	6	15
E	12	40
F	40	120
G	8	16
H	28	37
I	4	10
J	32	64
K	16	16

问题：

1. 在图 2-3 中，计算网络进度计划原始方案各工作的时间参数，确定网络进度计划原始方案的关键线路和计算工期。

2. 如施工合同规定：工程工期 93 天，工期每提前 1 天奖励施工单位 3 万元，每延期 1 天对施工单位罚款 5 万元。计算原始方案按网络进度计划实施时的综合费用。

3. 如该网络进度计划各工作的可压缩时间及压缩单位时间增加的费用，如表 2-37 所示。确定该网络进度计划的最低综合费用和相应的关键线路，并计算调整优化后的总工期（要求写出调整优化过程）。

各工作的压缩时间及相应增加的费用　　表 2-37

工作	可压缩时间（天）	压缩单位时间增加的费用（万元）
A	2	2
B	2	4
C	2	3.5
D	0	1
E	1	2
F	5	2
G	1	2
H	2	1.5
I	0	1
J	2	6
K	2	2

[解题要点分析]

本案例主要是在网络图上计算各时间参数、确定计算工期和关键线路，并在费用最低的前提下对施工网络进度计划进行优化。

问题 1：涉及各工作的时间参数的计算，以及关键线路和计算工期的确定。

问题 2：所谓综合费用，是指施工组织方案本身所需的费用与根据计算工期和合同工期的差额所产生的工期奖罚费用之和，其数值大小是选择施工组织方案的重要依据。

问题 3：施工进度计划的优化。工期优化必须压缩关键工作的工期，以最小费用消耗为目标，逐级压缩。在实际组织施工时，要注意原非关键工作延长后可能成为关键工作，甚至可能使计划工期（未必是合同工期）延长；而关键工作压缩后可能使原非关键工作成为关键工作，从而改变关键线路或形成多条关键线路。需要说明的是，按惯例，施工进度计划应提交给监理工程师审查，不满足合同工期要求的施工进度计划是不会被批准的。因此，从理论上讲，当原施工进度计划不满足合同工期要求时，即使压缩费用大于工期奖，也必须压缩（当然，实际操作时，承包商仍可能宁可承受工期拖延罚款而按费用最低的原则组织施工）。

［答案］

问题 1：

该工程网络时间参数计算如图 2-4 所示。

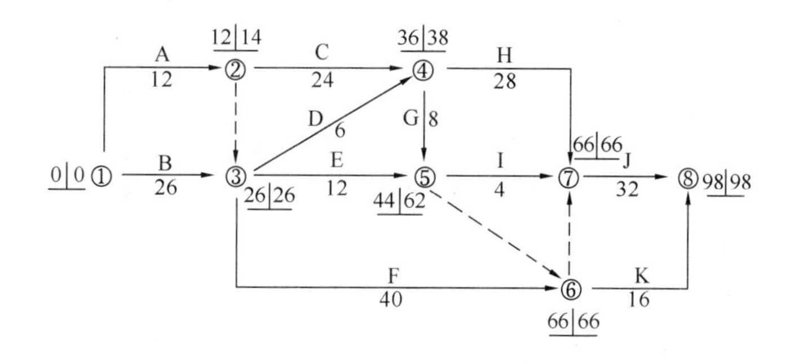

图 2-4 网络时间参数计算

关键线路：①—③—⑥—⑦—⑧或在网络图上直接标出。

计算工期为 98 天。

问题 2：

计算综合费用

原始方案估计费用：18＋40＋25＋15＋40＋120＋16＋37＋10＋64＋16＝401 万元

延期罚款为：5×(98－93)＝25 万元

综合费用为：401＋25＝426 万元

问题 3：

第一次调整优化：在关键线路上取压缩单位时间增加费用最低的 F 工作为对象压缩 2 天。

增加费用：2 天×2 万元/天＝4 万元

第二次调整优化：A、C、H、J 与 B、F、J 同时成为关键工作，选择 H 工作和 F 工作作为调整对象，各压缩 2 天。

增加费用：2 天×（1.5 万元/天＋2 万元/天）＝7 万元

第三次调整优化：A、C、H、J 与 B、F、J 仍为关键工作，选择 A 工作和 F 工作作为调整对象，各压缩1天。

增加费用：1天×（2万元/天+2万元/天）=4万元

优化后的关键线路为：

①—③—⑥—⑦—⑧（关键工作为A、C、H、J）和①—②—④—⑦—⑧（或关键工作为B、F、J）。

工期：98−2−2−1=93天

最低综合费用：401+4+7+4=416万元

【案例三】

背景材料：

某公司为了适应市场的需要，准备扩大生产能力，有两种方案可供选择。第一方案为建大厂；第二方案是先建小厂，后考虑扩建。如建大厂，需要投资700万元，在市场销路好时，每年收益210万元，销路差时，每年亏损40万元。在第二方案中，先建小厂，如销路好，3年后考虑是否进行扩建。建小厂的投资为300万元，在市场销路好时，每年收益90万元，销路差时，每年收益60万元。如果3年后扩建，扩建投资为400万元，收益情况同第一方案。未来前3年市场销路好的概率为0.7，销路差的概率为0.3；如果前3年销路好，则后7年销路好的概率为0.9，销路差的概率为0.1。如果前3年销路差，则后7年必定销路差。无论选用何种方案，使用期均为10年。

问题：试做出最佳扩建方案决策。

[解题要点分析]

本案例为不确定性分析中另一种方法——概率分析中的决策树分析的有关内容。决策树法常用于多级风险决策问题，即需要进行两次或两次以上的决策，才能选出最优方案的决策问题。另外决策树法也常用于投标决策分析。

[答案]

（1）根据已知资料画出决策树图（见图2-5）

（2）计算损益期望值

建大厂10年的损益期望值为：$[0.9\times210+0.1\times(-40)]\times7\times0.7+1.0\times(-40)\times7\times0.3+0.7\times210\times3+0.3\times(-40)\times3-700=527.5$万元

建小厂3年后扩建、后7年的损益期望值为：$0.9\times210\times7+0.1\times(-40)\times7-400=895$万元

建小厂3年后不扩建、后7年的损益期望值为：$0.9\times90\times7+0.1\times60\times7=609$万元

比较建小厂3年后是否扩建的损益期望值有：$\max(895,609)=895$万元

损益期望值为895万元，为扩建方案的损益期望值，因此，剪掉不扩建方案分枝。

建小厂扩建后10年的损益期望值为：$0.7\times(90\times3+895)+0.3\times60\times10-300=695.5$万元

比较建大厂、建小厂的损益期望值有：$\max(527.5,695.5)=695.5$万元

（3）剪枝

各决策点的剪枝从右向左进行。损益期望值695.5万元为先建小厂后扩建方案的损益期望值，因此，剪掉建大厂的方案分枝。

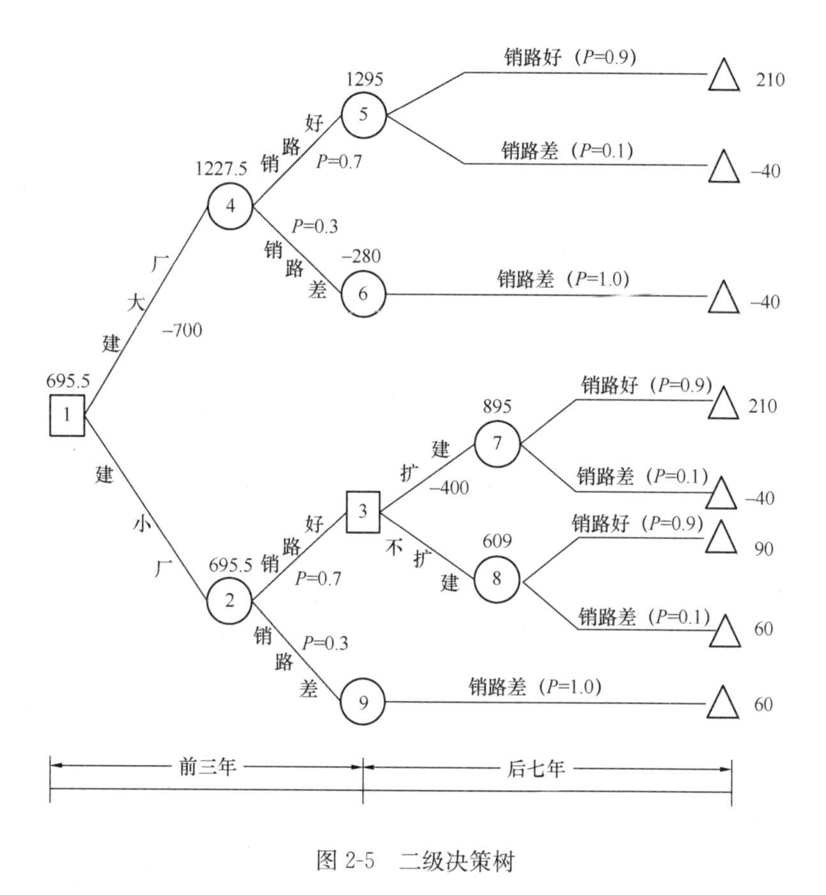

图 2-5 二级决策树

可以得出结论：该厂采取第二方案为最佳，即先建小厂，如 3 年后销路好再扩建。

【案例四】

背景材料：

某房地产开发公司对某一地块有两种开发方案。

A 方案：一次性开发多层住宅 45000m² 建筑面积，需投入总成本费用（包括前期开发成本、施工建造成本和销售成本，下同）9000 万元，开发时间（包括建造、销售时间，下同）为 18 个月。

B 方案：将该地块分为东、西两区分两期开发。一期在东区先开发高层住宅 36000m² 建筑面积，需投入总成本费用 8100 万元，开发时间为 15 个月。二期开发时，如果一期销路好，且预计二期销售率可达 100%（售价和销量同一期），则在西区继续投入总成本费用 8100 万元开发高层住宅 36000m² 建筑面积；如果一期销路差，或暂停开发，或在西区改为开发多层住宅 22000m² 建筑面积，需投入总成本费用 4600 万元，开发时间为 15 个月。

两方案销路好和销路差时的售价和销量情况汇总于表 2-38，系数见表 2-39。

根据经验，多层住宅销路好的概率为 0.7，高层住宅销路好的概率为 0.6。暂停开发每季损失 10 万元。季利率为 2%。

两方案售价及销量情况表 **表 2-38**

<table>
<tr><td colspan="4" rowspan="2">开发方案</td><td rowspan="2">建筑面积（万 m²）</td><td colspan="2">销路好</td><td colspan="2">销路差</td></tr>
<tr><td>售价（元/m²）</td><td>销售率（%）</td><td>售价（元/m²）</td><td>销售率（%）</td></tr>
<tr><td>A方案</td><td colspan="3">多层住宅</td><td>4.5</td><td>4800</td><td>100</td><td>4300</td><td>80</td></tr>
<tr><td rowspan="4">B方案</td><td>一期</td><td colspan="2">高层住宅</td><td>3.6</td><td>5500</td><td>100</td><td>5000</td><td>70</td></tr>
<tr><td rowspan="3">二期</td><td>一期销路好</td><td>高层住宅</td><td>3.6</td><td>5500</td><td>100</td><td></td><td></td></tr>
<tr><td rowspan="2">一期销路差</td><td>多层住宅</td><td>2.2</td><td>4800</td><td>100</td><td>4300</td><td>80</td></tr>
<tr><td>停建</td><td></td><td>—</td><td>—</td><td>—</td><td>—</td></tr>
</table>

系 数 表 **表 2-39**

n	4	5	6	12	15	18
(P/A，2%，n)	3.808	4.713	5.601	10.575	12.849	14.992
(P/F，2%，n)	0.924	0.906	0.888	0.788	0.743	0.700

问题：

1. 两方案销路好和销路差情况下分期计算季平均销售收入各为多少万元（假定销售收入在开发时间内均摊）?

2. 绘制二级决策的决策树。

3. 试决定采用哪个方案。

注：计算结果保留2位小数。

[解题要点分析]

本案例是利用决策树分析法，对方案进行决策。在绘制决策树时，应注意两个关键点：

(1) 在采用B方案销路好的情况下，在原来的概率枝后面只有一种选择，不需要分叉，并在已经明确销路好的情况下，继续高层住宅的开发，此条件下概率应该等于1；

(2) 在销路差的情况下应是一个二级决策点。

[答案]

问题1：

计算季平均销售收入

A方案开发多层住宅：

销路好：4.5×4800×100%÷6=3600万元

销路差：4.5×4300×80%÷6=2580万元

B方案一期：

开发高层住宅：销路好：3.6×5500×100%÷5=3960万元

销路差：3.6×5000×70%÷5=2520万元

B方案二期：

开发高层住宅：3.6×5500×100%÷5=3960万元

开发多层住宅：销路好：2.2×4800×100%÷5=2112万元

销路差：2.2×4300×80%÷5=1513.6 万元

问题 2：

画二级决策树，如图 2-6 所示。

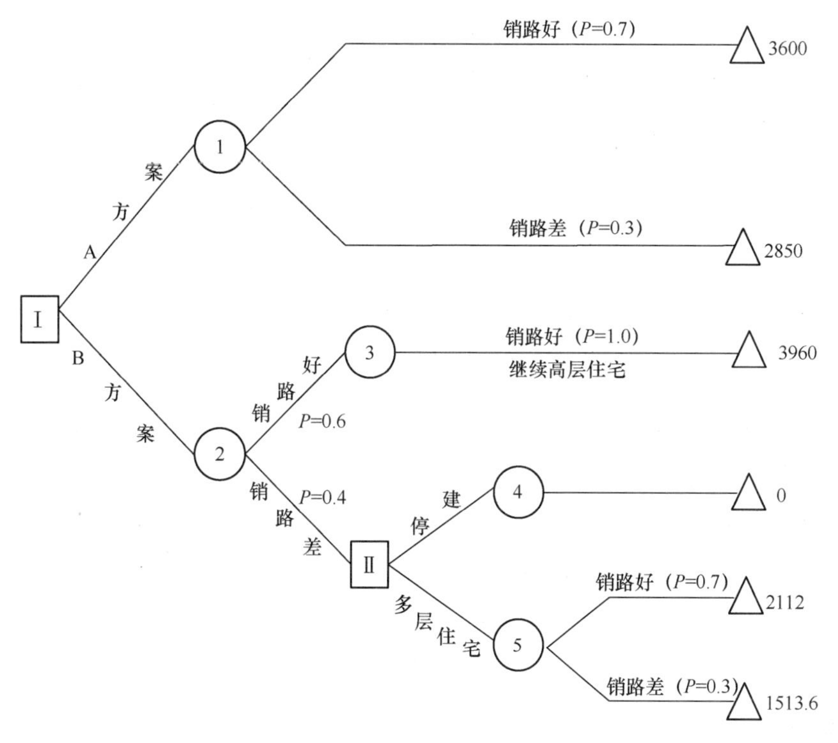

图 2-6 某房地产开发二级决策树

问题 3：

方案判定

机会点①：

净现值的期望值：(3600×0.7+2580×0.3)×(*P*/*A*，2%，6)−9000

=(3600×0.7+2580×0.3)×5.601−9000=9449.69 万元

等额年金：9449.69×(*A*/*P*，2%，6)=9449.69/(*P*/*A*，2%，6)

=9449.69/5.601=1687.14 万元

机会点③：

净现值的期望值：3960×(*P*/*A*，2%，5)×1.0−8100

=3960×4.713×1.0−8100=10563.48 万元

等额年金：10563.48×(*A*/*P*，2%，5)=10563.48/(*P*/*A*，2%，5)

=10563.48/4.713=2241.35 万元

机会点④：

净现值的期望值：−10×(*P*/*A*，2%，5)=−10×4.713=−47.13 万元

等额年金：−47.13×(*A*/*P*，2%，5)=−47.13/(*P*/*A*，2%，5)

=−47.13/4.713=−10.00 万元

机会点⑤：

净现值的期望值：(2112×0.7+1513.6×0.3)×(P/A，2%，5)−4600

=(2112×0.7+1513.6×0.3)×4.713−4600=4507.78万元

等额年金：4507.78×(A/P，2%，5)=4507.78/(P/A，2%，5)=4507.78/4.713

=956.46万元

根据计算结果判断，B方案在一期开发高层住宅销路差的情况下，二期应改为开发多层住宅。

机会点②：

净现值的期望值：[10563.48×(P/F，2%，5)+3960×(P/A，2%，5)]×0.6

+[4507.78×(P/F，2%，5)+2520×(P/A，2%，5)]

×0.4−8100

=(10563.48×0.906+3960×4.713)×0.6+(4507.78×0.906

+2520×4.713)×0.4−8100

=16940.40+6384.32−8100=15224.72万元

等额年金：15224.72×(A/P，2%，10)=15224.72/(P/A，2%，10)

=15224.72/8.917=1707.38万元

根据计算结果，应采用B方案，即一期先开发高层住宅，在销路好的情况下，二期继续开发高层住宅，在销路差的情况下，二期改为开发多层住宅。

练　习　题

习题1

背景材料：

某工程双代号施工网络计划见图2-7，该进度计划已经监理工程师审核批准，合同工期为38天。

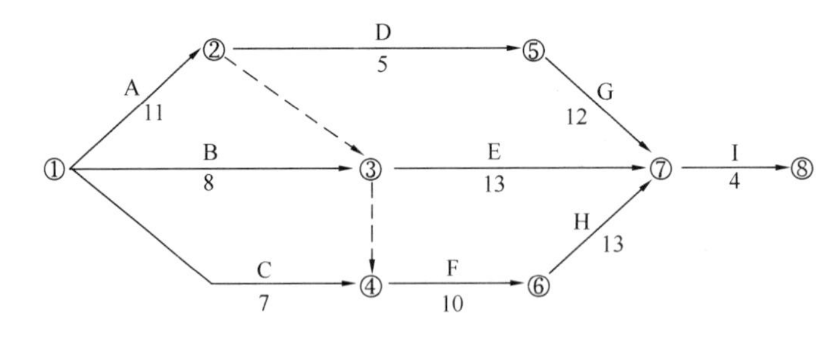

图2-7　某工程施工网络进度计划（单位：天）

问题：

1. 该施工网络计划的计算工期为多少天？关键工作有哪些？
2. 计算工作B、F、G的总时差和自由时差。

习题2

背景材料：

某单项工程，按图2-8如下进度计划正在进行。箭线上方的数字为工作缩短一天需增加的费用（元/天），箭线下括弧外的数字为工作正常施工时间，箭线下括弧内数字为工作最快施工时间。原计划工期是170天，在第75天检查时，工作①—②（基础工程）已全部完成，工作②—③（构件安装）刚刚开工。由于工作②—③是关键工作，所以它拖后15天，将导致总工期延长15天。

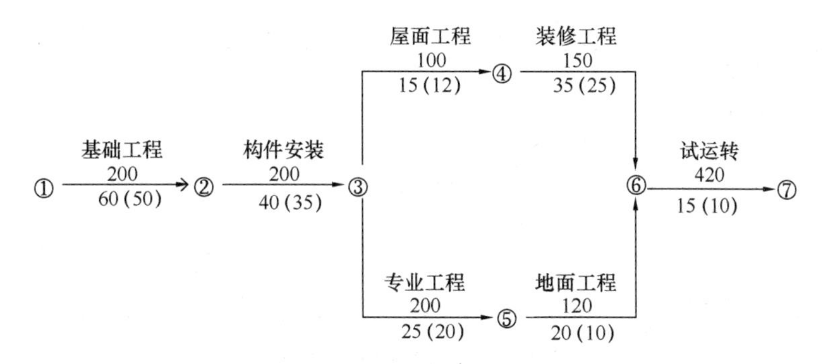

图 2-8　某单项工程网络进度计划图

问题：

为使计划按原工期完成，则必须赶工，调整原计划，问应如何调整原计划，既经济又能保证计划在170天内完成？

习题 3

背景材料：

某砖混结构住宅有4个单元，在基础工程施工阶段分解为挖土方、做混凝土垫层、砌基础、回填土四个施工过程，划分三个施工段组织流水施工，各施工过程在各施工段上的持续时间为挖土方5天，做垫层2天，砌筑基础7天，回填土2天。

问题：

1. 根据已知条件绘制双代号网络图。
2. 用图上计算法计算各工作的时间参数。
3. 确定该网络计划的工期，并确定其关键线路。

习题 4

背景材料：

某建筑施工企业对某施工现场进行施工准备工作，其工作内容、时间与关系如表2-40所示。该准备工作在26天内完成。其全部人材机费用合计为30000元，其他费用为5000元，每超过1天，其他费用增加600元。

问题：

1. 根据下表绘制双代号网络图，计算时间参数，确定关键线路和计算工期。
2. 将表2-41的各项工作的3列空格内容计算出来并填充到表内。
3. 求出计划工期为26天的总费用和与原计划相比节约的总费用。

工作内容、持续时间和工作关系　　表 2-40

序号	工作名称	工作代号	工作持续时间（d）	紧后工作
1	拆迁	A	5	C、D、E
2	围墙砌筑	B	10	F、G

续表

序号	工作名称	工作代号	工作持续时间(d)	紧后工作
3	场地平整	C	10	H
4	临时水电施工	D	8	—
5	工棚搭设	E	11	G
6	临时道路修筑	F	18	—
7	搅拌站搭建	G	6	H
8	生活设施搭建	H	12	—

工作编号、作业时间和费用　　**表2-41**

工作代号	工作编号	作业时间（天）		费用（元）		可缩短天数（天）	赶工费用（天）	赶工费率（元/天）
		正常	赶工	正常	赶工			
A	1—2	5	4	900	1100			
B	1—3	10	8	3100	3400			
C	2—5	10	8	1800	2020			
D	2—6	8	6	2500	2900			
E	2—4	11	9	4200	4400			
F	3—6	18	15	6000	6420			
G	4—5	6	4	1400	1640			
H	5—6	12	10	2200	2360			

习题5

背景材料：

某公司为满足某地区对某一产品的需要设计了三个方案。A方案：新建一个大厂，投资360万元；B方案：新建一个小厂，投资160万元；C方案：先建一个小厂，投资160万元，如果销路好，4年后再考虑扩建，扩建需投资220万元。根据预测，该产品前4年销路好的概率为0.7，销路差的概率为0.3；如果前4年销路好，后7年销路好的概率为0.9，销路差的概率为0.1。如果前4年销路差，则后7年销路必定差。每个方案的年收益如表2-42所示。

问题：

对这三个方案进行决策。

各方案的年收益　　**表2-42**

销路状态	大厂	小厂	先小后大	
销路好	170	85	85	168
销路差	−45	25	25	−40

习题6

背景材料：

某企业生产的某种产品在市场上供不应求，因此该企业决定投资扩建新厂。据研究分析，该产品10年后将升级换代，故提出以下三个扩建方案：

方案1：大规模扩建新厂，需投资3.2亿元。据估计，该产品销路好时，每年的净现金流量为9300万元；销路差时，每年的净现金流量为3200万元。

方案2：小规模扩建新厂，需投资1.5亿元。据估计，该产品销路好时，每年的净现金流量为4400万元；销路差时，每年的净现金流量为3500万元。

方案3：先小规模扩建新厂，3年后，若该产品销路好再决定是否再次扩建。若再次扩建。需投资2.3亿元，其生产能力与方案1相同。

据预测，在今后10年内，该产品销路好的概率为0.7，销路差的概率为0.3。

基准折现率 $i_c=12\%$，不考虑建设期所持续的时间。现值系数表见表2-43。

问题：

1. 绘制决策树。
2. 决定采用哪个方案扩建。

现值系数表　　**表2-43**

n	1	3	7	10
$(P/A, 12\%, n)$	0.893	2.402	4.564	5.650
$(P/F, 12\%, n)$	0.893	0.712	0.452	0.322

第3章　建设工程定额与概预算

本章知识要点

一、建设工程定额

1. 建设工程定额的概念
2. 建设工程定额的分类
3. 施工定额中人工、材料、机具台班消耗量的确定
4. 预算定额中人工、材料、机具台班消耗量的确定
5. 预算定额中人工、材料、机具台班单价的确定

二、设计概算的编制

1. 设计概算的概念
2. 设计概算的内容
3. 设计概算的编制方法

三、施工图预算的编制

1. 施工图预算的概念
2. 施工图预算的编制方法
3. 施工图预算的审查方法

3.1　建设工程定额

3.1.1　建筑安装工程人工、材料、机具台班消耗量指标的确定和市场价格的确定

一、建设工程定额的概念

建设工程定额是指在正常的施工生产条件下，完成单位合格建筑安装工程所消耗的人工、材料、施工机具台班、工期天数及相关费率等的数量标准。

建设工程定额所规定的消耗标准，反映了在一定社会生产力水平条件下，完成工程建设中某项单位产品生产与生产消耗之间特定的数量关系，体现了在正常施工条件下人工、材料、施工机具台班等消耗量的社会平均水平或平均先进水平。

建设工程定额是对工程建设中使用的各种定额的总称，其单位产品一般指各定额中的一个具体的项目或子目。

二、建设工程定额的分类

建设工程定额按定额的不同用途，可以分为：

1. 施工定额

施工定额是所属企业投标报价、控制工程成本、组织施工和内部实施有效管理的依据。它反映了该企业的生产力水平，是一种计量性的定额。

施工定额一般由劳动定额、材料消耗定额和机具台班使用定额组成。

2. 预算定额

预算定额是行业定额，反映了社会平均生产力水平，主要用于编制施工图预算，是确定单位分项工程人工、材料、机具台班消耗的数量标准。

它有两种表现形式：一种是计“量”性定额，由国务院行业主管部门制定发布，如全国统一建筑工程基础定额；另一种是计“价”性定额，由各地建设行政主管部门根据全国基础定额结合本地区的实际情况加以确定，如各省、自治区、直辖市的预算定额。

3. 概算定额

概算定额反映了社会平均生产力水平，主要用于编制初步设计概算，它是确定一定计量单位的扩大分项工程的人工、材料、机具台班消耗的数量标准。

4. 概算指标

概算指标是对已完工程各种合理消耗量统计分析后，编制的人工、材料、机具台班及费用消耗的数量标准。主要用于编制设计概算和投资估算。

5. 估算指标

估算指标是概算指标进一步分析汇总的更为简化的劳动消耗指标。主要用于编制单项工程或单位工程投资估算。

三、施工定额中人工、材料、施工机具台班消耗量指标的确定

1. 施工定额人工消耗量指标的确定

施工定额人工消耗量是指在定额中考虑的用人工完成工作必需消耗的工作时间。它包括五个内容：基本工作时间、辅助工作时间、准备与结束工作时间、不可避免中断时间以及休息时间。

(1) 基本工作时间

基本工作时间在必需消耗的工作时间中占的比重最大，一般应根据计时观察资料来确定。

(2) 辅助工作时间

当辅助工作时间占工作延续时间的比重较大时，应根据计时观察资料来确定。其方法与基本工作时间相同。

(3) 准备与结束工作时间

准备与结束工作时间一般按工作延续时间的百分数计算。若没有足够的计时观察资料，则用工时规范或经验数据来确定。

(4) 不可避免的中断时间

由工艺特点所引起的不可避免中断时间才可列入工作过程的时间定额。不可避免中断时间一般以占工作延续时间的百分数计算。

(5) 休息时间

休息时间一般按工作延续时间的百分数计算，其数值大小与劳动强度有关。可以利用不可避免中断时间作为休息时间。

2. 施工定额材料消耗量的确定

(1) 材料消耗定额的概念

材料消耗定额是指在合理和节约使用材料的条件下，生产单位合格产品所需消耗的一定品种、规格的原材料、半成品、配件和水电、动力资源的数量标准。它包括：直接用于建筑和安装工程的材料、不可避免的施工废料、不可避免的材料损耗。

（2）确定材料消耗量的基本方法

施工中的材料消耗可分为必须消耗的材料与损失的材料两类。必须消耗的材料包括：直接用于建筑和安装工程的材料、不可避免的施工废料、不可避免的材料损耗。直接用于建筑和安装工程的材料用来编制材料净用量定额，不可避免的施工废料和材料损耗用来编制材料损耗定额。

材料净用量定额和材料损耗定额的确定方法有：技术测定法、试验法、统计法和理论计算法等。

1）技术测定法主要用于编制材料损耗定额。定额的技术测定主要用计时观察法，测定产品产量和材料消耗的情况，为编制材料损耗定额提供技术数据。

2）试验法主要用于编制材料净用量定额。通过科学分析试验，对材料的结构、化学成分和物理性能进行精确测定，为编制材料消耗定额提供比较精确的计算数据。试验法包括实验室试验法和现场试验法两种。

3）统计法是指通过对现场用料的大量统计资料进行分析计算，取得单位产品的材料消耗数据，用来确定材料消耗定额的方法。

4）理论计算法是指根据建筑构造图纸、建筑材料特性、施工方法和技术要求，运用数学公式计算确定材料消耗定额的方法。适用于砖、料石、钢材、玻璃、卷材、预制构配件等板状、块状的材料。

① $1m^3$ 标准砖墙材料用量计算。每立方米砖墙的用砖数和砌筑砂浆的用量可以用下列理论计算公式计算各自的净用量：

$1m^3$ 标准砖净用量计算：

$$\text{砖数（块）}=\frac{1}{\text{墙厚}\times(\text{砖长}+\text{灰缝})\times(\text{砖厚}+\text{灰缝})}\times k \tag{3-1}$$

式中　k——墙厚的砖数×2。

$1m^3$标准砖砌体砂浆用量计算：

$$\text{砂浆}(m^3)=1-\text{砖数}\times\text{每块砖体积} \tag{3-2}$$

砖和砂浆的损耗量是根据现场观察资料计算的，并以损耗率表现出来。净用量和损耗量相加，即等于材料的消耗总量。

$$\text{损耗率}=\frac{\text{损耗量}}{\text{净用量}}\times 100\% \tag{3-3}$$

$$\text{材料消耗量}=\text{材料净用量}+\text{材料损耗量}=\text{净用量}\times(1+\text{损耗率}) \tag{3-4}$$

②周转材料属于施工手段用料。它们在每一次施工中，只受到部分损耗，经过修理和适当补充后，可供下一次施工继续使用，如脚手架、模板、支撑等材料。这类材料的消耗定额应按多次使用、分次摊销的办法确定。为了使周转材料的周转次数确定接近合理，应根据工程类型和使用条件，采用各种测定手段进行实地观察（对于不同构件的每块模板，从开始投入使用直到不能继续使用进行跟踪调查），结合有关的原始记录、经验数据加以综合取定。

材料消耗量中应计算材料摊销量，为此，应根据施工过程中各工序计算出一次使用量和摊销量。其计算公式为：

$$一次使用量 = 材料净用量 \times (1 - 材料损耗率) \tag{3-5}$$

$$材料摊销量 = 一次使用量 \times 摊销系数 \tag{3-6}$$

$$摊销系数 = \frac{周转使用系数 - (1 - 损耗率) \times 回收价值率}{周转次数} \times 100\% \tag{3-7}$$

$$周转使用系数 = \frac{(周转次数\ 1) \times 损耗率}{周转次数} \times 100\% \tag{3-8}$$

$$回收价值率 = \frac{一次使用量 \times (1\ 损耗率)}{周转次数} \times 100\% \tag{3-9}$$

3. 施工定额机具台班消耗量的确定

(1) 定额的时间构成

机械施工过程的定额时间，可分为净工作时间和其他工作时间。

1）净工作时间是指工人利用机械对劳动对象进行加工，用于完成基本操作所消耗的时间。包括：机械的有效工作时间、机械在工作中循环的不可避免的无负荷运转时间、与操作有关的循环的不可避免的中断时间。

2）其他工作时间指除了净工作时间以外的定额时间，包括：机械定时的无负荷时间和定时的不可避免的中断时间、操纵机械或配合机械工作的工人，在进行工作班内或任务内的准备与结束工作时所造成的机械不可避免的中断时间、操纵机械或配合机械工作的工人休息所造成的机械不可避免的中断时间。

3）机械时间利用系数是指机械净工作时间（t）与工作延续时间（T）的比值（K_b），确定工作内定额时间的构成，主要是确定净工作时间的具体数值或者与工作延续时间的比值。即：

$$K_b = \frac{t}{T} \tag{3-10}$$

【例 3-1】某施工机械的工作延续时间为 8h，机械准备与结束时间为 0.5 h，保持机械的延续时间为 1.5h，则机械的净工作时间＝8－（0.5＋1.5）＝6h，而机械时间利用系数

$$K_b = \frac{6}{8} = 0.75$$

(2) 确定机械 1h 净工作正常生产率

建筑机械可分为循环动作和连续动作两种类型，在确定机械 1h 净工作正常生产率时，要分别对两类不同机械进行研究。

1）循环动作机械 1h 净工作正常生产率（N_h），就是在正常施工组织条件下，具有必需的知识和技能的技术工人操纵机械 1h 的生产率，即：

$$N_h = n \times m \tag{3-11}$$

式中 n——机械净工作 1h 的正常循环次数；

m——每一次循环中所生产的产品数量。

$$n = \frac{60 \times 60}{t_1 + t_2 + t_3 + \cdots + t_n} \tag{3-12}$$

或：

$$n = \frac{60 \times 60}{t_1 + t_2 \cdots + t_c - t'_c + \cdots + t_n} \tag{3-13}$$

式中 t_1、t_2、t_3、……、t_n——机械每一循环内各组成部分延续时间；

t'_c——组成部分的重叠工作时间。

计算循环动作机械净工作 1h 正常生产率的步骤是：

① 根据计时观察资料和机械说明书确定各循环组成部分的延续时间。

② 将各循环组成部分的延续时间相加，减去各组成部分之间的重叠时间，求出循环过程的正常延续时间。

③ 计算机械净工作 1h 的正常循环次数。

④ 计算循环机械净工作 1h 的正常生产率。

2）连续动作机械净工作 1h 正常生产率，主要根据机械性能来确定。机械净工作 1h 正常生产率（N_h），是通过试验或观察取得机械在一定工作时间（t）内的产品数量（m）而确定。即：

$$N_h = \frac{m}{t} \tag{3-14}$$

对于不易用计时观察法精确确定机械产品数量、施工对象加工程度的施工机械，连续动作机械净工作 1h 正常生产率应与机械说明书等有关资料的数据进行比较，最后分析取定。

（3）施工机具台班定额

机具台班产量（$N_{台班}$），等于该机械净工作 1h 的生产率（N_h）乘以工作班的延续时间 T（一般为 8h），再乘以机械时间利用系数（K_b）即：

$$N_{台班} = N_h \times T \times K_b \tag{3-15}$$

对于一次循环时间大于 1h 的机械施工过程就不必先计算净工作 1h 的生产率，可以直接用一次循环时间 t（单位：h），求出台班循环次数（T/t），再根据每次循环的产品数量（m）确定其台班产量，即：

$$N_{台班} = \frac{T}{t} \times m \times K_b \tag{3-16}$$

四、预算定额中人工、材料、机械消耗量的确定

1. 人工工日消耗量的确定

确定人工工日数的方法有两种：一种是以施工定额中的劳动定额为基础确定；另一种是以现场观察测定资料为基础计算。当遇到劳动定额缺项时，则采用现场工作日写实等测时方法确定和计算定额的人工耗用量。

预算定额的人工消耗量分为两部分：一是直接完成单位合格产品所必须消耗的技术用工的工日数，称为基本用工；二是辅助直接用工的其他用工数，称为其他用工。

（1）基本用工

基本用工是完成分项工程的主要用工，例如砌墙工程中的砌砖、调制砂浆、运砖和砂浆的用工量。与劳动定额相比，包括的内容多，功效不一，有时需要按照劳动定额规定增加用工量，这种符合在定额内的各种用工量也属于基本用工，需要单独计算后加到基本用工当中去。

（2）其他用工

其他用工包括超运距用工、辅助用工和人工幅度差。

1）超运距用工指劳动定额中已包括的材料、半成品场内水平搬运距离与预算定额所考虑的现场材料、半成品堆放地点到操作地点的水平运输距离之差。

$$超运距 = 预算定额取定运距 - 劳动定额已包括的运距 \tag{3-17}$$

$$超运距用工 = \sum(材料数量 \times 超运距的时间定额) \tag{3-18}$$

注意：实际工程现场运距超过预算定额取定运距时，可另行计算现场二次搬运费。

2）辅助用工指技术工种劳动定额内不包括而在预算定额内又必须考虑的用工。例如，机械土方工程配合用工、材料加工（筛砂、洗石、淋化石膏），电焊点火用工等。

$$辅助用工 = \sum(材料加工数量 \times 相应的加工劳动定额) \tag{3-19}$$

3）人工幅度差即预算定额与劳动定额的差额，主要是指在劳动定额中未包括而在正常施工情况下不可避免但又很难准确计量的用工和各种工时损失。内容包括：

① 在正常施工条件下，土建各工种间的工序搭接及土建工程与水、暖、电工程之间的交叉作业、相互配合或影响所发生的停歇时间；

② 施工机械在单位工程之间转移及临时水电线路移动所造成的停工；

③ 工程质量检查和隐蔽工程验收工作；

④ 场内班组操作地点转移影响工人的操作时间；

⑤ 工序交接时对前一工序不可避免的修整用工；

⑥ 施工中不可避免的其他零星用工。

$$人工幅度差 = (基本用工 + 辅助用工 + 超运距用工) \times 人工幅度差系数 \tag{3-20}$$

人工幅度差系数一般为10%～15%。在预算定额中，人工幅度差的用工量列入其他用工量中。

（3）定额用工量

$$定额用工量 = 基本用工 + 辅助用工 + 超运距用工 + 人工幅度差 \tag{3-21}$$

2. 材料消耗量的计算

材料消耗量是指在正常施工条件下，完成单位合格产品所必须消耗的材料、成品、半成品的数量标准。材料按用途分为主要材料、辅助材料、周转性材料和其他材料。材料消耗量包括材料的净用量和材料的损耗量。即：

$$材料损耗率 = \frac{损耗量}{净用量} \times 100\% \tag{3-22}$$

$$材料消耗量 = 材料净用量 + 损耗量 \tag{3-23}$$

$$材料消耗量 = 材料净用量 \times (1 + 损耗率) \tag{3-24}$$

（1）主要材料净用量的计算

主要材料的净用量，一般根据设计施工规范和材料的规格采用理论方法计算后，再根据定额项目综合的内容和实际资料适当调整确定，如砖、防水卷材、块料面层等。对有设计图纸标注尺寸及下料要求的，应按设计图纸尺寸计算材料净用量，如门窗制作用的方、板料等。胶结、涂料等材料的配合比用料可根据要求条件换算得出材料用量。混凝土及砌筑砂浆配合比耗用原材料数量的计算，需按照规范要求试配、试压合格及调整后得出的水泥、砂子、石子、水的用量。对于新材料、新结构，当不能用以上方法计算定额消耗用量时，需用现场测定方法来确定。

（2）材料损耗量的计算

由现场观察方法确定。

(3) 其他材料用量的确定

对于用量不多，价值不大的材料，一般用估算的办法计算其使用量，预算定额将其合并为一项（其他材料费），不列材料名称及消耗量。

(4) 周转性材料用量的确定

将全部材料分摊到每一次上，即周转性材料是考虑回收残值以后使用一次的摊销量。

3. 施工机具台班消耗量

预算定额中的机具台班消耗量是指在正常施工条件下，生产单位合格产品（分部分项工程或结构构件）必须消耗的某种型号施工机具的台班数量。

(1) 预算定额中机械幅度差

在编制预算定额时，机具台班消耗量是以施工定额中机具台班产量加机械幅度差为基础，再考虑到在正常施工组织条件下不可避免的机械空转时间，施工技术原因的中断及合理停滞时间编制的。

预算定额中机械幅度差包括：

1) 施工中机械转移工作面及配套机械相互影响损失的时间；

2) 在正常施工条件下，机械施工中不可避免的工序间歇；

3) 工程结尾工作量不饱满损失的时间；

4) 检查工程质量影响机械操作的时间；

5) 在施工中，由于水电线路移动所发生的不可避免的机械操作间歇时间；

6) 冬季施工期内启动机械的时间；

7) 不同厂牌机械的工效差；

8) 配合机械施工的工人，在人工幅度差范围内的工作间歇而影响机械操作的时间。

(2) 机具台班消耗量的确定

1) 大型机械施工的土石方、打桩、构件吊装、运输等项目。按全国建筑安装工程统一劳动定额台班产量加机械幅度差计算。一般为：土石方机械 1.25，打桩机械 1.33，吊装机械 1.3。

2) 按小组配用的机械，如砂浆、混凝土搅拌机等，以小组产量计算机具台班产量，不另增加机械幅度差。其他分部工程中如钢筋加工、木材、水磨石等各项专用机械的幅度差为 1.1。

3) 中小型机具台班消耗量，以其他机械费表示，列入预算定额内，不列台班数量。如遇到施工定额（劳动定额）缺项者，则需要依据单位时间完成的产量进行现场测定，以确定机具台班消耗量。

五、建筑安装工程人工、材料、机具台班单价的确定

1. 人工单价的确定

人工日工资单价是指施工企业平均技术熟练程度的生产工人在每工作日（国家法定工作时间内）按规定从事施工作业应得的日工资总额。合理确定人工工日单价是正确计算人工费和工程造价的前提和基础。

(1) 人工日工资单价组成

人工日工资单价由计时工资或计件工资、奖金、津贴补贴以及特殊情况下支付的工资组成。

1）计时工资或计件工资。指按计时工资标准和工作时间或对已做工作按计件单价支付给个人的劳动报酬。

2）奖金。指对超额劳动和增收节支支付给个人的劳动报酬。如节约奖、劳动竞赛奖等。

3）津贴补贴。指为了补偿职工特殊或额外的劳动消耗和因其他原因支付给个人的津贴，以及为了保证职工工资水平不受物价影响支付给个人的物价补贴。如流动施工津贴、特殊地区施工津贴、高温（寒）作业临时津贴、高空津贴等。

4）特殊情况下支付的工资。指根据国家法律、法规和政策规定，因病、工伤、产假、计划生育假、婚丧假、事假、探亲假、定期休假、停工学习、执行国家或社会义务等原因按计时工资标准或计时工资标准的一定比例支付的工资。

（2）人工单价确定

1）年平均每月法定工作日。由于人工日工资单价是每一个法定工作日的工资总额，因此需要对年平均每月法定工作日进行计算。计算公式如下：

$$\text{年平均每月法定工作日} = \frac{\text{全年日历日} - \text{法定假日}}{12} \tag{3-25}$$

2）日工资单价的计算。确定了年平均每月法定工作日后，将上述工资总额进行分摊，即形成了人工日工资单价。计算公式如下：

$$\text{日工资单价} = \frac{\begin{array}{c}\text{生产工人平均月工资(计时、计件)} + \text{平均月}\\ \text{(奖金} + \text{津贴补贴} + \text{特殊情况下支付的工资)}\end{array}}{\text{年平均每月法定工作日}} \tag{3-26}$$

3）日工资单价的管理。虽然施工企业投标报价时可以自主确定人工费，但由于人工日工资单价在我国具有一定的政策性，因此工程造价管理机构也需要确定人工日工资单价。工程造价管理机构发布的最低日工资单价不得低于工程所在地人力资源和社会保障部门所发布的最低工资标准的普工的 1.3 倍、一般技工的 2 倍、高级技工的 3 倍。

（3）影响人工日工资单价的因素

影响人工日工资单价的因素很多，归纳起来有以下方面：

1）社会平均工资水平。建筑安装工人人工日工资单价必然和社会平均工资水平趋同。社会平均工资水平取决于经济发展水平。由于经济的增长，社会平均工资也会增长，从而影响人工日工资单价的提高。

2）生活消费指数。生活消费指数的提高会影响人工日工资单价的提高，以减少生活水平的下降，或维持原来的生活水平。生活消费指数的变动决定于物价的变动，尤其决定于生活消费品物价的变动。

3）人工日工资单价的组成内容。“关于印发《建筑安装工程费用项目组成》的通知”（建标［2013］44 号）将职工福利费和劳动保护费从人工日工资单价中删除，这也必然影响人工日工资单价的变化。

4）劳动力市场供需变化。劳动力市场如果需求大于供给，人工日工资单价就会提高；供给大于需求，市场竞争激烈，人工日工资单价就会下降。

5）政府推行的社会保障和福利政策也会影响人工日工资单价的变动。

2. 材料单价的确定

在建筑工程中，材料费占总造价的 60%～70%，在金属结构工程中所占比重还要更大。因此，合理确定材料价格构成，正确计算材料单价，有利于合理确定和有效控制工程造价。

（1）材料单价的构成

材料价格是指材料（包括构件、成品及半成品等）从其来源地（供应者仓库或提货地点）到达施工工地仓库（施工地点内存放材料的地点）后出库的综合平均价格。它由材料原价、供销部门手续费、包装费、运杂费、采购及保管费组成。

1）材料原价是指国内采购材料的出厂价格，国外采购材料抵达买方边境、港口或车站并交纳完各种手续费、税费（不含增值税）后形成的价格。在确定原价时，凡同一种材料因来源地、交货地、供货单位、生产厂家不同，而有几种价格（原价）时，根据不同来源地供货数量比例，采取加权平均的方法确定其综合原价。即：

$$\text{加权平均原价} = \frac{K_1C_1 + K_2C_2 + \cdots + K_nC_n}{K_1 + K_2 + \cdots + K_n} \tag{3-27}$$

式中　K_1，K_2，…，K_n——各不同供应地点的供应量或各不同使用地点的需要量；

C_1，C_2，…，C_n——各不同供应地点的原价。

若供货价格为含税价格，则材料原价应以购进货物适用的税率（17%或 11%）或征收（3%）扣减增值税进项税额。

2）材料运杂费。材料运杂费是指国内采购材料自来源地、国外采购材料自到岸港运至工地仓库或指定堆放地点发生的费用（不含增值税）。含外埠中转运输过程中所发生的一切费用和过境过桥费用，包括调车和驳船费、装卸费、运输费及附加工作费等。

同一品种的材料有若干个来源地时，应采用加权平均法计算材料运杂费。计算公式为：

$$\text{加权平均运杂费} = \frac{K_1T_1 + K_2T_2 + \cdots + K_nT_n}{K_1 + K_2 + \cdots + K_n} \tag{3-28}$$

式中　K_1，K_2，…，K_n——各不同供应地点的供应量或各不同使用地点的需求量；

T_1，T_2，…，T_n——各不同运距的运费。

若运输费用为含税价格，则需要按“两票制”和“一票制”两种支付方式分别调整。

①“两票制”支付方式。所谓“两票制”材料，是指材料供应商就收取的货物销售价款和运杂费向建筑业企业分别提供货物销售和交通运输两张发票的材料。在这种方式下，运杂费以接受交通运输与服务适用税率 11%扣减增值税进项税额。

②“一票制”支付方式。所谓“一票制”材料，是指材料供应商就收取的货物销售价款和运杂费合计向建筑业企业仅提供一张货物销售发票的材料。在这种方式下，运杂费采用与材料原价相同的方式扣减增值税进项税额。

3）运输损耗

在材料的运输中应考虑一定的场外运输损耗费用。这是指材料在运输装卸过程中不可避免的损耗。运输损耗的计算公式如下：

$$\text{运输损耗} = (\text{材料原价} + \text{运杂费}) \times \text{相应材料损耗率}(\%) \tag{3-29}$$

4）采购及保管费

采购及保管费是指组织材料采购、检验、供应和保管过程中发生的费用，包含：采购费、仓储费、工地管理费和仓储损耗。

采购及保管费一般按照材料到库价格以费率取定。材料采购及保管费计算公式如下：

$$采购及保管费 = 材料运到工地仓库价格 \times 采购及保管费率(\%) \tag{3-30}$$

或：

$$采购及保管费 = (材料原价 + 运杂费 + 运输损耗费) \times 采购及保管费率(\%) \tag{3-31}$$

综上所述，材料单价的一般计算公式为：

$$材料单价 = [(供应价格 + 运杂费) \times (1 + 运输损耗率(\%))] \times [1 + 采购及保管费率(\%)] \tag{3-32}$$

由于我国幅员广阔，建筑材料产地与使用地点的距离各地差异很大，建筑材料采购、保管、运输方式也不尽相同，因此材料单价原则上按地区范围编制。

(2) 影响材料单价变动的因素

1) 市场供需变化。材料原价是材料单价中最基本的组成。市场供大于求价格就会下降；反之，价格就会上升。从而也就会影响材料单价的涨落。

2) 材料生产成本的变动直接影响材料单价的波动。

3) 流通环节的多少和材料供应体制也会影响材料单价。

4) 运输距离和运输方法的改变会影响材料运输费用的增减，从而也会影响材料单价。

5) 国际市场行情会对进口材料单价产生影响。

3. 施工机具台班单价确定

施工机具台班单价是指一台施工机械，在正常运转条件下，工作 8h 所必须消耗的人工、物料和应分摊的费用。

施工机具台班单价由七项费用组成，包括折旧费、大修理费、经常修理费、安拆费及场外运费、燃料动力费、人工费、养路费及车船使用税等。

(1) 折旧费

折旧费是指施工机械在规定的耐用总台班内，陆续收回其分摊的机械原值的费用。即：

$$台班折旧费 = \frac{机械预算价格 \times (1 - 残值率)}{耐用总台班} \tag{3-33}$$

国产施工机械预算价格，按照机械原值、相关手续费和一次运杂费以及车辆购置税之和计算；进口施工机械的预算价格按照到岸价格、关税、消费税、相关手续费和国内一次运杂费、银行财务费、车辆购置税之和计算，其中，进口施工机械原值应按“到岸价格+关税”取定。

残值率是指机械报废时回收其残余价值占施工机械预算价格的百分数。残值率应按编制期国家有关规定确定：目前各类施工机械均按 5%计算。

耐用总台班是指机械在正常施工作业条件下，从投入使用直到报废止，按规定应达到的使用总台班数，应按相关技术指标取定。

年工作台班指施工机械在一个年度内使用的台班数量。年工作台班应在编制期制度工作日基础上扣除检修、维护天数并考虑机械利用率等因素综合取定。机械耐用总台班的计算公式为：

$$耐用总台班 = 折旧年限 \times 年工作台班 = 大修间隔台班 \times 大修周期 \tag{3-34}$$

式中　年工作台班——根据有关部门对各类主要机械最近三年的统计资料分析确定；

大修间隔台班——机械自投入使用起至第一次大修止或自上一次大修后投入使用起至下一次大修止，应达到的使用台班数。

大修周期是指机械在正常的施工作业条件下，将其寿命期（即耐用总台班）按规定的大修理次数划分为若干个周期。即：

$$\text{大修周期} = \text{寿命期大修理次数} + 1 \tag{3-35}$$

（2）大修理费

大修理费是指机械设备按规定的大修间隔台班必须进行大修理，以恢复机械正常功能所需的费用。

台班大修理是对机械进行全面的修理，更换其磨损的主要部件和配件，大修理费包括更新零配件和其他材料费、修理工时费等。即：

$$\text{台班大修理费} = \frac{\text{一次大修理费} \times \text{寿命期内大修理次数}}{\text{耐用总台班}} \times \text{除税系数} \tag{3-36}$$

一次大修理费是指按照机械设备规定的大修理范围和工作内容，进行一次全面修理所需消耗的工时、配件、辅助材料、油燃料以及送修运输等全部费用。

寿命期大修理次数是指为恢复原机械功能按规定在寿命期内需要进行的大修理次数。

除税系数是指考虑一部分维护可以考虑购买服务，从而需扣除维护费中包括的增值税进项税额，如公式 3-37 所示。

$$\text{除税系数} = \text{自行检修比例} + \text{委外检修比例} /(1 + \text{税率}) \tag{3-37}$$

自行检修比例、委外检修比例是指施工机械自行检修、委托专业修理修配部门检修占检修费比例。具体比值应结合本地区（部门）施工机械检修实际综合取定。税率按增值税修理修配劳务适用税率计取。

（3）经常修理费

经常修理费是指机械在寿命期内除大修理以外的各级保养以及临时故障排除和机械停置期间的维护等所需的各项费用，为保障机械正常运转所需替换设备、随机工具、器具的摊销费用及机械日常保养所需润滑擦拭材料费之和，是按大修理间隔台班分摊提取的，即：

台班经常修理费

$$= \frac{\sum(\text{各级保养一次费用} \times \text{除税系数} \times \text{寿命期各级保养总次数}) + \text{临时故障排除费}}{\text{耐用总台班}} \tag{3-38}$$

或：

$$\text{台班经常修理费} = \text{台班大修费} \times K \tag{3-39}$$

$$K = \frac{\text{机械台班经常修理费}}{\text{机械台班大修理费}} \tag{3-40}$$

各级保养一次费用是指机械在各个使用周期内为保证机械处于完好状况，必须按规定的各级保养间隔周期、保养范围和内容进行的一、二、三级保养或定期保养所消耗的工时、配件、辅料、油燃料等费用。

寿命期间各级的保养总次数是指一、二、三级保养或定期保养在寿命期内各个使用周期中保养次数之和。

临时故障排除费是指机械除规定的大修理及各级保养以外，临时故障所需费用以及机械在工作日以外的保养维护所需的润滑擦拭材料费，可按各级保养（不包括例保辅料费）费用之和的3%计算。即：

$$临时故障排除费=\sum(各级保养一次费用\times寿命期各级保养总次数)\times3\% \tag{3-41}$$

（4）安拆费及场外运输费

安拆费指施工机械在现场进行安装与拆卸所需的人工、材料、机械和试运转费用以及机械辅助设施的折旧、搭设、拆除等费用；场外运费指施工机械整体或分体自停放地点运至施工现场或由一施工地点运至另一施工地点的运输、装卸、辅助材料及架线等费用。

安拆费及场外运费根据施工机械不同分为计入台班单价、单独计算和不计算三种类型。

1）工地间移动较为频繁的小型机械及部分中型机械，其安拆费及场外运费应计入台班单价。台班安拆费及场外运费应按下列公式计算：

$$台班安拆费及场外运费=\frac{机械一次安拆费及场外运费\times年平均安拆次数}{年工作台班} \tag{3-42}$$

① 一次安拆费应包括施工现场机械安装和拆卸一次所需的人工费、材料费、机械费、安全监测部门的检测费及试运转费；

② 一次场外运费应包括运输、装卸、辅助材料和回程等费用；

③ 年平均安拆次数按施工机械的相关技术指标，结合具体情况综合确定；

④ 运输距离均按平均30km计算。

2）单独计算的情况包括：

① 安拆复杂、移动需要起重及运输机械的重型施工机械，其安拆费及场外运费单独计算；

② 利用辅助设施移动的施工机械，其辅助设施（包括轨道和枕木）等的折旧、搭设和拆除等费用可单独计算。

3）不需计算的情况包括：

①不需安拆的施工机械，不计算一次安拆费；

②不需相关机械辅助运输的自行移动机械，不计算场外运费；

③固定在车间的施工机械，不计算安拆费及场外运费。

4）自升式塔式起重机、施工电梯安拆费的超高起点及其增加费，各地区、部门可根据具体情况确定。

（5）人工费

人工费是指机上司机（司炉）和其他操作人员的人工费。按下列公式计算：

$$台班人工费=人工消耗量\times\left(1+\frac{年制度工日-年工作台班}{年工作台班}\right)\times人工单价 \tag{3-43}$$

其中：

1）人工消耗量指机上司机（司炉）和其他操作人员工日消耗量；

2）年制度工作日应执行编制期国家有关规定；

3）人工单价应执行编制期工程造价管理机构发布的信息价格。

（6）燃料动力费

燃料动力费是指施工机械在运转或施工作业中所耗用的固体燃料（煤炭、木材）、液体燃料（汽油、柴油）、电力、水等费用。

$$台班燃料动力消耗量=\frac{实测数\times4+定额平均值+调查平均值}{6} \quad (3\text{-}44)$$

$$台班燃料动力费=\sum燃料动力消耗量\times燃料动力单价 \quad (3\text{-}45)$$

燃料动力单价应执行编制期工程造价管理机构发布的不含税信息价格。

（7）其他费用

其他费用是指按照国家和有关部门规定应交纳的养路费、车船使用税、保险费及年检费用等。其计算公式为：

$$台班其他费用=\frac{年养路费+年车船使用税+年保险费+年检费用}{年工作台班} \quad (3\text{-}46)$$

其中：

1）年养路费、年车船使用税、年检费用应执行编制期有关部门的规定；

2）年保险费执行编制期有关部门强制性保险的规定，非强制性保险不应计算在内。

在预算定额的各个分部分项中，列以“机械费”表示的，不再计算“进（退）场”、“组装”、“拆卸”费用。

对于大型施工机械的安装、拆卸、场外运输费用，应按《大型施工机械的安装、拆卸、场外运输费用定额》计算。

3.1.2 案例

【案例一】

背景材料：

某地区砖混住宅楼施工采用37砖墙，经测定得技术资料如下：

完成$1m^3$砖砌体需要的基本工作时间为14小时，辅助工作时间占工作延续时间的2.5%，准备与结束时间占工作延续时间的3%，不可避免中断时间占工作延续时间的3%，休息时间占工作延续时间的10%。人工幅度差系数为12%，超运距运砖每千砖需要2小时。

砖墙采用M5.0水泥砂浆砌筑，实体积与虚体积之间的折算系数为1.07，砖与砂浆的损耗率为1.2%，完成$1m^3$砖砌体需用水$0.85m^3$。砂浆采用400L搅拌机现场搅拌，水泥在搅拌机附近堆放，砂堆场距搅拌机200m，需用推车运至搅拌机处。推车在砂堆场处装砂子时间20秒，从砂堆场运至搅拌机的单程时间130秒，卸砂时间10秒（仅考虑一台推车）。往搅拌机装填各种材料的时间60秒，搅拌时间80秒，从搅拌机卸下搅拌好的材料30秒，不可避免的中断时间15秒，机械利用系数0.85，机械幅度差率15%。

若人工日工资单价90元/工日，M5.0水泥砂浆单价为150元/m^3，砖单价210元/千块，水价0.75元/m^3，400L砂浆搅拌机台班单价150元/台班。

问题：

1. 确定砌筑$1m^3$37砖墙的施工定额。

2. 确定 $10m^3$ 砖墙的预算定额与预算单价。

[解题要点分析]

本案例主要考查施工定额的概念、施工定额中人工、材料、机具台班消耗量的组成及计算方法；预算定额的概念、预算定额中人工、材料、机具台班消耗量的组成及计算方法、预算定额单价的确定等内容。该案例的要点在于计算机具台班时间消耗量时要考虑到哪些时间是重叠工作时间，计算时要减去；另外本案例在计算时，只有清楚施工定额与预算定额的区别与联系，才能根据计算出的施工定额完成预算定额中各种资源消耗量的计算。

[答案]

问题 1：

确定砌筑 $1m^3$ 37 砖墙的施工定额实际上是确定砌筑 $1m^3$ 砖墙施工定额中人工、材料、机械的消耗量。因此，该题的计算分为以下三个步骤：

(1) 计算人工消耗量

施工定额中的人工消耗量可从两个角度表述：时间定额、产量定额。在人工消耗量计算中所用的基本概念是：

砌 $1m^3$ 37 砖所需工作延续时间＝准备与结束时间＋基本工作时间
＋辅助工作时间＋休息时间＋不可避免中断时间

设：砌 $1m^3$ 37 墙所需工作延续时间＝x 小时

则根据背景资料可列出算式：

$$x = 3\%x + 14 + 2.5\%x + 10\%x + 3\%x$$

根据上式可求出：

$$x = \frac{14}{1 - 3\% - 2.5\% - 10 - 3\%} = 17.18 \text{ 小时}$$

1) 时间定额是指生产单位产品所需消耗的时间。在砖墙砌筑中时间定额的计量单位是工日/m^3，因此有：

$$\text{时间定额} = \frac{17.18}{8} = 2.15 \text{ 工日}/m^3$$

2) 产量定额是指单位时间内生产产品的数量。产量定额为时间定额的倒数，因此有：

$$\text{产量定额} = \frac{1}{\text{时间定额}} = 0.47m^3/\text{工日}$$

(2) 计算材料消耗量

施工定额中砖墙砌筑的材料消耗主要有：砖、砂浆、水。因此要分别计算砌 $1m^3$ 37 墙中三种材料的消耗量。

$$\text{砖的净用量} = \frac{1}{\text{墙厚} \times (\text{砖长} + \text{灰缝}) \times (\text{砖厚} + \text{灰缝})} \times k$$

$$= \frac{1}{0.365 \times (0.24 + 0.01)(0.053 + 0.01)} \times \frac{3}{2} \times 2$$

$$= 522 \text{ 块}$$

砖的消耗量＝522×（1＋1.2%）＝529 块

砂浆净用量＝砖砌体的体积－砌体中砖所占的体积

$=(1-522\times0.24\times0.115\times0.053)\times1.07$

$=0.253$

砂浆消耗量 $=0.253\times(1+1.2\%)=0.256m^3$

水的耗用量 $=0.85m^3$

(3) 计算机械消耗量

机械消耗量可以从两个角度描述，即：时间定额和产量定额。

根据背景资料所给条件，本案例应先求产量定额。

机械消耗产量定额的概念与人工消耗产量定额类似。求机械消耗产量定额的关键是要搞清楚砂浆搅拌的整个工作运作过程。砂浆搅拌运作过程见图3-1。

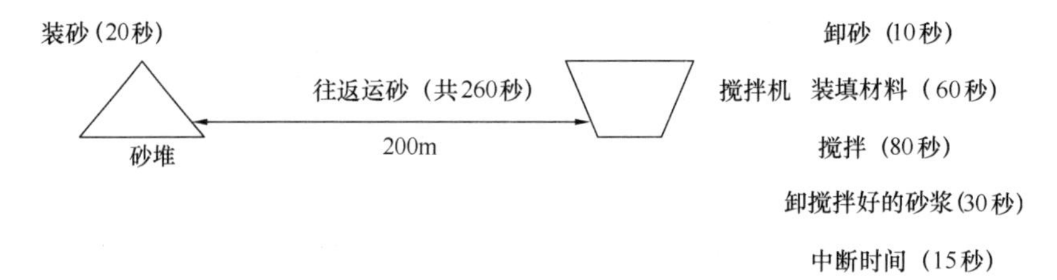

图3-1 砂浆搅拌运作过程示意图

搅拌一罐砂浆一个完整的循环程序是：从搅拌机处去砂堆装砂、运砂至搅拌机处、往搅拌机里装填材料、搅拌、卸搅拌好的砂浆。

详细观察图3-1及上面的循环程序，知砂浆搅拌全过程的时间消耗可分为两大部分，第一部分是往返运砂及装卸砂，共290秒；第二部分是装填材料、搅拌、卸搅拌好的砂浆，共170秒。这是因为在做第一部分工作时，第二部分工作可同时进行。因此，搅拌一罐砂浆实际消耗的时间是290秒。(即取两个独立部分时间组合中的大者)。

按照一台班8小时、一小时60分钟、一分钟60秒考虑，则一台班可搅拌砂浆：

$$\text{产量定额}=\frac{8\times60\times60}{290}\times0.4\times0.85=33.77m^3/\text{台班}$$

搅拌 $1m^3$ 砂浆所需要的台班数量：

$$\text{时间定额}=\frac{1}{\text{产量定额}}=\frac{1}{33.77}=0.0296\ \text{台班}/m^3$$

由于本案例需要求的是砌筑 $1m^3$ 37砖墙所需消耗的机械消耗定额，而 $1m^3$ 37砖墙所需消耗的砂浆是 $0.256m^3$，所以：

砌筑 $1m^3$ 37砖墙的机械消耗量 $=0.0296\times0.256=0.0076$ 台班

问题2：

根据案例要求，预算定额中的单位是 $10m^3$。确定预算定额实际上是以 $10m^3$ 为单位，综合考虑预算定额与施工定额的差异确定人工、材料、机械消耗量。确定预算单价也是以 $10m^3$ 为单位，确定人工费、材料费、施工机具使用费与预算定额基价。

(1) 计算预算定额中各种资源消耗量

预算定额中的人工消耗量是在施工定额基础上，增加人工幅度差与超运距用工而形成的。其计算式为：

预算人工消耗量 $=(2.15+0.529\ \text{千块砖}\times\frac{2}{8})\times(1+12\%)\times10$

$=25.56$ 工日/$10m^3$

预算材料消耗量：

$$砖=529\times10=5290 块$$

$$砂浆=0.256\times10=2.56m^3$$

$$水=0.85\times10=8.5m^3$$

预算机械消耗量$=0.0076\times(1+15\%)\times10=0.0874$ 台班/$10m^3$

（2）计算预算定额单价

预算定额单价包括：人工费单价、材料费单价、机械台班单价和预算定额基价。砌筑 $10m^3$ 37 砖墙的上述单价分别为：

人工费$=25.56\times90=2300.4$ 元

材料费$=5.29\times210+2.56\times150+8.5\times0.75=1501.28$ 元

施工机具使用费$=0.0874\times150=13.11$ 元

预算定额基价$=2300.4+1501.28+13.11=3814.79$ 元

【案例二】

背景材料：

某建设项目的一期工程基坑土方开挖任务委托给某机械化施工公司。开挖工程量为 $2260.60m^3$。经工程师认可的施工方案为：挖出的土方量在现场附近堆放。挖土采用挖斗容量为 $0.75m^3$ 的反铲挖土机，75kW 液压推土机配合推土（平均推运距离 30m）。为防止超挖和扰动地基土，按开挖总土方量的 20%作为人工清底、修边坡土方量。施工单位提交的预算书中，预算直接费用（人工、施工机具费之和）为 5850.00 元/$1000m^3$。

工程师认为预算书中采用的预算直接费用与实际情况不符。经协商决定通过现场实测的工日、机具台班消耗数据和当地综合人工日工资标准（90 元/工日）、施工机具台班单价（反铲挖土机每台班 1089.20 元，推土机每台班 973.40 元），确定每 $1000m^3$ 土方开挖的费用。实测数据如下：

（1）反铲挖土机纯工作 1 小时的生产率为 $56m^3$，机械时间利用系数为 0.80，机械幅度差系数为 25%；

（2）推土机纯工作 1 小时的生产率为 $92m^3$，机械时间利用系数为 0.85，机械幅度差系数为 20%；

（3）人工连续作业挖 $1m^3$ 土方需基本工作时间为 90 分钟，辅助工作时间、准备与结束工作时间、不可避免的中断时间、休息时间分别占工作延续时间的 2%、2%、1.5%、20.5%，人工幅度差为 10%；

（4）在挖土机、推土机作业时需人工配合，所需工日按平均每台班 1 个工日计。

问题：

试确定该土方工程的单价。

[解题要点分析]

本案例主要考查施工定额与预算定额的联系和区别，以及预算定额的编制方法。案例中采用现场写实记录法记录了施工过程中人工、材料、机具台班的消耗量，在做题过程中的要点应该是首先计算出施工定额人工、材料、机具台班消耗量，然后再根据预算定额与施工定额之间的幅度差系数，计算出预算定额的各种资源消耗量，根据给定的各种单价计算出预算单价。

[答案]

本案例的计算可以分为以下四个步骤：

（1）反铲挖土机的台班产量和时间定额的确定

$N_{台班}=N_h \times T \times K_b$

$N_{台班反}=56\times8\times0.8=358.4m^3$/台班

则：反铲挖土机的时间定额$=\dfrac{1}{358.4}=2.79\times10^{-3}$台班/$m^3$

（2）推土机的台班产量和时间定额的确定

$N_{台班推}=92\times8\times0.85=625.6m^3$/台班

则：推土机的时间定额$=\dfrac{1}{625.6}=1.598\times10^{-3}$台班/$m^3$

（3）定额劳动消耗计算

人工作业挖$1m^3$土人工时间定额的确定：

假设挖$1m^3$土的工作延续时间为x分钟，

则：$x=90+(2\%+2\%+1.5\%+20.5\%)x$

$$x=\frac{90}{(1-26)}=121.62 \text{ 分钟}$$

则：挖土方人工时间定额$=\dfrac{121.62}{8\times60}=0.253$工日/$m^3$

（4）该土方工程单价的计算

施工机具使用费$=[2.79\times10^{-3}\times(1+25\%)\times1089.20+1.598\times10^{-3}\times(1+20\%)\times973.40]\times1000\times80\%=4532.14$元/$1000m^3$

人工费$=0.253\times(1+10\%)\times90\times1000\times20\%=5009.40$元/$1000m^3$

人机配合用工费$=[2.79\times10^{-3}\times(1+25\%)+1.598\times10^{-3}\times(1+20\%)]\times1000\times80\%\times90\times1=389.17$元/$1000m^3$

则：该土方工程单价$=4532.14+5009.40+389.17=9930.71$元/$1000m^3$

【案例三】

背景材料：

甲、乙、丙三个工程楼地面铺地砖的现场统计和测定资料如下：

（1）地面砖装饰面积及房间数量见表3-1。

甲、乙、丙三个工程地面砖装饰面积及房间数量　　表3-1

工程名称	地面砖装饰面积（m^2）	装饰房间数量（间）	本工程占建筑装饰工程百分比（%）
甲	850	42	41
乙	764	50	53
丙	1650	5	6

（2）地面砖及砂浆用量

根据现场取得测定资料，地面砖尺寸为500mm×500mm×8mm，损耗率2%；水泥砂浆粘结层 10mm 厚，灰缝 1mm 宽，砂浆损耗率均为 1.5%。

（3）按甲、乙、丙工程施工图计算出应另外增加或减少的铺地面砖面积见表 3-2。

另外增加或减少的铺地面砖面 **表 3-2**

工程名称	门洞开口处增加面积（m^2）	附墙柱、独立柱减少面积（m^2）	房间数（间）	本工程占建筑装饰工程百分比（%）
甲	10.81	2.66	42	41
乙	14.23	4.01	50	53
丙	2.61	3.34	5	6

（4）按现场观察资料确定的时间消耗量见表 3-3。

时间消耗量数据表 **表 3-3**

基本用工	数量	辅助用工	数量
铺设地面砖用工	1.215 工日/$10m^2$	筛砂子用工	0.208 工日/$10m^3$
调制砂浆用工	0.361 工日/m^3		
运输砂浆用工	0.213 工日/m^3		
运输地砖用工	0.156 工日/$10m^2$		

注：每 m^3 砂浆用砂子 1.04m^3。

（5）施工机具台班量确定方法见表 3-4。

施工机具台班量确定方法 **表 3-4**

机械名称	台班量确定
砂浆搅拌机	按小组配置，根据小组产量确定台班量
石料切割机	每小组两台，按小组配置，根据小组产量确定台班量

注：铺地砖工人小组按 12 人配置。

问题：

1. 叙述楼地面工程地砖项目企业定额的编制步骤。
2. 计算楼地面工程地砖项目的材料消耗量。
3. 计算楼地面工程地砖项目的人工消耗量。
4. 计算楼地面工程地砖项目的机具台班消耗量。

[解题要点分析]

本案例主要考查企业定额的概念、内容以及编制方法。通过对该案例的计算掌握理论计算法计算材料消耗量的方法，现场观察资料法计算人工消耗量的方法，从而对企业定额有一个更加清楚的认识。企业定额的水平应该是本企业的平均先进水平，编制企业定额的各个项目应该是根据典型工程的工程量计算确定其加权平均的材料消耗量。

[答案]

问题1：

编制楼地面工程地砖项目企业定额的主要步骤是：

(1) 确定计量单位 m^2，扩大计量单位 $100m^2$；

(2) 选择有代表性的楼地面工程地砖项目的典型工程，并采用加权平均的方法计算单间装饰面积；

(3) 确定材料规格、品种和损耗率；

(4) 根据现场测定资料计算材料、人工、施工机具台班消耗量；

(5) 拟定楼地面工程地砖项目的企业定额。

问题2：

计算楼地面工程地砖的材料消耗量可分为以下三个步骤：

(1) 计算加权平均单间面积

$$加权平均单间面积 = \frac{850}{42} \times 41\% + \frac{764}{50} \times 53\% + \frac{1650}{5} \times 6\% = 36.2m^2/间$$

(2) 计算地砖，砂浆消耗量

$$每100m^2地砖的块料用量 = \frac{100}{(0.50+0.001)(0.50+0.001)} \div (1-2\%) = 406.54块/100m^2$$

$$每100m^2地砖结合层砂浆消耗量 = 100 \times 0.01 \div (1-1.5\%) = 1.015m^3/100m^2$$

$$每100m^2地砖灰缝砂浆消耗量 = (100-0.5\times0.5\times398.41)\times0.01\div(1-1.5\%) = 0.004m^3/100m^2$$

砂浆小计：$1.015 + 0.004 = 1.019m^3/100m^2$

(3) 调整地砖和砂浆用量

企业定额的工程量计算规则规定，地砖楼地面工程是按地面净长乘以净宽计算，不扣除附墙柱，独立柱及 $0.3m^2$ 以内孔洞所占面积，但门洞空圈开口处面积也不增加。根据上述规定，在制定企业定额时应调整地砖和砂浆用量。

$$每100m^2地砖块料用量 = \frac{典型工程加权平均单位面积+调整面积}{典型工程加权平均单间面积} \times 每100m^2地砖用量$$

$$= \frac{36.2+\left(\frac{10.81-2.66}{42}\times41\%+\frac{14.23-4.01}{50}\times53\%+\frac{2.61-3.34}{5}\times6\%\right)}{36.2} \times 406.54 = 408.55块/100m^2$$

$$每100m^2地砖砂浆用量 = \frac{典型工程加权平均单间面积+调整面积}{典型工程加权平均单间面积} \times 每100m^2砂浆用量$$

$$= \frac{36.2+\left(\frac{10.81-2.66}{42}\times41\%+\frac{14.23-4.01}{50}\times53\%+\frac{2.61-3.34}{5}\times6\%\right)}{36.2} \times 1.018 = 1.023m^3/100m^2$$

问题3：

楼地面工程地砖的人工消耗量由基本用工和辅助用工构成，因此该问题的计算如下：

(1) 计算基本用工

铺地砖用工 $= 1.215$ 工日$/10m^2 \times 10 = 12.15$ 工日$/100m^2$

调制砂浆用工＝0.361 工日/$10m^2$×1.023m^3/$100m^2$＝0.369 工日/$100m^2$
运输砂浆用工＝0.213 工日/m^3×1.023m^3/$100m^2$＝0.218 工日/$100m^2$
运输地砖用工＝0.156 工日/$10m^2$×10＝1.56 工日/$100m^2$
基本用工小计：12.15＋0.369＋0.218＋1.56＝14.297 工日/$100m^2$
(2) 计算辅助用工
筛砂子用工＝0.208 工日/m^3×1.023m^3/$100m^2$＝0.213 工日/$100m^2$
(3) 计算人工消耗量
用工量小计：14.297＋0.213＝14.510 工日/$100m^2$
问题 4：

$$铺地砖的产量定额=\frac{1}{时间定额}=\frac{1}{14.510}=6.89m^2/工日$$

$$每\ 100m^2\ 地砖砂浆搅拌机台班量=\frac{1}{小组总产量}\times 100\ m^2$$
$$=\frac{1}{6.89\times 12}\times 100=1.209\ 台班/100m^2$$

每 $100m^2$ 地砖面料切割机台班量 ＝ 1.209 × 2 台 ＝ 2.418 台班/$100m^2$

练 习 题

习题 1

背景材料：

采用技术测定法的测时法取得人工手推双轮车 65m 运距，运输标准砖的数据如下：
（1）双轮车装载量：105 块/次；
（2）工作日作业时间：400min；
（3）每车装卸时间：10min；
（4）往返一次运输时间：2.90min；
（5）工作日准备与结束时间：30min；
（6）工作日休息时间：35min；
（7）工作日不可避免中断时间：15min。

问题：

1. 计算每日单车运输次数。
2. 计算每运 1000 块标准砖的作业时间。
3. 计算准备与结束时间、休息时间、不可避免中断时间分别占作业时间百分比。
4. 确定每运 1000 块标准砖的时间定额。

习题 2

背景材料：

根据选定的现浇混凝土矩形梁施工图计算出每 $10m^3$ 矩形梁模板接触面积为 68.70m^2，经计算每 $10m^2$ 模板接触面积需枋板材 1.64m^3，制作损耗率为 5%，周转次数为 5 次，补损率 15%，模板折旧率 50%。

问题：

1. 计算每 m^3 现浇混凝土矩形梁的模板一次使用量。

2. 计算模板的周转使用量。

3. 计算模板回收量。

4. 计算每 $10m^3$ 现浇混凝土矩形梁模板的摊销量。

习题 3

背景材料：

采用机械翻斗车运输砂浆，运输距离 200m，平均行驶速度 10km/h，候装砂浆时间平均 5min/次，每次装载砂浆 $0.6m^3$/次，台班时间利用系数按 0.9 计算。

问题：

1. 计算机动翻斗车运砂浆的每次循环延续时间。

2. 计算机动翻斗车运砂浆的台班产量和时间定额。

习题 4

背景材料：

内墙装饰用乳胶漆从化工厂采购，出厂价每吨平均 16000 元，从生产厂家运到工地仓库的运杂费用为每吨平均 300 元，乳胶漆的采购及保管费率为 2.5%。乳胶漆用塑料桶包装，每吨用 20 个桶，每个桶的单价 20.50 元，回收率 80%，残值率 65%。

问题：

1. 计算每吨乳胶漆的包装费、包装品回收价值。

2. 计算每吨乳胶漆的材料预算价格。

习题 5

背景材料：

某地方材料，经货源调查后确定，甲地可以供货 20%，原价 93.50 元/t；乙地可供货 30%，原价 91.20 元/t；丙地可以供货 15%，原价 94.80 元/t；丁地可以供货 35%，原价 90.80 元/t。甲乙两地为水路运输，甲地运距 103km，乙地运距 115km，运费 0.35 元/(km·t)，装卸费 3.4 元/t，驳船费 2.5 元/t，途中损耗 3%；丙丁两地为汽车运输，运距分别为 62km 和 68km，运费 0.45 元/（km·t)，装卸费 3.6 元/t，调车费 2.8 元/t，途中损耗 2.5%。材料包装费均为 10 元/t，采购保管费率 2.5%。

问题：

计算该材料的预算价格。

3.2　设计概算的编制

3.2.1　设计概算的编制方法和内容

一、设计概算的概念

设计概算是设计文件的重要组成部分，是在投资估算的控制下由设计单位根据初步设计图纸、概算定额（概算指标）、各项费用定额或取费标准（指标）、建设地区自然、技术经济条件和设备、材料预算价格等资料，编制和确定的建设项目从筹建至竣工交付使用所需全部费用的文件。采用两阶段设计的建设项目，初步设计阶段必须编制设计概算；采用三阶段设计的，技术设计阶段必须编制修正概算。

设计概算的编制应包括编制期价格、费率、利率、汇率等确定的静态投资和编制期到竣工验收前的工程和价格变化等多种因素的动态投资两部分。静态投资作为考核工程设计和施工图预算的依据；动态投资作为筹措、供应和控制资金使用的限额。

二、设计概算的内容

设计概算可分为单位工程概算、单项工程综合概算和建设项目总概算三级。各级概算间的相互关系如图 3-2 所示。

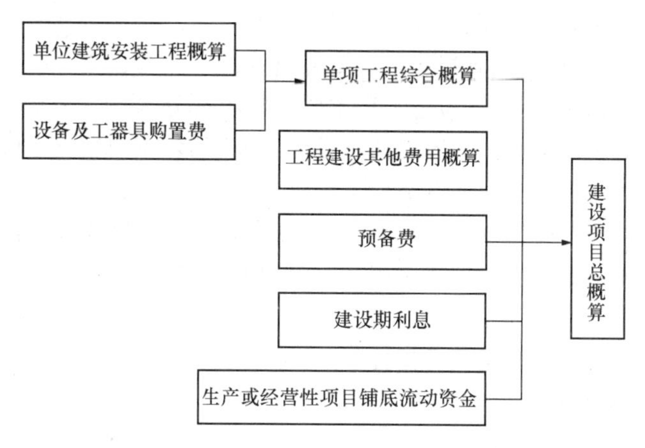

图 3-2 设计概算的三级概算关系图

三、设计概算的编制方法

1. 单位工程概算的编制方法

单位工程是单项工程的组成部分，单位工程概算是确定单位工程建设费用的文件，是单项工程综合概算的组成部分。它由人工费、材料费、机具费、企业管理费、利润、规费和税金组成。

单位工程概算按其工程性质分建筑工程概算和设备及安装工程概算两大类。建筑工程概算的编制方法有：概算定额法、概算指标法、类似工程预算法等；设备及安装工程概算的编制方法有：预算单价法、扩大单价法、设备价值百分比法和综合吨位指标法等。

（1）概算定额法编建筑工程概算

概算定额法又叫扩大单价法或扩大结构定额法。它是采用概算定额编制建筑工程概算的方法，类似用预算定额编制建筑工程预算。其主要步骤是：

1）计算工程量。根据设计图纸和概算定额工程量计算规则，列出各分项工程的项目名称，并计算出其工程量。

2）套用概算定额。选定各分项工程项目应套用的概算定额，如定额需调整或换算，则应按规定的调整系数或换算方法进行调整或换算。

3）根据市场价格信息，确定人工、材料、施工机具台班单价和各项费用标准。

4）计算各分项工程人、材、机费合计。将计算所得的各分项工程的工程量分别乘以选定的概算定额人工、材料、施工机具台班消耗量指标，再乘以确定人工、材料、施工机具台班单价，即得各扩大分项工程的人、材、机费合计。

5）根据确定的各项费用标准计算企业管理费、利润、规费和税金。

6）最后汇总为建筑工程概算造价。

概算定额法要求初步设计达到一定深度，建筑结构尺寸比较明确，能按照初步设计的平面、立面、剖面图纸计算出楼地面、墙身、门窗和屋面等扩大分项工程（或扩大结构构件）项目的工程量时，才可采用。

（2）概算指标法编建筑工程概算

当设计图纸较简单，无法根据图纸计算出详细的实物工程量时，可以选择恰当的概算指标来编制概算。其主要步骤：

1）根据拟建工程的具体情况，选择恰当的概算指标；

2）根据选定的概算指标计算拟建工程概算造价；

3）根据选定的概算指标计算拟建工程主要材料用量。

概算指标法的适用范围有限一般当初步设计深度不够，不能准确地计算出工程量，但工程设计是采用技术比较成熟而又有类似工程概算指标可以利用时，可采用此法。

由于拟建工程往往与类似工程的概算指标的技术条件不尽相同，而且概算指标编制年份的设备、材料、人工等价格与拟建工程当时当地的价格也不会一样。因此，当设计对象的结构特征与概算指标有局部差异时，必须对其进行调整。其调整公式为：

$$\text{结构变化修正概算指标(元/m}^2\text{)} = J + Q_1P_1 - Q_2P_2 \quad (3\text{-}47)$$

式中　J——原概算指标；

Q_1——换入新结构的含量；

Q_2——换出旧结构的含量；

P_1——换入新结构的单价；

P_2——换出旧结构的单价。

（3）类似工程预算法编建筑工程概算

如果找不到合适的概算指标，也没有概算定额时，可以考虑采用类似的工程预算来编制设计概算。其主要编制步骤是：

1）根据设计对象的各种特征参数，选择最合适的类似工程预算；

2）根据本地区现行的各种价格和费用标准计算类似工程预算的人工费修正系数、材料费修正系数、施工机具使用费修正系数、企业管理费修正系数等；

3）根据类似工程预算修正系数和四项费用占预算成本的比重，计算预算成本总修正系数，并计算出修正后的类似工程平方米预算成本；

4）根据类似工程修正后的平方米预算成本和编制概算地区的利税率计算修正后的类似工程平方米造价；

5）根据拟建工程的建筑面积和修正后的类似工程平方米造价，计算拟建工程概算造价。

用类似工程预算编制概算时应选择与所编概算结构类型、建筑面积基本相同的工程预算为编制依据，并且设计图纸应能满足计算工程量的要求，只需个别项目要按设计图纸调整。如果所选工程预算提供的各项数据较齐全、准确，概算编制的速度就较快。

（4）设备安装工程费概算的编制

设备安装工程费概算的编制方法是根据初步设计深度和要求明确的程度来确定的，其主要编制方法有以下四种。

1）预算单价法。当初步设计较深，有详细的设备清单时，可直接按安装工程预算定额单价编制安装工程概算，概算编制程序基本同安装工程施工图预算。该法具有计算比较具体，精确性较高之优点。

2）扩大单价法。当初步设计深度不够，设备清单不完备，只有主体设备或仅有成套设备重量时，可采用主体设备、成套设备的综合扩大安装单价来编制概算。

3）设备价值百分比法，又叫安装设备百分比法。当初步设计深度不够，只有设备出厂价而无详细规格、重量时，安装费可按占设备费的百分比计算。其百分比值（即安装费率）由主管部门制定或由设计单位根据已完类似工程确定。该法常用于价格波动不大的定型产品和通用设备产品。公式为：

$$\text{设备安装费} = \text{设备原价} \times \text{安装费率}(\%) \tag{3-48}$$

4）综合吨位指标法。当初步设计提供的设备清单有规格和设备重量时，可采用综合吨位指标编制概算，其综合吨位指标由主管部门或由设计院根据已完类似工程资料确定。该法常用于设备价格波动较大的非标准设备和引进设备的安装工程概算。公式为：

$$\text{设备安装费} = \text{设备重量} \times \text{每吨设备安装费指标}(\text{元}/t) \tag{3-49}$$

前两种方法的具体编制步骤与建筑工程概算相类似。

2. 单项工程综合概算的编制方法

单项工程综合概算是确定单项工程建设费用的综合性文件，它是由该单项工程各专业的单位工程概算汇总而成的，是建设项目总概算的组成部分。

单项工程综合概算文件一般包括编制说明（不编制总概算时列入）和综合概算表（含其所附的单位工程概算表和建筑材料表）两大部分。当建设项目只有一个单项工程时，此时综合概算文件（实为总概算）除包括上述两大部分外，还应包括工程建设其他费用、预备费、建设期利息和生产或经营性铺底流动资金的概算。

（1）编制说明。应列在综合概算表的前面，其内容为：

1）编制依据，包括国家和有关部门的规定、设计文件、现行概算定额或概算指标、设备材料的预算价格和费用指标等；

2）编制方法，说明设计概算是采用概算定额法，还是采用概算指标法；

3）主要设备、材料（钢材、木材、水泥）的数量；

4）其他需要说明的有关问题。

（2）综合概算表是根据单项工程所辖范围内的各单位工程概算等基础资料，按照国家或部委所规定的统一表格进行编制。工业建设项目综合概算表由建筑工程和设备及安装工程两大部分组成；民用工程项目综合概算表就建筑工程一项。

（3）综合概算的费用组成。一般应包括建筑工程费、安装工程费、设备购置及工器具和生产家具购置费。当不编制总概算时，还应包括工程建设其他费、预备费、建设期利息和流动资金等费用项目。

3. 建设项目总概算的编制方法

建设项目总概算是设计文件的重要组成部分，是确定整个建设项目从筹建到竣工交付使用所预计花费的全部费用的文件。它是由各单项工程综合概算、工程建设其他费、预备费、建设期利息和生产或经营性项目的铺底流动资金概算所组成，按照主管部门规定的统一表格进行编制而成的。

设计总概算文件一般应包括：编制说明、总概算表、各单项工程综合概算书、工程建设其他费用概算表、主要建筑安装材料汇总表。独立装订成册的总概算文件应加封面、签署页（扉页）和目录。

（1）封面、签署页及目录

封面、签署页格式见表 3-5。

封面、签署页格式　　**表 3-5**

建设项目设计概算文件
建设单位：______________
建设项目名称：______________
设计单位（或工程造价咨询单位）：______________
编制单位：______________
编制人（资格证号）：______________
审核人（资格证号）：______________
项目负责人：______________
总工程师：______________
单位负责人：______________
年　　月　　日

（2）编制说明

编制说明应包括下列内容：

1）工程概况。简述建设项目性质、特点、生产规模、建设周期、建设地点、主要工程量、工艺设备等情况。引进项目要说明引进内容以及国内配套工程等主要情况。

2）编制依据。包括国家和有关部门的规定、设计文件、现行概算定额或概算指标、设备材料的预算价格和费用指标等。

3）编制方法。说明设计概算是采用概算定额法，还是采用概算指标法，或其他方法。

4）主要设备、材料的数量。

5）主要技术经济指标。主要包括项目概算总投资（有引进地给出所需外汇额度）及主要分项投资、主要技术经济指标（主要单位投资指标）等。

6）工程费用计算表。主要包括建筑工程费用计算表、工艺安装工程费用计算表、配套工程费用计算表、其他涉及工程的工程费用计算表。

7）引进设备材料有关费率取定及依据。主要是关于国际运输费、国际运输保险费、关税、增值税、国内运杂费、其他有关税费等。

8）引进设备材料从属费用计算表。

9）其他必要的说明。

（3）总概算表

总概算表格式如表 3-6 所示（适用于采用三级编制形式的总概算）。

总概算表　　**表 3-6**

总概算表编号：　　　　工程名称：　　　　单位：万元　　　　共　页　第　页

序号	概算编号	工程项目或费用名称	建筑工程费	设备购置费	安装工程费	其他费用	合计	其中：引进部分		占总投资比例（%）
								美元	折合人民币	
一		工程费用								

续表

序号	概算编号	工程项目或费用名称	建筑工程费	设备购置费	安装工程费	其他费用	合计	其中：引进部分		占总投资比例（%）
								美元	折合人民币	
1		主要工程								
2		辅助工程								
3		配套工程								
二		工程建设其他费用								
1										
2										
三		预备费								
四		建设期利息								
五		流动资金								
		建设项目概算总投资								

编制人： 审核人： 审定人：

(4) 工程建设其他费用概算表

工程建设其他费用概算按国家、地区或部委所规定的项目和标准确定，并按统一表格格式编制，见表 3-7。

工程建设其他费用概算表 **表 3-7**

工程名称： 单位：万元 共 页 第 页

序号	费用项目编号	费用项目名称	费用计算基数	费率	金额	计算公式	备注
1							
2							
	合计						

编制人： 审核人： 审定人：

(5) 单项工程综合概算表

单项工程综合概算是确定单线工程建设费用的综合性文件，它是由该单项工程所属的各专业单位工程概算汇总编制而成的，是建设项目总概算的组成部分。单项工程综合概算采用综合概算表（含其所附的单位工程概算表和建筑材料表）进行编制。对单一的、具有独立性的单项工程建设项目，按照两级概算编制形式，直接编制总概算。

(6) 单位工程概算表

单位工程概算包括单位建筑工程概算和单位设备及安装工程概算两类。按照单位工程概算的编制方法进行编制。

(7) 主要建筑安装材料汇总表

针对每一个单项工程列出钢筋、型钢、水泥、木材等主要建筑安装材料的消耗量。

3.2.2 案例

【案例一】

背景材料：

某市拟建一座 7560m^2 教学楼，给出的扩大单价和工程量表如表 3-8 所示。各项费率如下：以定额人工费为基数的企业管理费费率为 50%、利润率为 30%、社会保险费和公积金费率为 25%，按标准缴纳的工程排污费为 50 万元，综合税率为 3.48%。其中：材料调整系数为 1.10，材料费占人工、材料、机具使用费之和的比率为 60%，人工费合计为 982500 元。

问题：

请按给出的扩大单价和工程量表 3-8 编制出该教学楼土建工程设计概算造价和平方米造价（计算结果：平方米造价保留 1 位小数，其余取整）。

某教学楼土建工程量和扩大单价　　　　表 3-8

分部工程名称	单位	工程量	扩大单价（元）
基础工程	10m^3	160	3200
混凝土及钢筋混凝土	10m^3	150	13280
砌筑工程	10m^3	280	4878
地面工程	100m^2	40	13000
楼面工程	100m^2	90	19000
卷材屋面	100m^2	40	14000
门窗工程	100m^2	35	55000
脚手架	100m^2	180	1000

[解题要点分析]

本案例主要考查概算定额法编制概算的方法及主要步骤。本案例的解题要点在人工费、材料费和施工机具使用费合计的计算；以及企业管理费、利润、规费和税金的计算依据，材料差价的取费办法，在这里尤其要注意材料差价不计取利润，只计入税前总造价。

[答案]

根据已知条件和表 3-8 数据，求得该教学楼土建工程造价如表 3-9。

其中：人、材、机费合计 $= \sum$ 工程量 × 扩大单价

企业管理费＝人工费×企业管理费费率

利润＝人工费×利润率

规费＝人工费×社会保险费和公积金费率＋工程排污费

税金＝(人、材、机费合计＋企业管理费＋利润＋规费＋材料差价)×税率

概算造价＝人、材、机费合计＋企业管理费＋利润＋规费＋材料差价＋税金

某教学楼土建工程概算造价计算表 **表 3-9**

序号	分部工程或费用名称	单位	工程量	单价（元）	合价（元）
1	基础工程	$10m^3$	160	3200	512000
2	混凝土及钢筋混凝土	$10m^3$	150	13280	1992000
3	砌筑工程	$10m^3$	280	4878	1365840
4	地面工程	$100m^2$	40	13000	520000
5	楼面工程	$100m^2$	90	19000	1710000
6	卷材屋面	$100m^2$	40	14000	560000
7	门窗工程	$100m^2$	35	55000	1925000
8	脚手架	$100m^2$	180	1000	180000
A	人、材、机费合计	以上 8 项之和			8764840
B	其中：人工费合计	—			982500
C	企业管理费	$B\times50\%$			491250
D	利润	$B\times30\%$			294750
E	规费	$B\times25\%+500000$			745625
F	材料价差	$A\times60\%\times10\%$			525890
G	税金	$(A+C+D+E+F)\times3.48\%$			376618
概算总造价		$A+C+D+E+F+G$			11198973
平方米造价		$11198973\div7560$			1481.3

【案例二】

背景材料：

拟建某砖混结构住宅工程 $3420m^2$，结构形式与已建成的某工程相同，只有外墙保温贴面不同，其他部分均较为接近。类似工程外墙为珍珠岩板保温、水泥砂浆抹面，每平方米建筑面积消耗量分别为：$0.044m^3$、$0.842m^2$，价格分别为珍珠岩板 253.10 元/m^3、水泥砂浆 11.95 元/m^2；拟建工程外墙为加气混凝土保温、外贴釉面砖，每平方米建筑面积消耗量分别为：$0.08m^3$、$0.95m^2$，加气混凝土现行价格 285.48 元/m^3，贴釉面砖现行价格 79.75 元/m^2。类似工程单方造价 889.00 元/m^2，其中，人工费、材料费、施工机具使用费、企业管理费和其他税费占单方造价比例，分别为：11%、62%、6%、9%和 12%，拟建工程与类似工程预算造价在这几方面的差异系数分别为：2.5、1.25、2.10、1.15 和 1.05，拟建工程扣除人材机费用以外的综合取费为 20%。

问题：

应用类似工程预算法确定拟建工程的单位工程概算总造价。

[解题要点分析]

本案例将概算指标法与类似工程预算法编制概算的两种方法进行了综合运用，主要考查类似工程预算法编制概算的方法及主要步骤。本案例的难点在于类似工程预算法编制概算中，概算指标在该案例中不能直接运用，因为拟建工程与已建工程在外墙保温材料上存在差异，因此要首先运用类似工程预算法计算出拟建工程的概算指标，然后运用概算指标法对计算出的拟建工程的概算指标进行修正，在修正后的指标基础上再计算出概算总造价。

［答案］

该案例的计算分为以下三个步骤。

（1）求拟建工程的概算指标

拟建工程概算指标＝类似工程单方造价×综合差异系数 k

k ＝11％×2.5＋62％×1.25＋6％×2.10＋9％×1.15＋12％×1.05
＝1.41

拟建工程概算指标＝889×1.41＝1253.49元/m²

（2）进行概算指标的修正

设计对象的结构特征与概算指标有局部差异时的调整公式为：

$$结构变化修正概算指标（元/m^2）=J+Q_1P_1-Q_2P_2$$

则：结构差异额＝0.08×285.48＋0.95×79.75－（0.044×253.1＋0.842×11.95）
＝98.60－21.20＝77.40元/m²

修正概算指标＝1253.49＋77.40×（1＋20％）＝1346.37元/m²

（3）求拟建工程概算总造价

拟建工程概算总造价＝拟建工程建筑面积×修正概算指标
＝3420×1346.37＝4604585.40元＝460.46万元

【案例三】

背景材料：

某市2016年拟建办公楼一栋，建筑面积6500m²，编制土建工程概算时采用2013年建成的6000m²该地区某类似办公楼预算造价资料，如表3-10。由于拟建办公楼与已建成的类似办公楼在结构上做了调整，拟建办公楼采用钢筋混凝土整板基础，外墙为红色釉面砖；已建的类似办公楼，采用钢筋混凝土条型基础，外墙为彩色干粘石，使拟建办公楼每平方米建筑面积比类似办公楼增加成本工程费25元。各项费率如下：以定额人工费为基数，见表3-10，利润率30％，规费为20％，综合税率为3.48％。

问题：

1. 计算2013年建成的类似办公楼成本造价和平方米成本造价。
2. 用类似工程预算法计算拟建新办公楼的概算总造价和平方米造价。

2013年该地区某办公楼类似工程预算造价资料　　表3-10

序号	名称	单位	数量	2013年单价（元）	2016年第一季度单价（元）
1	人工	工日	37908	35	45
2	钢筋	t	245	3100	3500
3	型钢	t	147	3600	3800
4	木材	m³	220	1000	1600

续表

序号	名称	单位	数量	2013 年单价（元）	2016 年第一季度单价（元）
5	水泥	t	1221	400	460
6	砂子	m^3	2863	65	90
7	石子	m^3	2778	60	65
8	红砖	千块	950	200	250
9	木门窗	m^2	1171	150	200
10	其他材料	万元	28		调增系数 10%
11	机具台班费	万元	38		调增系数 7%
12	企业管理费费率（计算基数为定额人工费）			50%	55%

［解题要点分析］

本案例主要考查用类似工程预算法编制单位工程概算的方法和步骤。本案例关键在于不仅要根据已知资料求出已建工程的人工费、材料费、施工机具使用费、企业管理费占成本造价的百分比，还要求出拟建新办公楼的各项费用差异系数；另外更要分清楚成本造价与总造价之间的区别与联系。其中难点在于题中的“拟建办公楼每平方米建筑面积比类似办公楼增加成本工程费 25 元”，要根据已知条件将成本工程费 25 元变成总造价的费用，才能计算出拟建新办公楼的概算总造价和平方米造价。

［答案］

问题 1：

类似办公楼工程人工费：37908×35＝1326780 元

类似办公楼工程材料费：245×3100＋147×3600＋220×1000＋1221×400
＋2863×65＋2778×60＋950×200＋1171×150＋280000
＝2995525 元

类似办公楼工程施工机具使用费＝380000 元

类似办公楼工程人、材、机费＝人工费＋材料费＋施工机具使用费
＝1326780＋2995525＋380000＝4702305 元

企业管理费＝1326780×50%＝663390 元

则：

类似办公楼工程的成本造价＝人工费＋材料费＋施工机具使用费＋企业管理费
＝4702305＋663390＝5365695 元

类似办公楼工程平方米成本造价＝5365695÷6000＝894.28 元/m^2

问题 2：

首先求出类似办公楼工程人工、材料、施工机具使用费占其预算成本造价的百分比；然后求出拟建新办公楼工程的人工费、材料费、施工机具使用费、企业管理费与类似办公楼工程之间的差异系数；进而求出综合调整系数(K)和拟建新办公楼的概算造价。

(1) 求类似办公楼工程各费用占其成本造价的百分比

人工费占成本造价百分比$=\frac{1326780}{5365695}=24.73\%$

材料费占成本造价百分比$=\frac{2995525}{5365695}=55.83\%$

施工机具使用费占成本造价百分比$=\frac{380000}{5365695}=7.08\%$

企业管理费占成本造价百分比$=\frac{663390}{5365695}=12.36\%$

(2) 求拟建新办公楼与类似办公楼工程在各项费上的差异系数

人工费差异系数$(K_1)=\frac{45}{35}=1.29$

材料费差异系数$(K_2)=(245\times3500+147\times3800+220\times1600+1221\times460$
$+2863\times90+2778\times65+950\times250+1171\times200$
$+280000\times1.1)\div2995525=1.18$

施工机具使用费差异系数$(K_3)=1.07$

企业管理费差异系数$(K_4)=\frac{55\%}{50\%}=1.1$

(3) 求综合调价系数(K)

$K=24.73\%\times1.29+55.83\%\times1.18+7.08\%\times1.07+12.36\%\times1.1$
$=1.19$

(4) 拟建新办公楼平方米造价$=[(894.28\times1.19+25)+(37908\times45)(30\%+20\%)$
$\div6500]\times(1+3.48\%)$
$=(1089.19+131.22)(1+3.48\%)$
$=1262.88$ 元/m^2

(5)拟建新办公楼总造价$=1262.88\times6500=8208720$ 元$=820.87$ 万元

练　习　题

习题1

背景材料：

某学校拟建一综合试验楼，4层，建筑面积2300m^2。根据扩大初步设计计算出该综合试验楼各扩大分项工程的工程量以及当地概算定额的扩大单价如表3-11所示。根据当地现行定额规定的工程类别划分原则，该工程属三类工程。各项费用以定额人工费为基数的现行费率分别为：企业管理费费率50%、利润率30%、规费税率20%，工程综合税率为3.48%，零星工程费为人、材、机费合计的10%，材料的差价上涨20%。

问题：

1. 试根据表3-11给定的工程量和扩大单价表，编制该工程的土建单位工程概算表，计算该工程土建单位工程的人、材、机费合计；根据所给三类工程的费率，计算各项费用，编制土建单位工程概算书。

2. 若同类工程的各专业单位工程造价占单项工程综合造价的比例，如表3-12所示，试计算该工程的综合概算造价，编制单项工程综合概算书。

综合实验楼工程量及扩大单价表 **表 3-11**

序号	扩大分项工程名称	单位	工程量	扩大单价
1	实心砖基础（含土方工程）	$10m^3$	2.402	1614.16
2	多孔砖外墙（含外墙面勾缝、外墙面中等石灰砂浆及乳胶漆）	$100m^2$	2.874	4035.03
3	多孔砖内墙（含内墙面中等石灰砂浆及乳胶漆）	$100m^2$	2.383	4885.22
4	无筋混凝土带基（含土方工程）	m^3	216.074	559.24
5	混凝土满堂基础	m^3	180.456	542.74
6	混凝土设备基础	m^3	1.770	382.70
7	现浇混凝土矩形梁	m^3	40.010	952.51
8	现浇混凝土墙（含内墙面石灰砂浆及乳胶漆）	m^3	490.130	670.74
9	现浇混凝土有梁板	m^3	150.010	786.86
10	现浇混凝土整体楼梯	$10m^2$	3.930	1310.26
11	铝合金地弹门（含运输、安装）	$100m^2$	0.120	35581.23
12	铝合金推拉门（含运输、安装）	$100m^2$	0.756	29175.64
13	双面夹板门（含运输、安装、油漆）	$100m^2$	0.439	17095.15
14	全瓷防滑砖地面（含垫层、踢脚线）	$100m^2$	3.880	9920.94
15	全瓷防滑砖楼面（含踢脚线）	$100m^2$	12.94	8935.81
16	全瓷防滑砖楼梯（含防滑条、踢脚线）	$100m^2$	0.556	10064.39
17	珍珠岩找坡保温层	$10m^3$	2.980	3634.34
18	三毡四油一砂防水层	$100m^2$	2.970	5428.80
19	脚手架工程	m^2	1588.00	19.11

各专业单位工程造价占单项工程综合造价的比例 **表 3-12**

专业名称	土建	采暖	通风空调	电器照明	给排水	设备购置	设备安装	工器具
占比例（%）	38	2.5	17.5	3.0	1.5	31	5	1.5

习题 2

背景材料：

拟建某砖混结构住宅工程，建筑面积 $4200m^2$，结构形式与已建成的某工程相类似，只有外墙保温贴面不同，其他部分均较为接近。类似工程外墙为珍珠岩板保温、水泥砂浆抹面，每平方米建筑面积消耗量分别为：$0.046m^3$、$0.862m^2$，珍珠岩板 255.1 元/m^3、水泥砂浆 12.05 元/m^2；拟建工程外墙为加气混凝土保温、外贴釉面砖，每平方米建筑面积消耗量分别为：$0.78m^3$、$0.86m^2$，加气混凝土现行价格 289.48 元/m^3，贴釉面砖现行价格 79.85 元/m^2。

若类似工程预算中，每平方米建筑面积主要资源消耗为：人工消耗 5.08 工日，钢材 23.8 kg，水泥 205kg，原木 $0.05m^3$，铝合金门窗 $0.24m^2$，其他材料费占主材费的 45%，施工机具使用费占人、材、机费合计的 8%，拟建工程主要资源的现行预算价格分别为：人工 82.00 元/工日，钢材 4.5 元/kg，水泥 0.65 元/kg，原木 2400 元/m^3，铝合金门窗平均 450 元/m^2。

拟建工程企业管理费、利润、规费、税金等综合费率为 22%。

问题：

确定拟建工程的单位工程每平方米概算造价。

习题 3

背景材料：

某化纤厂 2013 年建单层工业厂房印染车间，造价指标为 427 元/m²，建筑面积 950m²，见表 3-13。2017 年由于扩大再生产的需要，拟建一栋与该厂房技术条件相似的车间，总建筑面积 1756m²。但在结构因素上拟建厂房是采用大型板墙做围护结构，而原指标厂房是采用石棉瓦做围护结构。

问题：

用概算指标法计算该拟建厂房的概算平方米造价和概算总造价。

2013 年某工业厂房概算造价指标 **表 3-13**

序号	分部分项工程名称	每 m² 工程量	占造价（%）	每 m² 造价（元）	分部分项单价	说明
1	基础	0.43m³	5.1	21.81	50.70 元/m³	
2	外围结构	0.55m²	6.6	28.23	48.67 元/m²	
	石棉瓦墙	0.19m²	5.9	25.20	132.82 元/m²	含钢结构
	混凝土大型墙板	0.36m²	0.7	3.0	8.33 元/m²	
3	柱		8	34.22		
	钢筋混凝土	0.008m³	0.3	1.28	166.65 元/m³	
	钢结构	0.046t	7.7	32.94	716.09 元/t	
4	吊车梁	0.139t	24	102.65	739.05 元/t	
5	屋盖		10.2	43.63		
	承重结构	1.05m²	9.2	39.35	37.48 元/m²	综合价
	卷材屋面	1.05m²	1.0	4.28	4.07 元/m²	
6	地坪面		1.6	6.84		
7	钢平台	0.153t	34.1	145.86	953.33 元/m²	
8	其他		10.4	44.48		
	合计			427.72 元/m²		

3.3 建筑安装工程施工图预算的编制

3.3.1 建筑安装工程施工图预算的编制和审查

一、施工图预算的概念

施工图预算是施工图设计预算的简称，又叫设计预算。它是由设计单位在施工图设计完成后，根据施工图设计图纸、现行预算定额、费用定额以及地区设备、材料、人工、施工机具台班等预算价格编制和确定的建筑安装工程造价文件。

二、施工图预算的编制方法

1. 单价法编制施工图预算

(1) 单价法的概念

单价法是用事先编制好的分项工程的单位估价表来编制施工图预算的方法。按施工图计算的各分项工程的工程量，并乘以相应单价，汇总相加，得到单位工程的人工费、材料费、机械机具使用费之和；再加上按规定程序计算出来的企业管理费、利润、规费和税金，便可得出单位工程的施工图预算造价。

单价法编制施工图预算的计算公式表述为：

$$单位工程预算人、材、机费合计 = \sum(工程量 \times 预算定额单价) \tag{3-50}$$

(2) 单价法编制施工图预算的步骤

单价法编制施工图预算的步骤如图 3-3 所示。

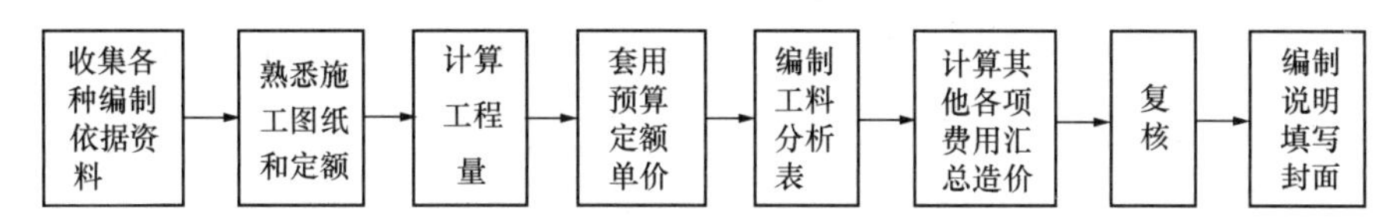

图 3-3 单价法编制施工图预算步骤

$$单位工程造价 = 人、材、机费合计 + 企业管理费 + 利润 + 规费 + 税金 \tag{3-51}$$

单价法是国内编制施工图预算的主要方法，具有计算简单、工作量较小、编制速度较快、便于工程造价管理部门集中统一管理的优点。但由于是采用事先编制好的统一单位估价表，其价格水平只能反映定额编制年份的价格水平。在市场经济价格波动较大的情况下，单价法的计算结果会偏离实际价格水平，虽然可采用调价，但调价系数和指数从测定到颁布又滞后且计算也较繁琐。

2. 实物法编制施工图预算

(1) 实物法的概念

实物法是首先根据施工图纸分别计算出分项工程量，然后套用相应预算人工、材料、机具台班的定额用量，再分别乘以工程所在地当时的人工、材料、机具台班的实际单价，求出单位工程的人工费、材料费和施工机具使用费，并汇总求和，最后按规定计取企业管理费、利润、规费和税金等各项费用，最后汇总就可得出单位工程施工图预算造价。

实物法编制施工图预算，其中人、材、机费合计的计算公式为：

$$\begin{aligned}单位工程人、材、机费合计 = &\sum(工程量 \times 人工预算定额用量 \times 当时当地人工费单价)\\ &+ \sum(工程量 \times 材料预算定额用量 \times 当时当地材料费单价)\\ &+ \sum(工程量 \times 机械预算定额用量 \times 当时当地机具台班单价)\end{aligned} \tag{3-52}$$

(2) 实物法编制施工图预算的步骤

实物法编制施工图预算的步骤如图 3-4 所示。

在市场经济条件下，人工、材料和机具台班单价是随市场而变化的，而且它们是影响工程造价最活跃、最主要的因素。用实物法编制施工图预算，是采用工程所在地当时的人工、材料、机具台班价格，较好地反映了实际价格水平，工程造价的准确性高。虽然计算过程较单价法繁琐，但计算机的使用使其更加快捷。因此，实物法是与市场经济体制相适

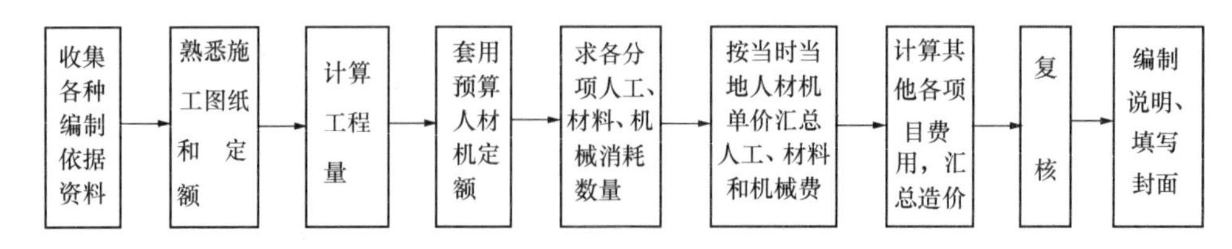

图 3-4　实物法编制施工图预算步骤

应的预算编制方法。

三、施工图预算的审查方法

审查施工图预算的方法较多，主要有全面审查法、标准预算审查法、分组计算审查法、筛选审查法、重点抽查法、对比审查法、利用手册审查法和分解对比审查法八种。

1. 全面审查法

全面审查又叫逐项审查法，就是按预算定额顺序或施工的先后顺序，逐一地全部进行审查的方法。其具体计算方法和审查过程与编制施工图预算基本相同。此方法的优点是全面、细致，经审查的工程预算差错比较少，质量比较高；缺点是工作量大。编制工程预算的技术力量比较薄弱时，对于一些工程量比较小、工艺比较简单的工程，可采用全面审查法。

2. 标准预算审查法

对于利用标准图纸或通用图纸施工的工程，先集中力量，编制标准预算，以此为标准审查预算。按标准图纸设计或通用图纸施工的工程一般上结构和做法都相同，可集中力量细审一份预算或编制一份预算，作为这种标准图纸的标准预算，或用这种标准图纸的工程量为标准，对照审查，而对局部不同的部分作单独审查即可。这种方法的优点是时间短、效果好、定案快；缺点是只适应按标准图纸设计的工程，适用范围小。

3. 分组计算审查法

分组计算审查法是一种加快审查工程量速度的方法，把预算中的项目划分为若干组，并把相邻且有一定内在联系的项目编为一组，审查或计算同一组中某个分项工程量，利用工程量间具有相同或相似计算基础的关系，判断同组中其他几个分项工程量计算的准确程度的方法。

4. 对比审查法

是用已建成工程的预算或虽未建成但已审查修正的工程预算对比审查拟建的类似工程预算的一种方法。对比审查法，一般有以下几种情况，应根据工程的不同条件，区别对待。

（1）两个工程采用同一个施工图，但基础部分和现场条件不同。其新建工程基础以上部分可采用对比审查法；不同部分可分别采用相应的审查方法进行审查。

（2）两个工程设计相同，但建筑面积不同。根据两个工程建筑面积之比与两个工程分部分项工程量之比基本一致的特点，可审查新建工程各分部分项工程的工程量；或者用两个工程每平方米建筑面积造价以及每平方米建筑面积的各分部分项工程量，进行对比审查，如果基本相同时，说明新建工程预算是正确的，反之，说明新建工程预算有问题，找出差错原因，加以更正。

(3) 两个工程的面积相同，但设计图纸不完全相同时，可把相同的部分，如厂房中的柱子、房架、屋面、砖墙等，进行工程量的对比审查，不能对比的分部分项工程按图纸计算。

5. 筛选审查法

筛选法是统筹法的一种，也是一种对比方法。建筑工程虽然有建筑面积和高度的不同，但是它们的各个分部分项工程的工程量、造价、用工量在每个单位面积上的数值变化不大，我们把这些数据加以汇集、优选，归纳为工程量、造价（价值）、用工三个单方基本值表，并注明其适用的建筑标准。这些基本值犹如"筛子孔"，用来筛选各分部分项工程，筛下去的就不审查了，没有筛下去的就意味着此分部分项的单位建筑面积数值不在基本值范围之内，应对该分部分项工程详细审查。当所审查的预算的建筑面积标准与"基本值"所适用的标准不同时，就要对其进行调整。

筛选法的优点是简单易懂、便于掌握、审查速度和发现问题快，但要解决差错、分析其原因就需继续审查。因此，此法适用于住宅工程或不具备全面审查条件的工程。

6. 重点抽查法

此法是抓住工程预算中的重点进行审查的方法。审查的重点一般是：工程量大或造价较高、工程结构复杂的工程。审查时补充单位估价表，计取各项费用（计费基础、取费标准等）。

重点抽查法的优点是重点突出、审查时间短、效果好。

3.3.2 案例

【案例一】

背景材料：

某住宅楼工程，基础工程为C10混凝土垫层（垫层支模）、条形砖基础，土壤为三类土。采用人工挖土，余土场内堆放，不考虑场外运输。室外地坪标高为−0.75m，室内地坪为6cm混凝土垫层、2cm水泥砂浆面层。基础平面图见图3-5，基础剖面图见图3-6。

问题：

1. 列出该基础工程所包括的分项工程名称及计量顺序。

2. 计算各分项工程的工程量。

[解题要点分析]

本案例主要考查《全国统一建筑工程预算工程量计算规则》中对土方工程量的计算规定。在本案例中综合了建筑识图与建筑施工的知识，另外还要熟悉计算规则中关于土方工程的列项，这样才能准确列出计算顺序。本案例的计算要点是对外墙中心线，内墙净长线的理解与计算，以及如何把握规则不重复计算，也不漏算。

[答案]

问题1：

该基础室内地坪以下的埋设物有：条形砖基础、砖基混凝土垫层、地圈梁等三个分项工程。土方工程包括有：平整场地、人工挖沟槽、基础回填土和场内土方运输等分项工

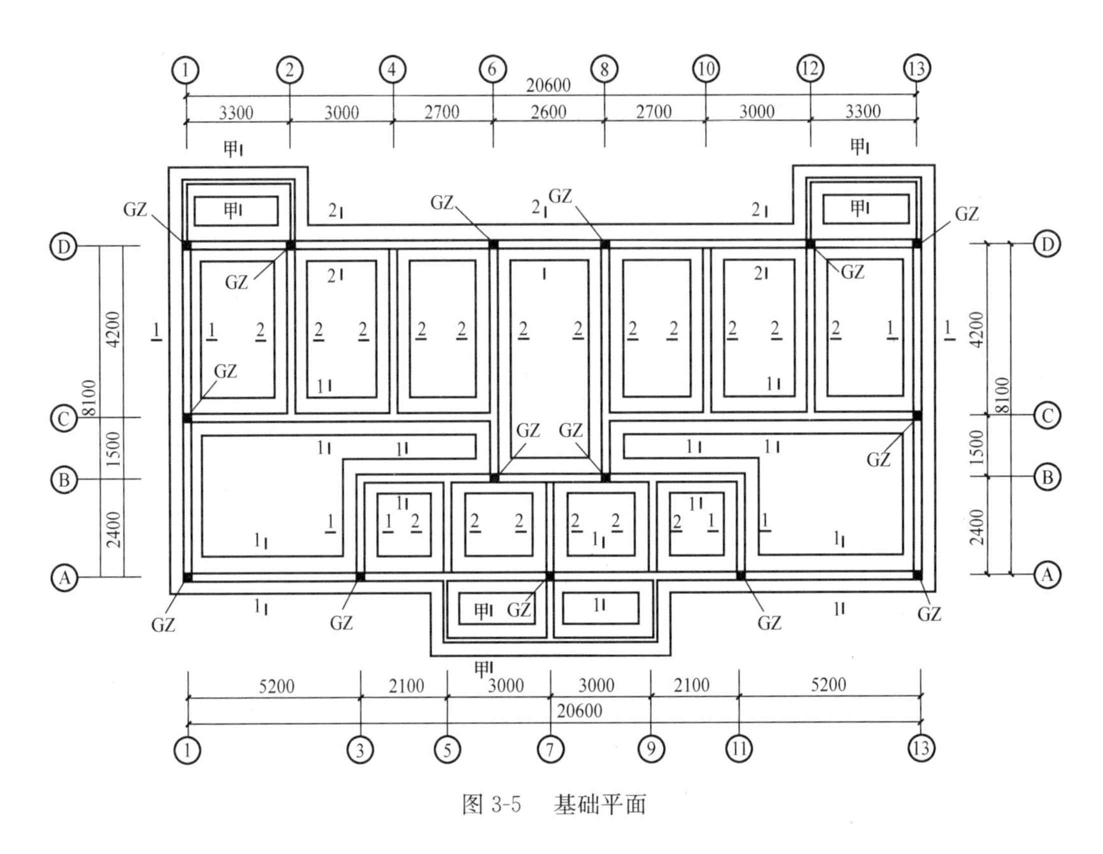

图 3-5　基础平面

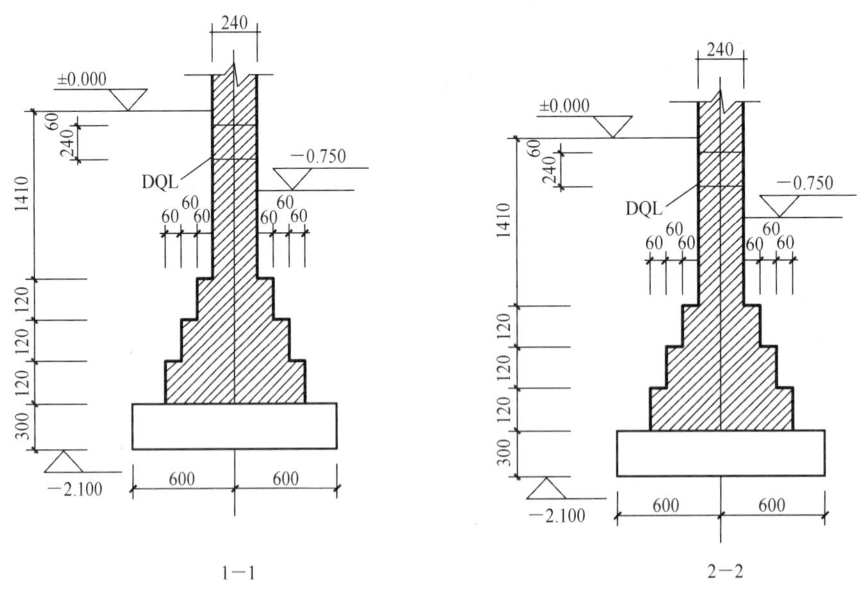

图 3-6　基础剖面图

程。计算顺序如下：

平整场地、挖沟槽、地圈梁、砖基础、砖基垫层、基础回填土、室内回填土、余土外运。

问题 2：

计算基础数据：

外墙中心线＝（20.6＋8.1）×2＝57.4m

外墙外边线＝57.4＋0.24×4＝58.36m

内墙净长线＝(9－0.24）×2＋（5.7－0.24）×2＋（4.2－0.24）×4＋10.2＋（2.4－0.12）×2＋（2.4－0.24）×3＝65.52m

底面建筑面积＝20.84×8.34＋（3.3＋0.24）×1.5/2×2＋（3＋0.12）×1.5/2×2＝183.80m^2

（1）平整场地

工程量＝底面面积＝183.80m^2

（2）人工挖基础土方

条形基础土方：(外墙按中心线，内墙按基础净长线计算)

挖土深度＝2.1－0.75＝1.35m(三类土放坡起点 1.5m，所以不放坡，应考虑工作面300mm)

1）计算 1-1 剖面的土方工程量

长度＝(20.6＋8.1×2)＋(9－0.9－1.1)×2＋(2.4－0.9)×2＋2.1×2＋3×2＝68m

断面面积＝(0.6＋0.3)×2×1.35＝2.43m^2

工程量＝68×2.43＝165.24m^2

2）计算 2-2 剖面的土方工程量

长度＝(20.6)＋(4.2－0.9－1.1)×4＋(5.7－0.9－1.1)×2＋(2.4－0.9×2)×3＝38.6m

断面面积＝(0.8＋0.3)×2×1.35＝2.97m^2

工程量＝38.6×2.97＝114.64m^2

3）人工挖基础土方工程量＝165.24＋114.64＝279.88m^2

（3）地圈梁(外墙按中心线，内墙按圈梁净长线计算)

混凝土工程量＝($L_{中}$＋$L_{内}$)×梁高×梁宽

＝(57.4＋65.52)×0.24×0.24

＝7.08m^3

（4）条型砖基础(外墙按中心线，内墙按墙体净长线计算)

$V_{砖基}$＝(基础深＋大放脚折加高度)×基础宽×基础长－嵌入基础的构件体积

＝(2.1－0.3＋0.394)×0.24×(57.4＋65.52)－7.08(地圈梁)

＝64.72m^3

（5）砖基混凝土垫层(外墙按中心线，内墙按垫层净长线计算)

1）计算 1-1 剖面垫层工程量

长度＝(20.6＋8.1×2)＋(9－0.6－0.8)×2＋(2.4－0.6)×2＋2.1×2＋3×2＝65.8m

断面面积＝1.2×0.3＝0.36m^2

工程量＝65.8×0.36＝23.69m^3

2）计算 2-2 剖面垫层工程量

长度=(20.6)+(4.2−0.6−0.8)×4+(5.7−0.9−0.8)×2+(2.4−0.6×2)×3
=43.4m

断面面积=1.6×0.3=0.48m^2

工程量=43.4×0.48=20.83m^3

3) 砖基混凝土垫层工程量

体积=23.69+20.83=44.52m^3

(6)基础回填土

体积=挖土体积−室外地坪以下埋置构件的体积

$V_{基填}$=挖基础土方−(地圈梁+砖基础+砖基垫层)+(室外地坪到室内地坪之间墙的体积)

=279.88−(7.08+64.72+44.52)+(57.4+65.52)×0.24×0.75

=185.69m^3

(7) 室内回填土

体积=底层主墙间净面积×(室内外高差−地坪厚度)

=[底层面积−($L_{中}$+$L_{内}$)×0.24]×(室内外高差−地坪厚度)

=[20.84×8.34−(57.4+65.52)×0.24]×(0.75−0.08)=96.68m^3

(8) 土方运输

体积=挖土总体积−填土总体积

=279.88−(185.69+96.68)=−2.49m^3(买土)

【案例二】

背景材料:

根据某工程分部分项工程和单价措施项目的工程量和当地省级行政主管部门发布的《房屋建筑与装饰工程消耗量定额》中的消耗指标，进行工料分析计算得出各项资源消耗及该地区相应的市场价格，见表3-14，表中的单价均为不包含增值税可抵扣进项税额的价格。

纳税人所在地为城市，按照该工程所在地的省级行政部门发布的计价程序中的规定取费，安全文明施工费按分部分项工程和单价措施项目的（人工费+机械费）的12%计取，其他的总价措施项目费用合计为分部分项工程和单价措施项目的（人工费+机械费）的8%计取，其中人工费、施工机具使用费分别占比为35%、10%。企业管理费和利润分别按（人工费+机械费）的15%和10%计取，规费中的社会保险费和公积金合计为人工费的15%，按标准缴纳的工程排污费为0.3万元。增值税税率按11%计取。

资源消耗量及预算价格表 **表3-14**

资源名称	单位	消耗量	除税单价（元）	资源名称	单位	消耗量	除税单价（元）
32.5水泥	kg	1740.84	0.46	钢筋ϕ10以上	t	5.526	3700.00
42.5水泥	kg	18101.65	0.48	砂浆搅拌机	台班	16.24	42.84
52.5水泥	kg	20349.76	0.50	5t载重汽车	台班	14.00	310.59
黄砂	m^3	70.76	90.00	木工圆锯	台班	0.36	171.28
碎石	m^3	40.23	108.00	翻斗车	台班	16.26	101.59
钢模	kg	152.96	9.95	挖土机	台班	1.00	1060.00

续表

资源名称	单位	消耗量	除税单价（元）	资源名称	单位	消耗量	除税单价（元）
木门窗料	m^3	5.00	2480.00	混凝土搅拌机	台班	4.35	152.15
模板材	m^3	1.232	2200.00	卷扬机	台班	20.59	72.57
镀锌铁丝	kg	146.58	10.48	钢筋切断机	台班	2.79	161.47
灰土	m^3	54.74	50.48	钢筋弯曲机	台班	6.67	152.22
水	m^3	42.90	4.50	插入震动器	台班	32.37	11.82
电焊条	kg	12.98	6.67	平板震动器	台班	4.18	13.57
草袋子	m^3	24.30	0.94	履带式推土机	台班	10.38	858.54
黏土砖	千块	109.07	510.00	电动打夯机	台班	85.03	23.12
隔离剂	kg	20.22	2.00	普工	工日	350.00	60.00
铁钉	kg	61.57	5.70	一般技工	工日	100.00	80.00
钢筋 ϕ10 以内	t	2.307	3600.00	高级技工	工日	50.00	110.00

问题：

1. 简述单位工程施工图预算编制的定额单价法与实物量法的含义及优缺点。

2. 应用实物量法编制该基础工程的施工图预算。

［解题要点分析］

1. 本案例已根据当地省级行政主管部门发布的《房屋建筑与装饰工程消耗量定额》中的消耗指标，进行了工料分析，并得出各项资源的消耗量和该地区相应的市场价格表见表 3-14。在此基础上可直接利用表 3-15 计算出该基础工程的人工费、材料费和施工机具使用费。

2. 按背景材料给定的费率，并根据［2013］44 号文件关于建安工程费用的组成和规定取费。计算应计取的各项费用和税金，并汇总得出该基础工程的施工图预算造价。

问题 1：

（1）定额单价法是指分部分项工程的单价为工料单价，将分部分项工程量乘以对应分部分项工程单价后的合计作为单位人、材、机费，再根据规定的计算方法计取企业管理费、利润、规费和税金，将上述费用汇总后得到该单位工程的施工图预算造价。定额单价法中的单价一般采用地区统一单位估价表中的各分项工程工料单价。

定额单价法具有计算简单、工作量较小和编制速度较快、便于工程造价管理部门集中统一管理的优点。但其价格水平只能反映定额编制年份的价格水平，在市场价格波动较大的情况下，单价法的计算结果会偏离实际价格水平，虽然可采用调价，但调价系数和指数从测定到颁布又滞后且计算也较繁琐。

（2）实物量法是根据施工图计算的各分项工程量分别乘以地区定额中人工、材料、施工机械台班的定额消耗量，分类汇总得出该单位工程所需的全部人工、材料、施工机械台班消耗数量，然后再乘以当时当地人工工日单价、各种材料单价、施工机械台班单价，求出相应的人工费、材料费、施工机具使用费、企业管理费、利润、规费和税金等。

实物量法的优点是能较及时地将反映各种材料、人工、机械当时当地的市场单价并将其计入预算价格，不需调价，反映当时当地的工程价格水平，但计算过程较单价法繁琐。

问题 2：

（1）根据表 3-14 中各种资源的消耗量和市场价格，列表计算出该基础工程的人工费、材料费和施工机具使用费，见表 3-15。

由表 3-15 计算结果得出：

人工费：34500.00 元

材料费：136380.45 元

施工机具使用费：22756.25 元

人材机之和的费用＝345000＋136380.45＋22756.25＝193636.70 元

（2）根据表 3-15 计算求得的人工费、材料费、施工机具使用费和背景材料给定的费率计算该工程的施工图预算，见表 3-16。

总价措施项目费＝安全文明施工费＋其他总价措施项目费

＝(34500.00＋22756.25)×12%＋(34500.00＋22756.25)×8%

＝11451.25 元

分部分项工程和措施项目的全部人材机之和＝193636.70＋11451.25＝205087.95 元

分部分项工程和单价措施项目人、材、机费用计算表 **表 3-15**

资源名称	单位	消耗量	除税单价（元）	除税合价（元）	资源名称	单位	消耗量	除税单价（元）	除税合价（元）
32.5 水泥	kg	1740.84	0.46	800.79	砂浆搅拌机	台班	16.24	42.84	695.72
42.5 水泥	kg	18101.65	0.48	8688.79	5t 载重汽车	台班	14.00	310.59	4348.26
52.5 水泥	kg	20349.76	0.50	10174.88	木工圆锯	台班	0.36	171.28	61.66
黄砂	m^3	70.76	90.00	6368.40	翻斗车	台班	16.26	101.59	1651.85
碎石	m^3	40.23	108.00	4344.84	挖土机	台班	1.00	1060.00	1060.00
钢模	kg	152.96	9.95	1521.95	混凝土搅拌机	台班	4.35	152.15	661.85
木门窗料	m^3	5.00	2480.00	12400.00	卷扬机	台班	20.59	72.57	1494.22
模板材	m^3	1.232	2200.00	2710.40	钢筋切断机	台班	2.79	161.47	450.50
镀锌铁丝	kg	146.58	10.48	1536.16	钢筋弯曲机	台班	6.67	152.22	1015.31
灰土	m^3	54.74	50.48	2763.28	插入震动器	台班	32.37	11.82	382.61
水	m^3	42.90	4.50	193.05	平板震动器	台班	4.18	13.57	56.72
电焊条	kg	12.98	6.67	86.58	履带式推土机	台班	10.38	858.54	8911.65
草袋子	m^3	24.30	0.94	22.84	电动打夯机	台班	85.03	23.12	1965.89
黏土砖	千块	109.07	510.00	55625.70	施工机具费合计				22756.25
隔离剂	kg	20.22	2.00	40.44	普工	工日	350.00	60.00	21000.00
铁钉	kg	61.57	5.70	350.95	一般技工	工日	100.00	80.00	8000.00
钢筋 ϕ10 以内	t	2.307	3600.00	8305.20	高级技工	工日	50.00	110.00	5500.00
钢筋 ϕ10 以上	t	5.526	3700.00	20446.20	人工费合计				34500
材料费合计				136380.45					

工程施工图预算费用计算表　　表 3-16

序号	费用名称	费用计算表达式	金额(元)	备注
(1)	人材机费用之和	人工费+材料费+施工机具使用费	205087.95	
	其中：安全文明施工费	(34500.00+22756.25)×12%	6870.75	
(2)	企业管理费	(34500.00+22756.25+11451.25×45%)×15%	9361.40	
(3)	利润	(34500.00+22756.25+11451.25×45%)×10%	6240.93	
(4)	规费	(34500.00+11451.25×35%)×15%+3000.00	8776.19	
(5)	税金	(205087.94+9361.40+6240.93+8776.35)×11%	25241.33	
(6)	预算造价	(1)+(2)+(3)+(4)+(5)	254707.80	

【案例三】

背景材料：

某办公楼五层，局部七层。第一层至第五层结构外围水平面积为 998.63m²，框架混凝土结构外墙厚 240mm（轴线居中）；基础利用深基础架空层做设备层，层高 2.1m，外围水平面积为 1016.85m²；第六层和第七层外墙的轴线尺寸为 18m×50m；除了设备层外，其他各层的层高为 2.9m；在第五层屋顶至第七层屋顶有一室外楼梯（有顶盖），室外楼梯每层水平投影面积为 16.5m²；一层有带柱雨篷（伸出外墙面 2.3m），雨篷顶盖水平投影面积为 64.5m²，雨篷柱外围水平面积为 53.8m²。

办公楼二层至七层顶板为空心板，设计要求空心板内穿二芯塑料护套线，经测算穿护套线的有关资料如下：

(1) 人工消耗：基本用工 2.12 工日/100m，其他用工占总用工 8%；

(2) 材料消耗：护套线预留长度平均为 8.3m /100m，损耗率为 1.2%，接线盒 11 个/100m，钢丝 0.12 kg /100m；

(3) 预算价格：人工工日单价 84 元/工日，二芯塑料护套线 7.8 元/m，接线盒 7.6 元/个，钢丝 9.8 元/kg，其他材料 10.6 元/100m。

问题：

1. 计算该建筑物的建筑面积。

2. 编制空心板内穿二芯塑料护套线的补充定额单价。

3. 利用表 3-17 编制土建单位工程预算费用计算表。

假定该工程的土建工程人、材、机费合计为 2935800 元，其中人工费 726023 元。该工程取费系数为：企业管理费费率 50%，利润率 28%，规费费率 20%，税率 3%。

某办公楼单位工程费用计算表　　表 3-17

序号	费用名称	计算公式	金额（元）

4. 根据（问题3）的计算结果和表3-18所示的土建、水暖电和工器具等单位工程造价占单项工程综合造价的比例确定各项单项工程综合造价和单项工程总造价。

土建、水暖电和工器具等单位工程造价占单项工程综合造价的比例表　　表3-18

专业名称	土建	水暖电	工器具	设备购置	设备安装
所占比例	41.25	17.86	0.5	35.39	5

[解题要点分析]

本案例主要考查《建筑工程建筑面积计算规范》GB/T 50353—2013、预算定额补充子目单价的编制方法、单位工程施工图预算与单项工程预算的编制及它们之间的关系等知识点。尤其是《建筑工程建筑面积计算规范》的运用，要注意新旧规范之间的差别。

[答案]

问题1：

根据《建筑工程建筑面积计算规范》GB/T 50353—2013深基础架空层层高不足2.2m，计算1/2建筑面积；有永久顶盖的室外楼梯，按建筑物自然层水平投影面积的1/2计算建筑面积；雨篷伸出宽度超过2.1m，按水平投影面积1/2计算建筑面积。

建筑面积＝998.63×5＋1016.85×1/2＋（18.24×50.24×2）

＋16.5×2×1/2＋64.5×1/2

＝7383.08m²

问题2：

（1）人工消耗量＝2.12/（1－8%）＝2.304工日/100m

人工费＝2.304×84＝193.54元/100m

（2）材料消耗量（护套线）＝（100＋8.3）×（1＋1.2%）＝109.6m

材料费＝109.6×7.8＋11×7.6＋0.12×9.8＋10.6＝950.26元/100m

（3）护套线的补充定额单价＝193.54＋950.26＝1143.80元/100m

问题3：

编制的土建单位工程预算费用计算表，如表3-19所示。

某办公楼单位工程费用计算表　　表3-19

序号	费用名称	计算公式	金额(元)
1	人、材、机费合计		2935800
2	人工费合计		726023
3	企业管理费	2×50%	363012
4	利润	2×28%	203286
5	规费	2×20%	145205
6	税金	(1+3+4+5)×3%	109419
7	总造价	1+3+4+5+6	3756722

问题4：

单项工程综合总造价＝3756722/41.25%＝9107205元

其中：土建造价=3756722元

水暖电造价=9107205×17.86%=1626547元

工器具造价=9107205×0.5%=45536元

设备购置造价=9107205×35.39%=3223040元

设备安装造价=9107205×5%=455360元

练 习 题

习题1

背景材料：

如图3-7所示，某写字楼全框架结构，现浇楼板。结构尺寸：框架柱500mm×500mm，主梁（DL）400mm×700mm，连续梁（LL_1、LL_2）300mm×600mm，楼板厚120mm。采用混凝土C30（C20），水泥4.25级。配筋与定额含量一致。底层柱基顶面至楼板上表面5.4m，层高4.8m，2～8层层高均为3.3m。

问题：

根据《全国统一建筑工程预算工程量计算规则》计算框架柱和楼板的工程量。

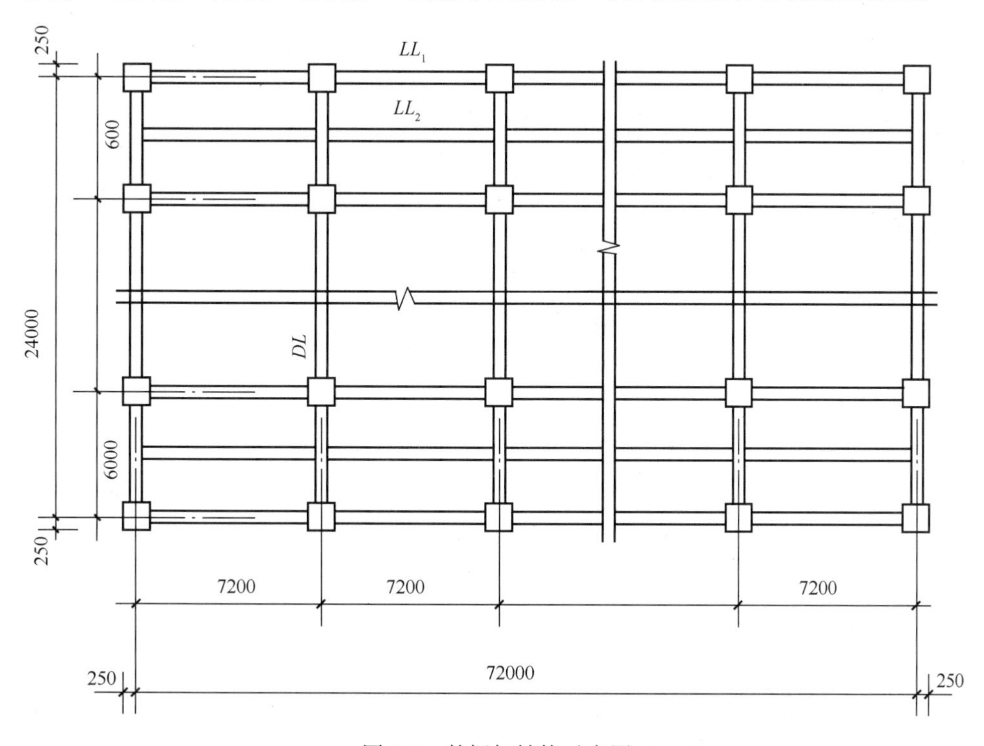

图3-7 某框架结构示意图

习题2

背景材料：

某砖混结构警卫室平面图和剖面图，如图3-8、图3-9所示，门窗表如表3-20所示。

（1）屋面结构为120mm厚现浇钢筋混凝土板，板面结构标高4.500m。②、③轴处有现浇钢筋混凝土矩形梁，梁截面尺寸为250mm×660mm（660mm中包括板厚120mm）。

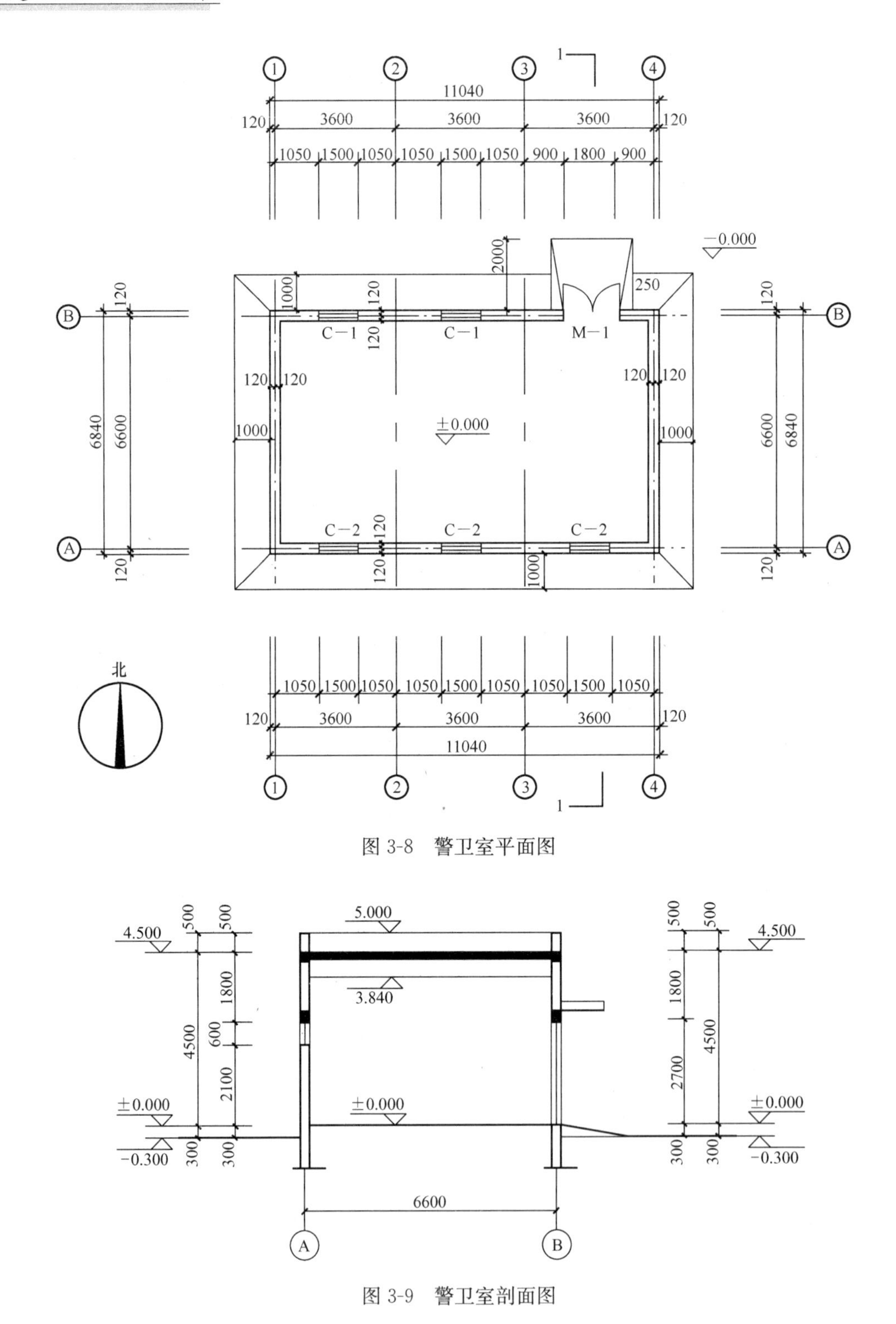

图 3-8　警卫室平面图

图 3-9　警卫室剖面图

（2）女儿墙设有混凝土压顶，其厚 60mm。±0.000 以上采用 Mu10.0 黏土砖混合砂浆砌筑，嵌入墙身的构造柱、圈梁和过梁体积合计为 5.01m³。

（3）地面混凝土垫层 80mm 厚，水泥砂浆面层 20mm 厚，水泥砂浆踢脚 120mm 高。

（4）内墙面、天棚面混合砂浆抹灰，白色乳胶漆刷白两遍。

该工程以人工费为计算基数的各项费用费率为：企业管理费50%，利润32%，规费20%，税金3%。

警卫室门窗表 **表3-20**

类别	门窗编号	洞口尺寸（mm）		数量
		宽	高	
门	M-1	1800	2700	1
窗	C-1	1500	1800	2
	C-2	1500	600	3

问题：

1. 依据《全国统一建筑工程预算工程量计算规则》计算并复核土建工程工程量计算表（表3-21）中所列内容，并将错误予以修正。

2. 依据我国现行的建筑安装工程费用组成和计算方法的相关规定，计算并复核施工图预算费用计算表（表3-22），并将错误予以修正（计算结果保留小数点后2位）。

土建工程工程量计算表 **表3-21**

序号	分项工程名称	单位	数量	计算式
1	地面混凝土垫层	m^2	71.28	
2	地面水泥砂浆面层	m^2	71.28	
3	水泥砂浆踢脚	m^2	4.18	
4	内墙混合砂浆抹灰	m^2	148.22	
5	内墙乳胶漆刷白	m^2	152.28	
6	天棚混合砂浆抹灰	m^2	67.16	
7	天棚乳胶漆刷白	m^2	76.06	
8	砖外墙	m^3	37.49	

注：复核结果填在“单位”、“数量”相应项目栏的下栏中，算式列在“计算式”栏中。

土建工程施工图预算费用计算表　　表 3-22

序号	费用名称	计算公式	金额（元）	备注
1	人工、材料、机械合计	人工费＋材料费＋施工机具使用费	34200.00	人工费 6530 元 材料费 24160 元 机械使用费 3510 元
2	企业管理费	6530×50%	3265.00	
3	利润	6530×32%	2089.60	
4	规费	6530×20%	1306.00	
5	税金	[(1)＋(2)＋(3)＋(4)]×3%	1225.82	
6	预算费用合计	(1)＋(2)＋(3)＋(4)＋(5)	42086.42	

注：复核结果填在“费用名称”、“计算公式”、“金额”相应项目栏的下栏中。

习题 3

背景材料：

某建筑物屋顶平面图如图 3-10 所示，从下至上屋面构造做法为：钢筋混凝土屋面板；20mm 厚 1∶3 水泥砂浆找平层；刷冷底子油一道、热沥青胶二道；干铺炉渣 2%找坡层最薄处 60mm 厚；20mm 厚 1∶8 水泥炉渣找平层；15mm 厚 1∶3 水泥砂浆找平层；刷冷底子油一道，二毡三油；预制钢筋混凝土板（500mm×500mm×30mm）架空隔热层。

问题：

依据《全国统一建筑工程预算工程量计算规则》计算该屋面工程的工程量。

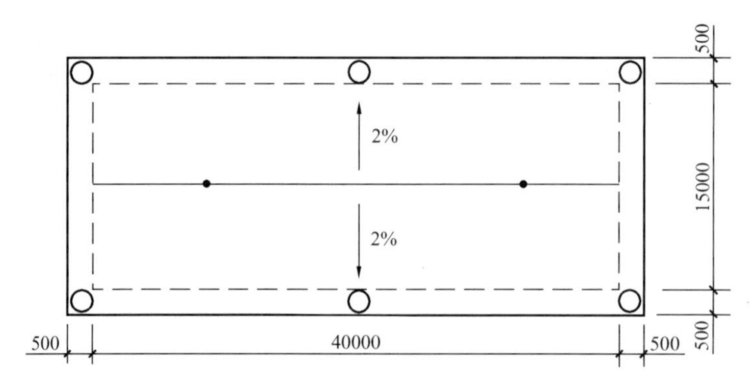

图 3-10　屋顶平面图

第4章　工程量清单与计价

本章知识要点

一、招标工程量清单的编制

1. 招标工程量清单的概念
2. 招标工程量清单的内容
3. 招标工程量清单的编制

二、工程量清单计价的确定

1. 工程量清单计价方法
2. 工程量清单招标控制价
3. 工程量清单计价投标报价
4. 工程量清单投标报价的标准格式

4.1　工程量清单的编制

4.1.1　工程量清单

一、工程量清单的概念

工程量清单是表现拟建工程的分部分项工程项目、措施项目、其他项目名称和相应数量的明细清单，是按照招标要求和施工图纸设计要求规定将拟建招标工程的全部项目和内容，依据统一的工程量计算规则、统一的工程量清单项目编制规则，计算拟建招标工程的分部分项工程数量的表格。

工程量清单是招标文件的组成部分，是由招标人发出的一套注有拟建工程各实物工程名称、性质、特征、单位数量及开办项目、税费等相关表格组成的文件。在理解工程量清单的概念时，首先应注意到，工程量清单是一份由招标人提供的文件，编制人是招标人或其委托的工程造价咨询单位。其次，在性质上工程量清单是招标文件的组成部分。一经中标且签订合同，即成为合同的组成部分。因此，无论招标人还是投标人都应该慎重对待。第三，工程量清单的描述对象是拟建工程，其内容涉及清单项目的性质、数量等，并以表格为主要表现形式。

二、工程量清单的内容

工程量清单主要包括工程量清单说明与工程量清单表两部分。

1. 工程量清单说明

工程量清单说明是招标人解释拟招标工程的工程量清单的编制依据及重要作用，明确清单中的工程量是招标人估算出来的，仅仅作为投标报价的基础，结算时的工程量应以工程师核准的实际完成量为依据，提示投标申请人重视清单以及如何使用清单。

2. 工程量清单表

工程量清单表作为清单项目和工程数量的载体，是工程量清单的重要组成部分。分部分项工程和单价措施项目工程量清单表见表4-1。

分部分项工程和单价措施项目工程量清单与计价表（招标工程量清单）　　表4-1

工程名称：　　　　　　　　　　　　　　　　　　　　共　页　第　页

序号	项目编码	项目名称	项目特征描述	计量单位	工程量	金额（元）		
						综合单价	合价	其中：暂估价
一		（分部工程名称）						
1		（分项工程名称）						
2								
⋮								
二		（分部工程名称）						
1		（分项工程名称）						
2								
⋮								

合理的清单项目设置和准确的工程数量，是清单计价的前提与基础。对于招标人而言，工程量清单是进行投资控制的前提与基础，工程量清单编制的质量直接关系和影响工程建设的最终结果。

三、工程量清单的编制

工程量清单主要由分部分项工程和单价措施项目工程量清单、总价措施项目清单和其他项目清单等组成，是编制标底与投标报价的依据，是签订工程合同、调整工程量和办理竣工结算的基础。

工程量清单由有编制招标文件能力的招标人或受其委托具有相应资质的工程造价咨询机构、招标代理机构依据有关计价办法、招标文件的有关要求、设计文件和施工现场实际情况进行编制。

1. 工程量清单的项目设置

工程量清单的项目设置规则是为了统一工程量清单项目名称、项目编码、计量单位和工程量计算而定的，是编制工程量清单的依据。在《建设工程工程量清单计价规范》中，对工程量清单项目的设置作了明确的规定。

（1）项目编码

以五级编码设置，用十二位阿拉伯数字表示。一、二、三、四级编码统一，第五级编码由工程量清单编制人区分具体工程的清单项目特征而分别编码。各级编码代表的含义如下：

1）第一级表示专业分类码（二位）；房屋建筑与装饰工程为01、仿古建筑工程为02、通用安装工程为03、市政工程为04、园林绿化工程为05、矿山工程为06、构筑物工程为07、城市轨道交通工程为08、爆破工程为09。

2）第二级表示章顺序码（二位）。

3）第三级表示节顺序码（二位）。

4）第四级表示清单项目名称码（三位）。

5）第五级表示具体清单项目码（三位）。

项目编码结构如图 4-1 所示（以安装工程为例）。

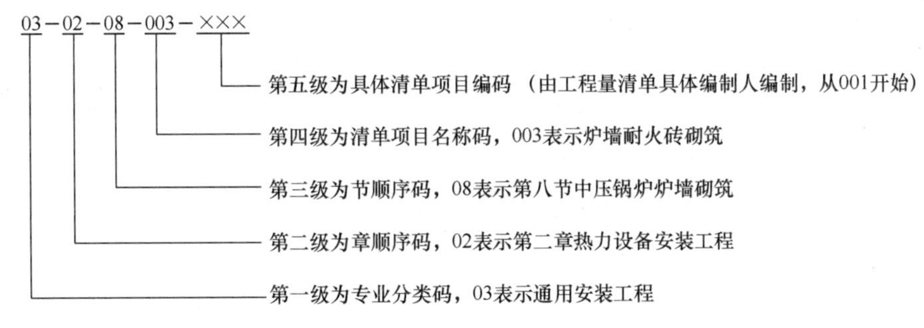

图 4-1 招标工程量清单项目编码

（2）项目名称

原则上以形成的工程实体而命名，项目名称若有缺项，招标人可按相应的原则进行补充，并上报当地的工程造价管理部门备案。

（3）项目特征

项目特征是对项目的准确描述，是影响价格的因素，是设置具体清单项目的依据。项目特征按不同的工程部位、施工工艺或材料品种、规格等分别列项。凡项目特征中未描述到的其他独有特征，由清单编制人视项目具体情况而定，以准确描述清单项目为准。

（4）计量单位

计量单位应采用基本单位，除各专业另有规定外，均按以下单位计量：

1）以重量计算的项目——（kg 或 t）；

2）以体积计算的项目——（m^3）；

3）以面积计算的项目——（m^2）；

4）以长度计算的项目——（m）；

5）以自然计量单位计算的项目——个、套、块、樘、组、台……

6）没有具体数量的项目——系统、项……

各专业有特殊计量单位的，再另作说明。

（5）工程内容

工程内容是指完成清单项目可能发生的具体工程，可供招标人确定清单项目和投标人投标报价参考。以建筑工程的砌墙为例，可能发生的具体工程有搭拆脚手架、运输、砌砖、勾缝等。

凡工程内容未列全的其他具体工程，由投标人按招标文件或图纸要求编制，以完成清单项目为准，综合考虑到报价中。

2. 工程数量的计算

工程数量的计算主要通过工程量计算规则计算。工程量计算规则是指对清单项目工程量计算的规定，除另有说明外，所有清单项目的工程量应以实体工程量为准，并以完成后的净产值计算；投标人投标报价时，应在单价中考虑施工中的各种损耗和需要增加的工程量。

工程量的计算规则按主要专业分为九个方面：

房屋建筑与装饰工程、仿古建筑工程、通用安装工程、市政工程、园林绿化工程、矿山工程、构筑物工程、城市轨道交通工程、爆破工程。

工程数量的计算，其精确度按下列规定：

（1）以“t”为单位的，保留小数点后三位，第四位小数四舍五入；

（2）以“m^3”、“m^2”、“m”为单位的，保留两位小数，第三位小数四舍五入；

（3）以“个”、“项”等为单位的，取至整数。

3. 招标文件中提供的工程量清单标准格式

招标工程量清单应采用统一格式，一般由下列内容组成：

（1）封面

格式见表4-2，由招标人填写、签字、盖章。

招标工程量清单封面　　　　**表4-2**

________工程 招标工程量清单	
招　标　人：________（单位盖章）	造价咨询人：________（单位盖章）
法定代表人 或其授权人：________（签字盖章）	法定代表人 或其授权人：________（签字盖章）
编　制　人：________ （造价人员签字盖专用章）	复　核　人：________ （造价人员签字盖专用章）
编制时间：________	编制时间：________

（2）填表须知

填表须知主要包括以下内容：

1）工程量清单及其计价格式中所要求签字、盖章的地方，必须由规定的单位与人员签字盖章；

2）工程量清单及其计价格式中的任何内容不得随意删除或涂改；

3）工程量清单计价格式中列明的所有需要填报的单价与合价，投标人均应填报，未填报的单价与合价，视为此项费用已包含在工程量清单的其他单价与合价中；

4）明确金额的表示币种。

（3）总说明

总说明按下列内容填写：

1）工程概况：建设规模、工程特征、计划工期、施工现场实际情况、交通运输情况、自然地理条件、环境保护要求等；

2）工程招标和分包范围；

3）工程量清单编制依据；

4）工程质量、材料、施工等的特殊要求；

5）招标人自行采购材料的名称、规格型号、数量等；

6）其他项目清单中招标部分的（包括预留金、材料购置费等）金额数量；

7）其他需要说明的问题。

（4）分部分项工程量清单

分部分项工程量清单应按照表4-1要求，填写项目编码、项目名称、项目特征、计量单位和工程数量五个部分，招标控制价和投标报价据此进行计价。

（5）措施项目清单

措施项目清单是指为完成工程项目施工，发生于该工程施工准备和施工过程中的技术、生活、安全、环境保护等方面的项目清单。

措施项目清单分为单价措施项目清单和总价措施项目清单，可以精确计算工程量的措施项目，并采用与分部分项工程项目清单编制相同的方式，编制“分部分项工程和单价措施项目清单与计价表”，见表4-1。而有一些措施项目费用的发生与使用时间、施工方法或者两个以上的工序相关，并大都与实际完成的实体工程量的大小关系不大，如安全文明施工费、冬雨季施工费、已完工程设备保护等，应编制“总价措施项目清单与计价表”。措施项目清单必须根据相关工程现行国家计量规范的规定与拟建工程的实际情况列项。

（6）其他项目清单

其他项目清单应按照下列内容列项：暂列金额、暂估价（包括材料暂估单价、工程设备暂估单价、专业工程暂估价）、计日工、总承包服务费。

1）暂列金额应根据工程特点按有关计价规定估算；

2）暂估价中的材料、工程设备暂估单价应根据工程造价信息或参照市场价格估算，列出明细表；专业工程暂估价应分不同专业，按有关计价规定估算，列出明细表；

3）计日工应列出项目名称、计量单位和暂估数量；

4）总承包服务费应列出服务项目及其内容等。

（7）规费税金项目清单

规费税金项目清单应按照规定的内容列项，当出现规范中没有的项目，应根据省级政府或有关部门的规定列项。税金项目清单除规定的内容外，如国家税法发生变化或增加税种，就应对税金项目清单进行补充。

4.1.2 案例

【案例一】

背景材料：

现浇C30钢筋混凝土独立基础（5个），基础垫层为C15混凝土100mm厚，如图4-2所示。

问题：

根据《建设工程工程量清单计价规范》回答以下问题：

1. 项目名称；
2. 计量单位；
3. 项目编码；
4. 计算清单项目工程量；
5. 填制C30钢筋混凝土独立基础分部分项工程量清单表。

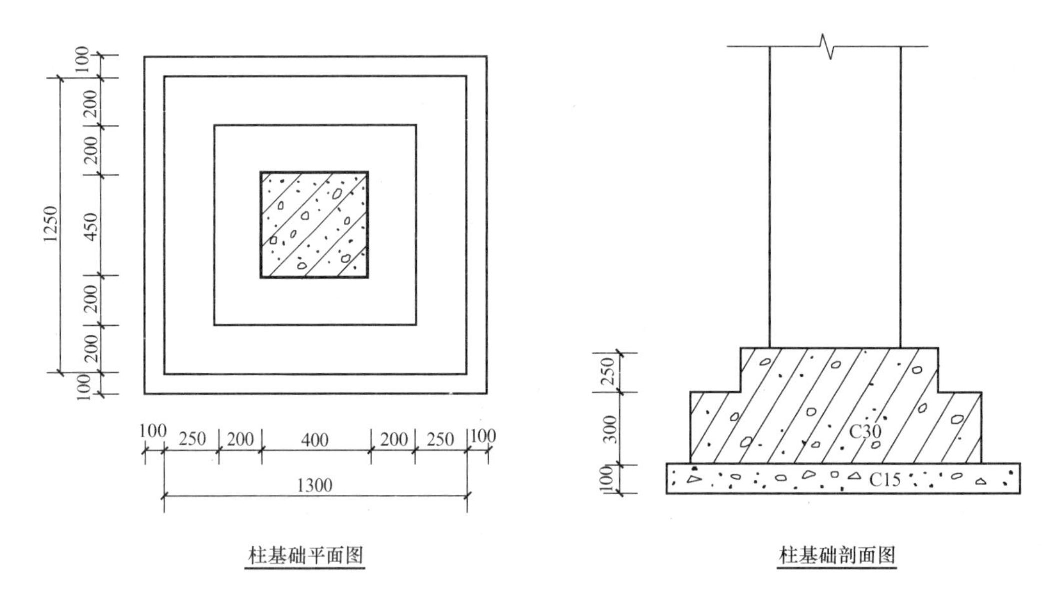

图 4-2 钢筋混凝土独立基础平面、剖面图

[解题要点分析]

本案例主要考查《建设工程工程量清单计价规范》中工程量清单项目编码、项目名称、计量单位及工程量计算规则的应用，以及工程量清单表格的构成形式。在计算本案例中的工程量时要注意，对工程量清单的计算规则与传统定额的工程量计算规则的不同之处，应加以区分，不能混淆。

本案例应根据《建设工程工程量清单计价规范》附录 A 的内容确定项目名称、计量单位、项目编码，并计算清单工程量等。

本案例只计算清单项目 C30 混凝土独立基础的工程数量与 C15 混凝土基础垫层的工程数量，其由招标人在编制工程量清单时计算。

[答案]

问题 1：

项目名称：现浇 C30 混凝土独立基础；

问题 2：

计量单位：m^3；

问题 3：

项目编码：010501003001；

问题 4：

计算清单项目工程量：

C30 混凝土独立基础＝(1.30×1.25×0.30＋0.80×0.85×0.25)×5 个

＝(0.4875＋0.170)×5 个

＝3.29m^3

问题 5：

填制分部分项工程量清单表，如表 4-3 所示。

分部分项工程量清单表 表 4-3

工程名称：

序号	项目编码	项目名称	项目特征	计量单位	工程量
1	010501003001	现浇混凝土独立基础	1. 混凝土种类：商品混凝土 2. 混凝土强度等级：C30 3. 基础类型：独立基础 4. 截面形式：矩形 5. 模板材质：复合木板 6. 支撑材质：钢支撑	m^3	3.29

【案例二】

背景材料：

某住宅工程首层外墙外边线尺寸见图 4-3，该建筑物在±300mm 内全部挖填找平，需取土 7.5m^3 回填，取土运距 2km。

问题：

试计算人工平整场地工程量并编制分部分项工程量清单表。

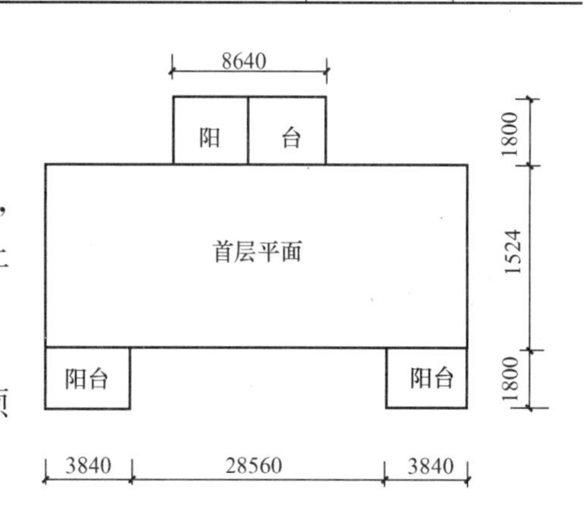

图 4-3 人工平整场地示意图

[解题要点分析]

本案例主要考查《建设工程工程量清单计价规范》中工程量清单项目编码、项目名称、计量单位及工程量计算规则的应用，以及工程量清单表格的构成形式。在计算本案例中的工程量时要注意，对工程量清单的计算规则与传统定额的工程量计算规则的不同之处，应加以区分，不能混淆。

[答案]

(1)计算人工平整场地

人工平整场地工程量$=15.24\times(28.56+3.84\times2)+3.84\times1.80\times2+8.64\times1.80$

$=15.24\times36.24+13.82+15.55$

$=581.67m^2$

(2)计算人工取土(运距 2km) 人工取土工程量$=7.50m^3$

(3)列出分部分项工程量清单表，如表 4-4 所示。

分部分项工程量清单表 表 4-4

工程名称：

序号	项目编码	项目名称	项目特征	计量单位	工程量
1	010101001001	平整场地	土壤类别：二类土 人工取土填方量为 7.50m^3 取土运距 2km	m^2	581.67

【案例三】

背景材料：

某民用建筑平面、剖面如图 4-4、图 4-5、图 4-6 所示。其中墙厚 240mm，M5.0 混合砂浆；圈梁沿外墙附设，采用 C25 混凝土，Ⅰ钢筋，断面 240mm×180mm；门窗洞口尺寸：M-1（1.2m×2.4m），M-2（0.9m×2.0m），C-1（1.5m×1.8m）。

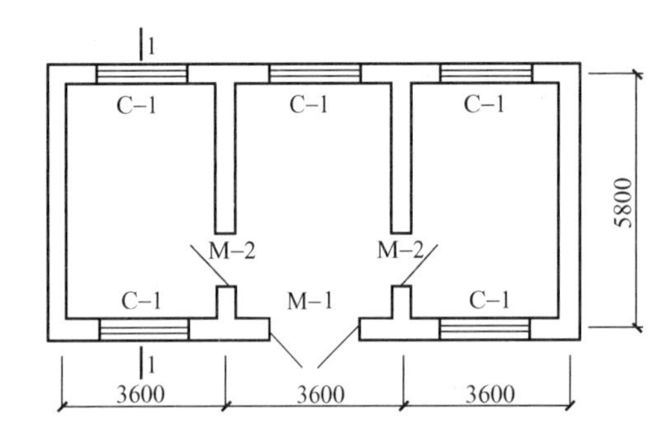

图 4-4　某民用建筑底层平面图

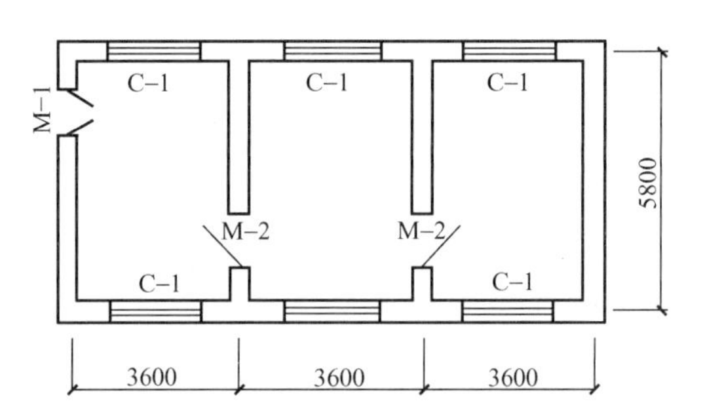

图 4-5　某民用建筑二、三层平面图

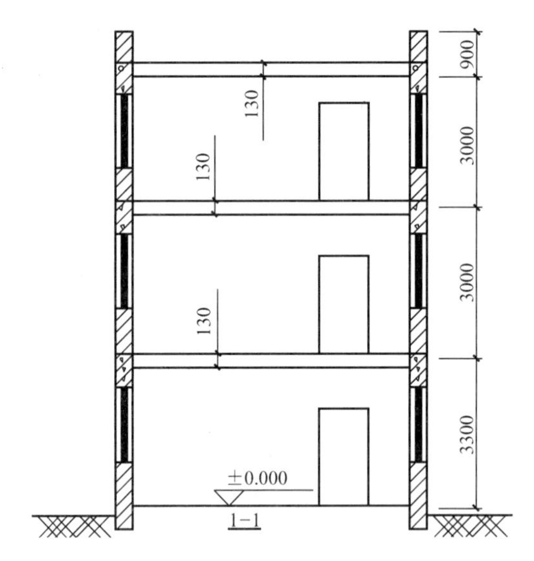

图 4-6　某民用建筑墙体剖面图

问题：

1. 根据《建设工程工程量清单计价规范》填制外墙砌体的分部分项工程量清单表。

2. 根据《建设工程工程量清单计价规范》填制内墙砌体的分部分项工程量清单表。

［解题要点分析］

本案例主要考查《建设工程工程量清单计价规范》中墙体工程量清单项目编码、项目名称、计量单位及工程量计算规则的应用，以及工程量清单表格的构成形式。在计算本案例中的工程量时要注意，对工程量清单的计算规则与传统定额的工程量计算规则的不同之处，应加以区分，不能混淆。

［答案］

问题 1：

计算外墙砌体体积

$L_{外}$＝(3.6×3＋5.8)×2＝33.20m

外墙面积：

$S_{外}$＝33.2×（3.30＋3.00×2＋0.90）－门窗面积

＝33.20×10.2－1.2×2.4×3（M-1 面积）－1.5×1.8×17（C-1 面积）

＝284.10m²

外墙体积：

$V_{外}$＝284.10×0.24－33.2×0.24×0.18（圈梁体积）＝66.75m³

问题 2：

计算内墙砌体体积

$L_{内}$＝(5.8－0.24)×2＝11.2m

内墙面积：

$S_{内}$＝11.2×(9.3-0.13×2)－门窗面积

＝11.2×9.04－0.9×2.0×6(M-2 面积)＝90.45m²

内墙体积：

$V_{内}$＝90.45×0.24＝21.71m³

列出内、外墙分部分项工程量清单表，如表 4-5 所示。

分部分项工程量清单 **表 4-5**

工程名称：

序号	项目编码	项目名称	项目名称及特征	计量单位	工程量
1	010401003001	实心砖（外）墙	普通砖外墙，混水墙，MU10.0 墙体类型：直形 墙体厚度：240mm 墙体高度：3.0m 砂浆等级：M5.0 混合砂浆	m³	66.75
2	010401003002	实心砖（内）墙	普通砖内墙，混水墙，MU10.0 墙体类型：直形 墙体厚度：240mm 墙体高度：3.0m 砂浆等级：M5.0 混合砂浆	m³	21.71

练　习　题

习题 1

背景材料：

某工程土壤类别为三类土。基础为标准砖大放脚带型基础，长 265.20m，垫层宽度为 110mm，挖土深度为 1.60m；弃土运距 5km。

问题：

1. 根据《建设工程工程量清单计价规范》计算土方清单工程量。

2. 根据《建设工程工程量清单计价规范》编制土方分部分项工程量清单。

习题 2

背景材料：

如图 4-4、图 4-5、图 4-6 所示。

问题：

1. 根据《建设工程工程量清单计价规范》编制现浇混凝土圈梁分部分项工程量清单。

2. 根据《建设工程工程量清单计价规范》编制塑钢门窗分部分项工程量清单。

习题 3

背景材料：

如图 4-7 所示，某建筑物为 240mm 与 370mm 内外砖墙，室内外高差 0.45m。C10 混凝土散水厚 60mm，宽 800mm，散水底素土夯实，面层 10mm 厚 1∶1 水泥砂浆一次抹光；室内素土夯实，100mm 厚 C20 混凝土垫层，1∶4 水泥砂浆结合层，素水泥浆一道，500mm×500mm 花岗岩面层；1∶3 水泥砂浆打底，120mm 高 500mm×500mm 花岗岩踢脚线。

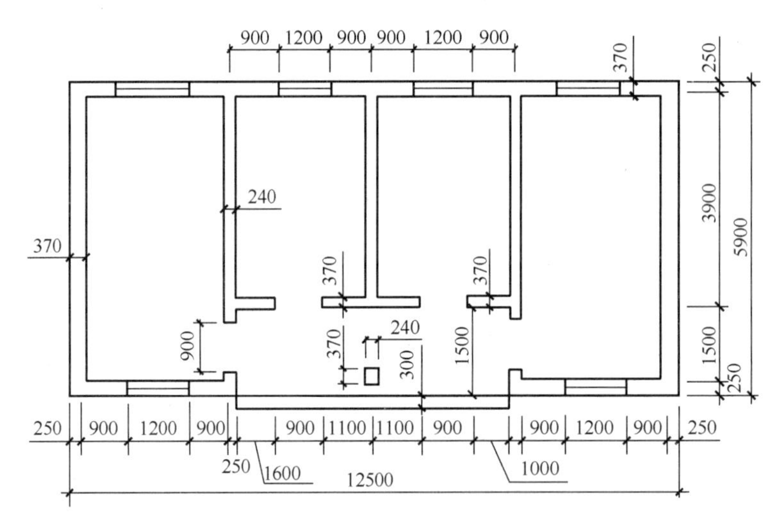

图 4-7　某建筑物平面图

问题：

根据《建设工程工程量清单计价规范》

1. 列出项目名称；

2. 确定项目编码；

3. 写出项目特征；

4. 列出工程内容；

5. 确定计量单位；

6. 计算清单工程量；

7. 列出分部分项工程量清单表。

习题 4

背景材料：

根据第 3 章（习题 2）背景材料，某砖混结构警卫室平面图如图 3-8 所示，门窗表如表 3-20 所示。

问题：

根据《建设工程工程量清单计价规范》列式计算工程量清单表 4-6 中，未计算的分部分项工程量。

分部分项工程量清单表 **表 4-6**

序号	分部分项工程名称	单位	工程量
1	M5 水泥砂浆砌一砖外墙	m^3	
2	现浇钢筋混凝土有梁板	m^3	10.29
3	现浇钢筋混凝土构造柱	m^3	2.01
4	现浇钢筋混凝土圈过梁	m^2	0.91
5	钢筋混凝土女儿墙压顶	m^2	0.50
6	钢筋	t	1.5
7	铝合金平开门	m^2	4.86
8	铝合金推拉窗	m^2	
9	水泥砂浆地面面层	m^2	
10	水泥砂浆踢脚线	m^2	
11	门前混凝土坡道	m^2	
12	混凝土散水	m^2	
13	内墙面抹灰	m^2	
14	天棚抹灰	m^2	
15	抹灰面上刷乳胶漆两遍	m^2	
16	外墙面釉面砖	m^2	
17	屋面保温层（干铺珍珠岩）	m^2	6.72
18	屋面防水层（平屋面 $i=2\%$）	m^2	
19	屋面铁皮排水	m^2	4.8

习题 5

背景材料：

某银行营业大厅平面如图 4-8 所示，结构标高 5.8m，楼板厚 120mm。天棚做法为轻

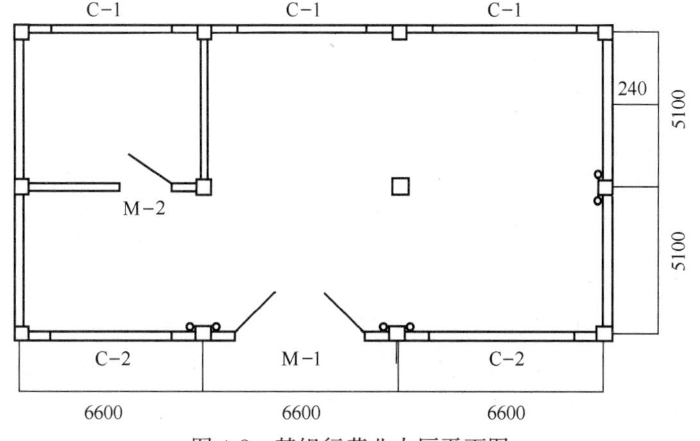

图 4-8 某银行营业大厅平面图

钢龙骨吊顶，600mm×600mm 石膏板面层，一级天棚。内墙面粘贴大理石。C-1：1500mm×1500mm，C-2：1500mm×1800mm，M-1：1500mm×2400mm，M-2：900mm×2400mm，柱子断面 500mm×500mm。

问题：

根据《建设工程工程量清单计价规范》列出天棚工程、墙面装饰工程分部分项工程量清单表。

4.2　工程量清单计价的确定

4.2.1　工程量清单计价方法

一、工程量清单计价方法

工程量清单计价的基本过程可以描述为：在统一的工程量计算规则的基础上，制定工程量清单项目设置规则，根据具体工程的施工图纸计算出各个清单项目的工程量，再根据所获得的工程造价信息和经验数据计算得到工程造价。这一基本过程如图 4-9 所示。

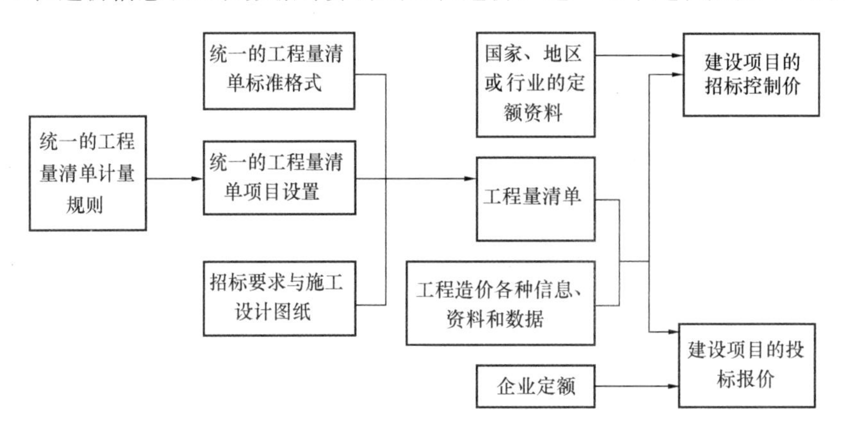

图 4-9　工程造价工程量清单计价过程示意图

从工程量清单计价过程示意图中可以看出，其编制过程可分为两个阶段：利用工程量清单来编制招标控制价和利用工程量清单来编制投标报价。招标控制价是在编制的工程量清单和国家、地区或行业的定额资料以及各类工程造价信息的基础上编制的。投标报价是在招标方提供的工程量清单的基础上，根据企业自身所掌握的各种信息、资料，结合企业定额编制得出的。

招标控制价和投标报价的编制程序基本相同，其计价程序如下：

$$\text{分部分项工程费} = \sum \text{分部分项工程量} \times \text{分部分项工程综合单价} \tag{4-1}$$

其中分部分项工程综合单价由人工费、材料费、施工机具使用费、企业管理费、利润等组成，并考虑风险费用。

$$\text{单价措施项目费} = \sum \text{单价措施项目工程量} \times \text{单价措施项目综合单价} \tag{4-2}$$

单价措施项目综合单价的构成与分部分项工程综合单价的构成类似。

招标控制价和投标报价还包括总价措施项目费、其他项目费、规费和税金。

$$\text{措施项目费} = \text{单价措施项目费} + \text{总价措施项目费} \tag{4-3}$$

$$单位工程招标控制价=分部分项工程费+措施项目费+其他项目费+规费+税金 \quad (4\text{-}4)$$

$$单项工程招标控制价=\sum 单位工程招标控制价 \quad (4\text{-}5)$$

$$建设项目总招标控制价=\sum 单项工程招标控制价 \quad (4\text{-}6)$$

$$单位工程投标报价=分部分项工程费+措施项目费+其他项目费+规费+税金 \quad (4\text{-}7)$$

$$单项工程投标报价=\sum 单位工程投标报价 \quad (4\text{-}8)$$

$$建设项目总投标报价=\sum 单项工程投标报价 \quad (4\text{-}9)$$

二、工程量清单招标控制价

建设工程的招标控制价反映的是单位工程费用，各单位工程费用是由分部分项工程费、措施项目费、其他项目费、规费和税金组成。单位工程招标控制价计价程序见表4-7。

由于投标人（施工企业）投标报价计价程序与招标人（建设单位）招标控制价计价程序具有相同的表格，为便于对比分析，此处将两种表格合并列出，其中表格栏目中斜线后带括号的内容用于投标报价，其余为通用栏。

招标控制价/投标报价计价程序表　　**表4-7**

序号	汇总内容	计算方法	金额（元）
1	分部分项工程	按计价规定计算/(自主报价)	
1.1			
1.2			
2	措施项目	按计价规定计算/(自主报价)	
2.1	其中：安全文明施工费	按规定标准估算/(按规定标准计算)	
2.2			
3	其他项目		
3.1	暂列金额	按计价规定估算/(按招标文件提供金额计列)	
3.2	其中：专业工程暂估价	按计价规定估算/(按招标文件提供金额计列)	
3.3	其中：计日工	按计价规定估算/(自主报价)	
3.4	其中：总承包服务费	按计价规定估算/(自主报价)	
4	规费	按规定标准计算	
5	税金	(人工费+材料费+施工机具使用费+企业管理费+利润+规费)×规定税率	
招标控制价/(投标报价)		合计=1+2+3+4+5	

1. 招标控制价分部分项工程费的编制要求

（1）分部分项工程费应根据招标文件中的分部分项工程量清单及有关要求，按《建设工程工程量清单计价规范》GB 50500—2013有关规定确定综合单价计价。

（2）工程量依据招标文件中提供的分部分项工程量清单确定。

（3）招标文件提供了暂估单价的材料，应按暂估的单价计入综合单价。

（4）为使招标控制价与投标报价所包含的内容一致，综合单价中应包括招标文件中要求投标人所承担的风险内容及其范围（幅度）产生的风险费用。

2. 措施项目费的编制要求

（1）措施项目费中的安全文明施工费应当按照国家或省级、行业建设主管部门的规定标准计价，该部分不得作为竞争性费用。

（2）措施项目应按招标文件中提供的措施项目清单确定，措施项目分为以“量”计算和以“项”计算两种。对于可精确计量的措施项目，以“量”计算，即按其工程量用与分部分项工程工程量清单单价相同的计算方式确定综合单价；对于不可精确计量的措施项目，则以“项”为单位，采用费率法按有关规定综合取定，采用费率法时需确定某项费用的计费基数及其费率，结果应是包括除规费、税金以外的全部费用。计算公式为：

$$以“项”计算的措施项目清单费=措施项目计费基数\times费率 \tag{4-10}$$

3. 其他项目费的编制要求

（1）暂列金额

暂列金额可根据工程的复杂程度、设计深度、工程环境条件（包括地质、水文、气候条件等）进行估算，一般可以以分部分项工程费的10％～15％为参考。

（2）暂估价

暂估价中的材料单价应按照工程造价管理机构发布的工程造价信息中的材料单价计算，工程造价信息未发布的材料单价，其单价参考市场价格估算；暂估价中的专业工程暂估价应分不同专业，按有关计价规定估算。

（3）计日工

在编制招标控制价时，对计日工中的人工单价和施工机具台班单价应按省级、行业建设主管部门或其授权的工程造价管理机构公布的单价计算；材料应按工程造价管理机构发布的工程造价信息中的材料单价计算，工程造价信息未发布单价的材料，其价格应按市场调查确定的单价计算。

（4）总承包服务费

总承包服务费应按照省级或行业建设主管部门的规定计算，在计算时可参考以下标准：

1）招标人仅要求对分包的专业工程进行总承包管理和协调时，按分包的专业工程估算造价的1.5％计算；

2）招标人要求对分包的专业工程进行总承包管理和协调，并同时要求提供配合服务时，根据招标文件中列出的配合服务内容和提出的要求，按分包的专业工程估算造价的3％～5％计算；

3）招标人自行供应材料的，按招标人供应材料价值的1％计算。

三、工程量清单投标报价

1. 投标报价的前期工作

（1）研究招标文件

投标人取得招标文件后，为保证工程量清单报价的合理性，应对投标人须知、合同条件、技术规范、图纸和工程量清单等重点内容进行分析，深刻而正确地理解招标文件和招标人的意图。

（2）调查工程现场

招标人在招标文件中一般会明确进行工程现场探勘的时间和地点。投标人调查的重点一般集中在自然条件调查、施工条件调查和其他条件调查。其他条件调查主要包括各种构件、半成品及商品混凝土的供应能力和价格，以及现场附近的生活设施、治安情况等情况的调查。

2. 询价与工程量复核

（1）询价

工程投标活动中，施工单位不仅要考虑投标报价能否中标，还应考虑中标后所承担的风险。因此，在报价前必须通过各种渠道，采用各种方式对所需人工、材料、施工机具等要素进行系统的调查，通过询价掌握各种要素的价格、质量、供应时间、供应数量等数据。

（2）工程量复核

工程量清单作为招标文件的重要组成部分，是由招标人提供的。工程量的大小是投标报价最直接的依据。投标人复核工程量，要与招标文件中所给的工程量进行对比，复核工程量的准确程度，将影响承包商的经营行为：一是根据复核后的工程量与招标文件提供的工程量之间的差距，从而考虑相应的投标策略，决定报价尺度；二是根据工程量的大小采取合适的施工方法，选择适用、经济的施工机具设备、投入使用相应的劳动力数量。

3. 投标报价的编制及注意事项

投标报价的编制过程，应首先根据招标人提供的工程量清单编制分部分项工程和措施项目清单与计价表，其他项目清单与计价汇总表，规费、税金项目计价表，计算完毕之后，汇总得到单位工程投标报价汇总表，再层层汇总，分别得到单项工程投标报价汇总表和工程项目投标总价汇总表。编制过程中，投标人应按招标人提供的工程量清单填报价格。填写的项目编码、项目名称、项目特征、计量单位、工程量必须与招标人提供的一致。

投标报价的编制过程与招标控制价基本相同，其编制过程中需要注意以下几点：

（1）投标报价由投标人自主确定，但必须执行《建设工程工程量清单计价规范》GB 50500—2013 的规定；

（2）投标人的投标报价不能低于成本价；

（3）投标报价要以招标文件中设定的发承包双方责任划分，作为考虑投标报价费用项目和费用计算的基础，发承包双方的责任划分不同，会导致不同的合同风险分摊，从而导致投标人选择不同的报价，并且要根据工程发承包模式考虑投标报价的费用内容和计算深度；

（4）以施工方案、技术措施等作为投标报价计算的基本条件；以反映企业技术和管理水平的企业定额作为计算人工、材料和机具台班消耗量的基本依据；充分利用现场考察、调研成果、市场价格信息和行情资料，编制基础投标报价。

四、工程量清单与计价表的标准格式

1. 分部分项与单价措施项目工程量清单与计价表的标准格式

分部分项与单价措施项目工程量清单与计价表，应包括项目编码、项目名称、项目特征、计量单位、工程量、金额等。其格式如表 4-8 所示。因单价措施项目的计价方式与分部分项工程量相同，故与分部分项工程同时列项，具体规定会在措施项目费用中作详细介绍。

分部分项与单价措施项目工程量清单与计价表　　**表 4-8**

工程名称：　　标段：　　第　页　共　页

序号	项目编码	项目名称	项目特征描述	计量单位	工程量	金额（元）		
						综合单价	合价	其中：暂估价

2. 措施项目清单与计价表的标准格式

措施项目费中不能计算工程量的费用发生与使用时间、施工方法或者两个以上的工序有关，如安全文明施工、夜间施工、非夜间施工照明、二次搬运、冬雨季施工、已完工程及设备保护费等。措施项目中可以计算工程量的项目，如模板、脚手架、施工排水降水、垂直运输机械等，这类项目按照分部分项工程量确定的方法采用综合单价计价，更有利于工程费的确定和调整。

措施项目对于不能计算出工程量的措施项目，以“项”为计量单位进行编制（如表 4-9 所示），对于能计算出工程量的措施项目宜采用分部分项工程量清单计价的方式编制，列出项目编码、项目名称、项目特征、计量单位、工程量和金额等（如表 4-8 所示）。

总价措施项目清单与计价表　　**表 4-9**

工程名称：　　标段：　　第　页　共　页

序号	项目编码	项目名称	计算基础	费率（%）	金额（元）	调整费率（%）	调整后金额（元）	备注
		安全文明施工费						
		夜间施工增加费						
		二次搬运费						
		冬雨季施工增加费						
		已完工程及设备保护费						

注：(1) 根据住房和城乡建设部、财政部发布的《建筑安装工程费用项目组成》（建标［2013］44 号）的规定，计算基数应为定额基价（定额分部分项工程费＋定额中可以计量的措施项目费）、定额人工费或（定额人工费＋定额机械费），其费率由工程造价管理机构根据各专业工程的特点综合确定。

(2) 其他项目的计费基数应为定额人工费或（定额人工费＋定额机械费），其费率由工程造价管理机构根据各专业工程特点和调查资料综合分析后确定。

3. 其他项目清单与计价表的标准格式

其他项目清单与计价表的标准格式，如表 4-10 所示。

其他项目清单与计价汇总表　　**表 4-10**

工程名称：　　标段：　　第　页　共　页

序号	项目名称	金额（元）	结算金额（元）	备注
1	暂列金额			
2	暂估价			
2.1	材料（工程设备）暂估价			
2.2	专业工程暂估价			
3	计日工			
4	总承包服务费			
5	索赔与现场签证			
合计				

注：材料（工程设备）暂估单价进入清单项目综合单价，此处不汇总。

（1）暂列金额

暂列金额可按表 4-11 的格式进行详细列项。

暂列金额明细表　　**表 4-11**

工程名称：　　标段：　　第　页共　页

序号	项目名称	计量单位	暂定金额（元）	备注
合计				

注：此表由招标人填写，如不能详列，也可只列暂定金额总额，投标人应将上述暂列金额计入投标总价中。

（2）暂估价

暂估价包括材料暂估价（如表 4-12 所示）和专业工程暂估价（如表 4-13 所示）。

材料暂估单价表　　**表 4-12**

工程名称：　　标段：　　第　页共　页

序号	材料（工程设备）名称、规格、型号	计量单位	数量		暂估（元）		确认（元）		差额±（元）		备注
			暂估	确认	单价	合价	单价	合计	单价	合计	

注：此表由招标人填写暂估单价，并在备注栏说明暂估价的材料、工程设备拟用在哪些清单项目上，投标人应将上述材料、设备暂估单价计入工程量清单综合单价报价中。

专业工程暂估价表　　**表 4-13**

工程名称：　　标段：　　第　页共　页

序号	工程名称	工程内容	暂估金额（元）	结算金额（元）	差额±（元）	备注

注：此表由招标人填写，投标人应将上述专业工程暂估价计入投标总价中。

(3) 计日工

计日工表格形式如表4-14所示。

计日工表 **表4-14**

工程名称： 标段： 第 页共 页

编号	项目名称	单位	暂定数量	实际数量	综合单价（元）	合价	
						暂定	实际
一	人工						
1							
2							
…							
人工小计							
二	材料						
1							
2							
…							
材料小计							
三	施工机具						
1							
2							
…							
施工机具小计							
总计							

注：此表项目名称、暂定数量由招标人填写，编制招标控制价时，单价由招标人按有关计价规定确定；投标时，单价由投标人自主报价，按暂定数量计算计入投标总价中。结算时，按发承包双方确认的实际数量计算合价。

(4) 总承包服务费

总承包服务费按照表4-15的格式列项。

总承包服务费计价表 **表4-15**

工程名称： 标段： 第 页共 页

序号	项目名称	项目价值（元）	服务内容	计算基础	费率（%）	金额（元）
1	发包人发包专业工程					
2	发包人供应材料					
合计						

注：此表项目名称、服务内容由招标人填写，编制招标控制价时，费率与金额由招标人按有关计价规定确定；投标时，费率与金额由投标人自主报价，计入投标总价中。

4. 规费、税金项目清单与计价表的标准格式

规费和税金项目清单与计价表的标准格式如表4-16所示，当出现新的规费、税金项目时，可对规费、税金项目清单进行补充。

规费、税金项目清单与计价表 表4-16

工程名称： 标段： 第 页共 页

序号	项目名称	计算基础	计算基数	计算费率（%）	金额（元）
1	规费	定额人工费			
1.1	社会保险费	定额人工费			
(1)	养老保险费	定额人工费			
(2)	失业保险费	定额人工费			
(3)	医疗保险费	定额人工费			
(4)	生育保险费	定额人工费			
(5)	工伤保险费	定额人工费			
1.2	住房公积金	定额人工费			
1.3	工程排污费	预算按工程所在地环境保护部门收费标准计算，结算时按实结算			
2	税金	分部分项工程费＋措施项目费＋其他项目费＋规费－按规定不计税的工程设备金额			
合计					

4.2.2 案例

【案例一】

背景材料：

某多层砖混住宅土方工程，土壤类别为三类，基础为砖大放脚、带型基础，垫层宽度为920mm，挖土深度为1.8m，弃土运距为4km。经业主根据基础施工图计算：

基础挖土截面积为：0.92m×1.8m=1.656m^2

基础总长度为：1590.6m

土方挖方总量为：2634m^3

问题：

以人工和施工机具使用费为基数计算的企业管理费费率为34%，利润（含风险）率为8%，根据业主提供的土方工程量进行工程量清单分部分项清单的计价。

[解题要点分析]

本案例主要考查工程量清单计价中工程量计算规则、分部分项工程量清单计价单价的构成及分部分项工程量清单计价的方法，其中主要是工程量清单单价的计价方法，要根据发包人给出的量计算出单价、合价。工程量清单采用综合单价，单价中包含：人工费、材料费、施工机具使用费、企业管理费、利润（含风险），单价乘以工程量等于合价。

[答案]

业主提供的土方工程量是净工程量，实际开挖量应根据施工方案计算。该案例的计算分为以下几个步骤：

（1）业主根据基础施工图计算：

土方挖方总量为：2634m^3

（2）经投标人根据地质资料和施工方案计算：

1）基础挖土截面为：（工作面各边 0.25m，放坡系数为 0.2）

{(0.92＋0.25×2)＋[(0.92＋0.25×2)＋1.8×0.2×2]}÷2×1.8m＝3.20m^2

基础总长度：1590.6m

土方挖方总量为：5089.92m^3

2）采用人工挖土，挖土量为 5089.92m^3。根据施工组织设计规定除沟边堆土外，现场堆土 2170.5m^3、运距 60m，采用人工运输；装载机装，自卸汽车运，运距 4km，土方量 1920m^3。

3）人工挖土、运土（60m 以内）

人工费：5089.92m^3×33.82 元/m^3＋2170.5m^3×20.05 元/m^3＝215659.62 元

人工挖土、运土人工费合计＝215659.62 元

4）装载机装土、自卸汽车运土（4km）

① 人工费：95 元/工日×0.006 工日/m^3×1920m^3×2＝2188.80 元

② 材料费（水）：3.8 元/m^3×0.012m^3/m^3×1920m^3＝87.55 元

③ 施工机具使用费：

装载机(轮胎式 1m^3)400 元/台班×0.00398 台班/m^3×1920m^3＝3056.64 元

自卸汽车(3.5t)500 元/台班×0.04925 台班/m^3×1920m^3＝47280.00 元

推土机(75kW)650 元/台班×0.00296 台班/m^3×1920m^3＝3694.08 元

洒水车(400L)450 元/台班×0.0006 台班/m^3×1920m^3＝518.40 元

施工机具使用费小计：54549.12 元

装载机装土、自卸汽车运土人工、材料、施工机具使用费合计＝56825.47 元

5）综合

① 人工、施工机具使用费合计：272397.54 元

② 管理费：272397.54×34%＝92615.16 元

③ 利润（含风险）：272397.54×8%＝21791.81 元

④ 总计：386892.06 元

⑤ 综合单价：386892.06 元/2634m^3＝146.88 元/m^3

（3）进行分部分项工程量清单计价及单价分析，如表 4-17，表 4-18 所示。

分部分项工程量清单计价表　　**表 4-17**

工程名称：某住宅工程　　第　页共　页

序号	项目编码	项目名称	计量单位	工程数量	金额	
					综合单价	合价
1	010101003001	土方工程 挖沟槽土方 土壤类别三类 基础类型：砖大放脚、带型基础 垫层宽度：920mm 挖土深度：1.8m 弃土距离：4km	m^3	2634	146.88	386892.06

分部分项工程量清单综合单价分析表 **表4-18**

工程名称：某住宅工程 第 页共 页

项目编码：010101003001 项目名称：挖沟槽土方 计量单位：m³ 综合单价：146.88元

序号	工程名称	单位	数量	综合单价组成					
				人工费	材料费	施工机具使用费	管理费	利润	小计
1	人工挖土方（三类土2m内）		5089.92	65.35			22.22	5.23	92.80
2	人工运土方（60m内）	m³	2170.5	16.52			5.62	1.32	23.46
3	装载机装土、自卸汽车运土（4km）	m³	1920	0.83	0.03	20.71	7.32	1.72	30.62
				82.70	0.03	20.71	35.16	8.27	146.88

【案例二】

背景材料：

某民用建筑总建筑面积75.51m²，±0.000以上的分部分项工程量清单及当地造价管理部门提供的工料单价如下表4-19所示。该工程措施项目、其他项目清单的合价分别为：5000元、6000元；各项费用以工料单价（人工＋材料＋机械）为基数的费率为：企业管理费9%，利润7%，税金3.413%。

问题：

1. 计算工程量清单中分部分项工程的综合单价。编制该工程的分部分项工程量清单计价表。

2. 编制该土建工程清单费用汇总表。如果经测算，价格指数为1.12，试确定该工程的招标标底价或投标报价。

工程量清单及工料单价表 **表4-19**

序号	分部分项工程名称	单位	工程量	工料单价
1	M5水泥砂浆砌一砖外墙	m³	33.14	139.55
2	现浇钢筋混凝土有梁板	m³	10.29	251.29
3	现浇钢筋混凝土构造柱	m³	2.01	251.29
4	现浇钢筋混凝土圈过梁	m³	0.91	251.29
5	钢筋混凝土女儿墙压顶	m²	0.50	251.29
6	钢筋	t	1.5	2841.71
7	铝合金平开门	m²	4.86	321.66
8	铝合金推拉窗	m²	8.1	281.45
9	水泥砂浆地面面层	m²	67.16	10.00
10	水泥砂浆踢脚线	m²	5.08	12.57
11	门前混凝土坡道	m²	4.8	55.28
12	混凝土散水	m²	37.36	22.29
13	内墙面抹灰	m²	135.26	6.58
14	天棚抹灰	m²	80.90	8.09
15	抹灰面上刷乳胶漆两遍	m²	216.16	3.07
16	外墙面釉面砖	m²	176.57	45.78
17	屋面保温层（干铺珍珠岩）	m²	6.72	80.94
18	屋面防水层（平屋面$i=2\%$）	m²	75.87	27.23
19	屋面铁皮排水	m²	4.8	39.07

[解题要点分析]

本案例主要考查工程量清单计价中工程量计算规则、分部分项工程量清单计价单价的构成及工程量清单计价的方法，其中主要是工程量清单的计价方法。工程量清单采用综合单价，单价中包含：人工费、材料费、施工机具使用费、企业管理费、利润（含风险），单价乘以工程量等于合价。工程量清单计价由分部分项工程量清单费用、措施项目清单费用、其他项目清单费用、规费和税金构成。

[答案]

问题 1：

计算工程量清单中各分部分项工程的综合单价。

(1) 依据所给费率计算单位工料单价的综合费率，如表 4-20 所示。

单位工料单价综合费率计算表　　表 4-20

序号	费用名称	费用计算公式	费用	综合费率
1	工料单价合计		1.00	
2	管理费	(1)×9%	0.09	
3	利润	(1)×7%	0.07	
单位工料单价的综合费率		(1)+(2)+(3)	1.16	(1.16−1)/1×100%=16%

(2) 计算工程量清单中各分部分项工程的综合单价、合价，并汇总得出该土建单位工程±0.000 以上的分部分项工程量清单合价。如表 4-21 所示。

分部分项工程量清单及综合单价表　　表 4-21

序号 (1)	分部分项工程名称 (2)	单位 (3)	工程量 (4)	工料单价 (5)	综合单价 (6)=(5)×1.16	合价 (7)=(4)×(6)
1	M5 水泥砂浆砌一砖外墙	m^3	33.14	139.55	161.88	5364.70
2	现浇钢筋混凝土有梁板	m^3	10.29	251.29	291.50	2999.54
3	现浇钢筋混凝土构造柱	m^3	2.01	251.29	291.50	585.92
4	现浇钢筋混凝土圈过梁	m^3	0.91	251.29	291.50	265.27
5	钢筋混凝土女儿墙压顶	m^2	0.50	251.29	291.50	145.75
6	钢筋	t	1.5	2841.71	3296.38	4944.57
7	铝合金平开门	m^2	4.86	321.66	373.12	1813.36
8	铝合金推拉窗	m^2	8.1	281.45	326.48	2644.49
9	水泥砂浆地面面层	m^2	67.16	10.00	11.60	779.06
10	水泥砂浆踢脚线	m^2	5.08	12.57	14.58	74.07
11	门前混凝土坡道	m^2	4.8	55.28	64.12	307.78
12	混凝土散水	m^2	37.36	22.29	25.86	966.13
13	内墙面抹灰	m^2	135.26	6.58	7.63	1032.03
14	天棚抹灰	m^2	80.90	8.09	9.39	759.65
15	抹灰面上刷乳胶漆两遍	m^2	216.16	3.07	3.56	769.53
16	外墙面釉面砖	m^2	176.57	45.78	53.10	9375.87

续表

序号 (1)	分部分项工程名称 (2)	单位 (3)	工程量 (4)	工料单价 (5)	综合单价 (6)=(5)×1.16	合价 (7)=(4)×(6)
17	屋面保温层（干铺珍珠岩）	m^2	6.72	80.94	93.89	630.94
18	屋面防水层（平屋面 $i=2\%$）	m^2	75.87	27.23	31.59	2396.73
19	屋面铁皮排水	m^2	4.8	39.07	45.32	217.54
分部分项工程量清单计价合计		元				36072.93

问题 2：

解：试编制该土建工程清单费用汇总表，如表 4-22 所示。

单位工程量清单计价汇总表 **表 4-22**

序号	项目名称	金额（元）
1	分部分项工程量清单计价合计	36072.93
2	措施项目清单计价合计	5000.00
3	其他项目清单计价合计	6000.00
4	规费	0.00
5	税金[(1)+(2)+(3)]×3.413%	1606.60
	合计	48679.53

（1）每平方米造价＝每平方米建筑面积造价×价格指数

＝[48679.53÷75.51]×1.12＝722.04 元/m^2

（2）单位工程招标标底价或投标报价＝722.04×75.51＝54521.07 元

【案例三】

背景材料：

某装饰工程一台阶水平投影面积（包括最后一步踏步 300mm）为 29.34m^2，台阶长度为 32.6m，宽度为 300mm，高度为 150mm；80mm 厚混凝土 C10 基层，体积 6.06m^3；100mm 厚灰土垫层，体积 3.59m^3；面层为芝麻白花岗岩，板厚 25mm。业主发包工程量清单如下表 4-23 所示。企业管理费和利润分别按人工费的 30%和 20%计取，规费中的社会保险费和公积金合计为人工费的 15%，按标准缴纳的工程排污费为 0.1 万元。增值税税率按 11%计取。

分部分项工程量清单 **表 4-23**

工程名称：

序号	项目编码	项目名称及特征	计量单位	工程量
1	011107001001	台阶装饰 石材台阶面 100mm 厚灰土垫层 80mm 厚混凝土 C10 基层 粘结层 1∶3 水泥砂浆 芝麻白花岗岩面层，厚 25mm	m^2	29.34

问题：

1. 计算工程量清单中分部分项工程的综合单价。

2. 编制该工程的分部分项工程量清单计价表。

[解题要点分析]

本案例主要考查工程量清单计价中工程量计算规则、分部分项工程量清单计价单价的构成及工程量清单计价的方法，其中主要是工程量清单的计价方法。工程量清单采用综合单价，单价中包含：人工费、材料费、施工机具使用费、企业管理费、利润（含风险），单价乘以工程量等于合价。工程量清单计价由分部分项工程量清单费用、措施项目清单费用、其他项目清单费用、规费和税金构成。

[答案]

问题1：

计算分部分项工程的综合单价分为以下几个步骤：

（1）花岗石面层（25mm厚）

1）人工费：85元/工日×0.56工日/m^2×29.34m^2＝1396.58元

2）材料费：

① 白水泥：2.55元/kg×0.155kg/m^2×29.34m^2＝11.60元

② 花岗石：184元/m^2×1.56m^2/m^2×29.34m^2＝8421.75元

③ 水泥砂浆1∶3：265元/m^3×0.0299m^3/m^2×29.34m^2＝232.48元

④ 其他材料费：5.4元/m^2×29.34m^2＝158.44元

小计：8824.27元

3）施工机具使用费：

① 灰浆搅拌机200L：249.18元/台班×0.0052台班/m^2×29.34m^2＝38.02元

② 切割机：52.0元/台班×0.0969台班/m^2×29.34m^2＝147.84元

小计：185.86元

合计：10406.71元

（2）基层（80mm厚混凝土C10）

1）人工费：32.27元/m^3×6.06m^3＝195.56元

2）材料费：151.30元/m^3×6.06m^3＝916.88元

3）施工机具使用费：15.61元/m^3×6.06m^3＝94.60元

合计：1207.04元

（3）垫层（100mm厚灰土3∶7）

1）人工费：22.73元/m^3×3.59m^3＝81.60元

2）材料费：22.37元/m^3×3.59m^3＝80.31元

3）施工机具使用费：1.78元/m^3×3.59m^3＝6.39元

合计：168.30元

（4）踢脚板花岗石（25mm厚，工程量32.6m）

1）人工费：2.81元/m×32.6m＝91.61元

2）材料费：14.16元/m×32.6m＝461.65元

3）施工机具使用费：1.42元/m×32.6m＝46.29元

合计：599.55 元

(5) 综合：

人材机费合计：12381.60 元

其中人工费：1765.35 元

企业管理费：人工费×30%=1765.35×30%=529.61 元

利润：人工费×20%=1765.35×20%=353.07 元

总计：13264.28 元

综合单价：13264.28 元/29.34m^2=452.09 元/m^2

问题 2：

编制该工程的分部分项工程量清单计价表，见表 4-24，表 4-25。

分部分项工程量清单计价表 **表 4-24**

工程名称：

序号	项目编码	项目名称及特征	计量单位	工程量	金额（元）	
					综合单价	合价
1	011107001001	台阶装饰 石材台阶面 100mm 厚灰土垫层 80mm 厚混凝土 C10 基层 粘结层 1∶3 水泥砂浆 芝麻白花岗岩面层，厚 25mm	m^2	29.34	452.09	13264.28

分部分项工程量清单综合单价分析表 **表 4-25**

工程名称：某装饰工程　　第　页　共　页

项目编码：011107001001　项目名称：花岗岩台阶　计量单位：m^2　综合单价：452.09 元

序号	工程名称	单位	数量	综合单价组成					
				人工费	材料费	施工机具使用费	管理费	利润	小计
	花岗岩台阶								
1	芝麻白花岗岩面层	m^2	29.34	47.60	300.76	6.33	14.28	9.52	378.49
2	80 厚混凝土垫层	m^3	6.06	6.67	31.25	3.22	2.00	1.33	44.47
3	100 厚 3∶7 灰土垫层	m^3	3.59	2.78	2.74	0.22	0.83	0.56	7.13
4	芝麻白花岗踢脚板	m	32.6	3.12	15.73	1.58	0.94	0.62	21.99
				60.17	350.48	11.35	18.05	12.03	452.09

【案例四】

背景资料：

某钢筋混凝土框架结构建筑物的某中间层楼面梁结构图如图 4-10 所示。已知抗震设防烈度为 7 度，抗震等级为三级，柱截面尺寸均为 500mm×500mm，梁截面尺寸如图 4-10 所示，梁板柱均采用 C30 商品混凝土浇筑。

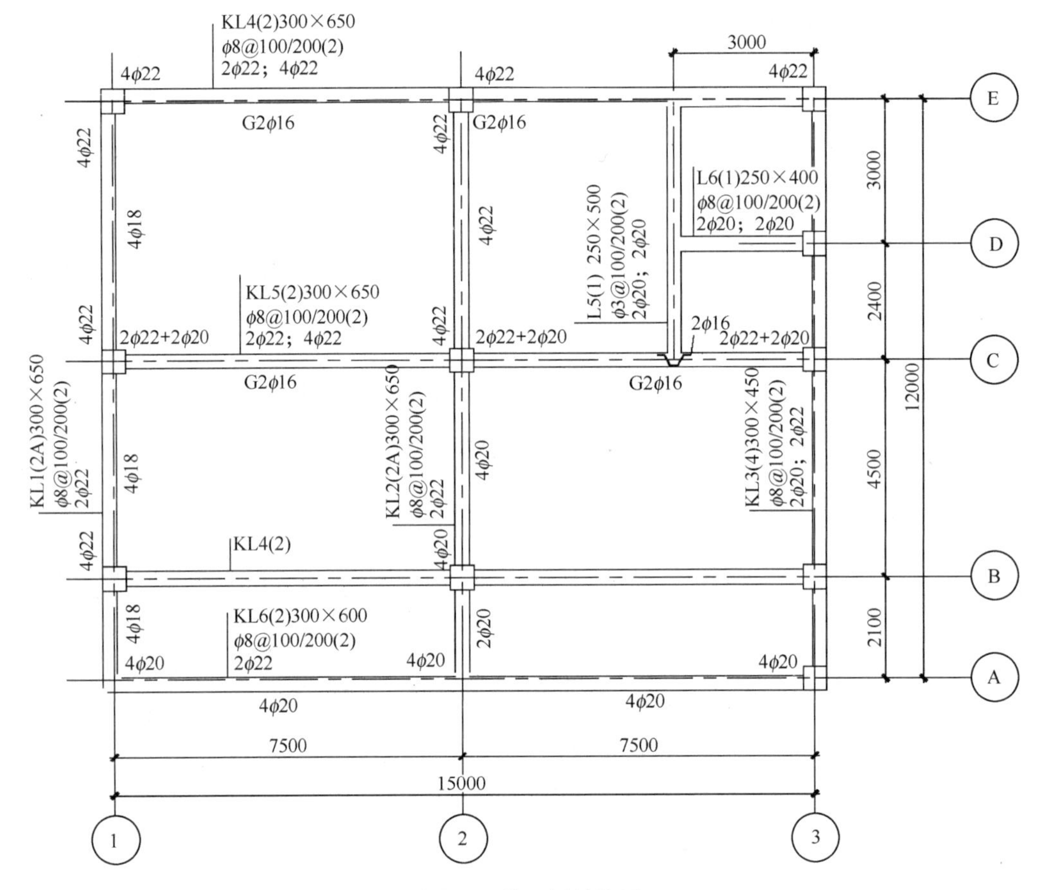

图 4-10　楼面梁结构图

问题：

1. 列式计算 KL5 梁的混凝土工程量。

2. 列式计算 KL5 梁的钢筋工程量，将计算过程及结果填入钢筋工程量计算表 4-26 中，已知 ϕ22 钢筋理论质量为 2.984kg/m，ϕ20 钢筋理论质量为 2.47kg/m，ϕ16 钢筋理论质量为 1.58kg/m，ϕ8 钢筋理论质量为 0.395kg/m。拉筋为 ϕ6 钢筋，其理论质量为 0.222kg/m。纵向受力钢筋端支座的锚固长度按现行规范计算（纵筋伸到支座对边减去保护层弯折 15d），腰筋锚入支座长度为 15d，吊筋上部平直长度为 20d。箍筋加密区为 1.5 倍梁高，钢筋长度和拉筋长度均按外包尺寸每个弯钩加 11.9d 计算，拉筋间距为箍筋非加密区间距的两倍，混凝土保护层厚度为 25mm。

KL5 梁钢筋工程量计算表　　　　**表 4-26**

筋号	直径	钢筋长度（根数）计算式	根数	单长（m）	总长（m）	总重（m）
合计						

3. 根据表4-27现浇混凝土梁定额消耗量，表4-28各种资源市场价格和管理费、利润及风险费率标准（管理费费率为人、材、机费用之和的12%，利润及风险费率为人、材、机、管理费用之和的4.5%），编制KL5现浇混凝土梁的工程量清单综合单价分析表（清单计价规范的项目编码为010503002001），见表4-29。

混凝土梁定额消耗量　　表4-27

<table>
<tr><td colspan="3">定额编号</td><td>5-572</td><td>5-573</td></tr>
<tr><td colspan="2">项目</td><td>单位</td><td>混凝土现浇</td><td>混凝土养护</td></tr>
<tr><td>人工</td><td>综合工日</td><td>工日</td><td>0.204</td><td>0.136</td></tr>
<tr><td rowspan="4">材料</td><td>C30商品混凝土（综合）</td><td>m³</td><td>1.005</td><td></td></tr>
<tr><td>塑料薄膜</td><td>m³</td><td></td><td>2.412</td></tr>
<tr><td>水</td><td>m³</td><td>0.032</td><td>0.108</td></tr>
<tr><td>其他材料费</td><td>元</td><td>6.80</td><td></td></tr>
<tr><td>机械</td><td>插入式振捣器</td><td>台班</td><td>0.050</td><td></td></tr>
</table>

各种资源市场价格表　　表4-28

序号	资源名称	单位	价格（元）	备注
1	综合工日	工日	50.00	包括：技工、力工
2	C30商品混凝土（综合）	m	340.00	包括：搅拌、运输、浇灌
3	塑料薄膜	m	0.40	
4	水	m	3.90	
5	插入式振捣器	台班	10.74	

工程量清单综合单位分析表　　表4-29

工程名称：　　　　标段：　　　　第　页共　页

<table>
<tr><td colspan="2">项目编码</td><td colspan="2"></td><td colspan="2">项目名称</td><td></td><td colspan="3">计量单位</td><td colspan="2"></td></tr>
<tr><td colspan="12">清单综合单价组成明细</td></tr>
<tr><td rowspan="2">定额编号</td><td rowspan="2">定额名称</td><td rowspan="2">定额单位</td><td rowspan="2">数量</td><td colspan="4">单价</td><td colspan="4">合价</td></tr>
<tr><td>人工费</td><td>材料费</td><td>施工机具使用费</td><td>管理费和利润</td><td>人工费</td><td>材料费</td><td>施工机具使用费</td><td>管理费和利润</td></tr>
<tr><td></td><td></td><td></td><td></td><td></td><td></td><td></td><td></td><td></td><td></td><td></td><td></td></tr>
<tr><td></td><td></td><td></td><td></td><td></td><td></td><td></td><td></td><td></td><td></td><td></td><td></td></tr>
<tr><td colspan="2">人工单价</td><td colspan="6">小计</td><td></td><td></td><td></td><td></td></tr>
<tr><td colspan="2">元/工日</td><td colspan="6">未计价材料费</td><td></td><td></td><td></td><td></td></tr>
<tr><td colspan="8">清单项目综合单价</td><td colspan="4"></td></tr>
<tr><td rowspan="4">材料费明细</td><td colspan="5">主要材料名称、规格、型号</td><td>单位</td><td>数量</td><td>单价（元）</td><td>合价（元）</td><td>暂估单价（元）</td><td>暂估合价（元）</td></tr>
<tr><td colspan="5"></td><td></td><td></td><td></td><td></td><td></td><td></td></tr>
<tr><td colspan="7">其他材料费</td><td>—</td><td></td><td>—</td><td></td></tr>
<tr><td colspan="7">材料费小计</td><td>—</td><td></td><td>—</td><td></td></tr>
</table>

［解题要点解析］

本案例相关知识要点涉及《建设工程工程量清单计价规范》、《全国统一建筑工程预算工程量计算规则》中有关框架梁的计算，且框架梁结构图采用了整体表示方法。平面整体表示方法中首先要求掌握集中标注内容的符号应用，对于钢筋工程量计算过程中的典型分类计算公式应能熟练应用（如箍筋、拉筋、纵向受拉筋、通长筋、吊筋、构造筋、抗扭钢筋等）。

［答案］

问题 1：

混凝土工程量：0.3×0.65×（7.5×2－0.5－0.25×2）＝2.73m³

问题 2：

KL5 梁钢筋工程量计算表如表 4-30 所示。

KL5 梁钢筋工程量计算表　　**表 4-30**

筋号	直径	钢筋长度（根数）计算式	根数	单长（m）	总长（m）	总重（kg）
上下通长筋	22	(15000－500)＋[(500－25)＋15×22]×2	6	16.11	96.66	288.433
端支座三分之一筋	20	[(500－25)＋15×20]＋(7500－500)/3	4	3.108	12.433	30.710
中支座三分之一筋	20	7000/3＋500＋7000/3	2	5.167	10.333	25.523
梁侧构造钢筋	16	7500－500＋15×16×2	4	7.480	29.92	42.274
箍筋	8	长度：(0.3＋0.65)×2－8×0.02＋2×11.9×0.008 根数：[(1.5×650－50)/1000＋1]×2＋[(7000－10×100×2)/200－1]×2	92	1.930	177.597	70.150
拉筋	6	长度：300－25×2＋2×11.9×6 根数：[(7000－50×2)/400＋1]×2	38	0.393	14.935	3.316
吊筋	16	20×16×2＋600×1.414×2＋200＋50×2	2	2.637	5.274	8.333
合计						473.821

问题 3：

C30 混凝土梁的工程量清单综合单价分析表，如表 4-31 所示。

工程量清单综合单价分析表　　**表 4-31**

工程名称：某钢筋混凝土框架结构工程　　标段：　　第　页共　页

<table>
<tr><td colspan="2">项目编码</td><td colspan="2">010503002001</td><td colspan="2">项目名称</td><td colspan="2">C30 混凝土梁</td><td colspan="2">计量单位</td><td colspan="2">m³</td></tr>
<tr><td colspan="12">清单综合单价组成明细</td></tr>
<tr><td rowspan="2">定额编号</td><td rowspan="2">定额名称</td><td rowspan="2">定额单位</td><td rowspan="2">数量</td><td colspan="4">单价</td><td colspan="4">合价</td></tr>
<tr><td>人工费</td><td>材料费</td><td>施工机具使用费</td><td>管理费和利润</td><td>人工费</td><td>材料费</td><td>施工机具使用费</td><td>管理费和利润</td></tr>
<tr><td>5-572</td><td>混凝土浇筑</td><td>m³</td><td>1</td><td>10.20</td><td>341.82</td><td>0.537</td><td>60.08</td><td>10.20</td><td>341.82</td><td>0.537</td><td>60.08</td></tr>
<tr><td>5-573</td><td>混凝土养护</td><td>m³</td><td>1</td><td>6.80</td><td>1.39</td><td></td><td>1.40</td><td>6.80</td><td>1.39</td><td></td><td>1.40</td></tr>
<tr><td colspan="2">人工单价</td><td colspan="6">小计</td><td>17.00</td><td>343.21</td><td>0.537</td><td>61.48</td></tr>
<tr><td colspan="2">元/工日</td><td colspan="6">未计价材料费</td><td colspan="4"></td></tr>
<tr><td colspan="8">清单项目综合单价</td><td colspan="4"></td></tr>
</table>

续表

材料费明细	主要材料名称、规格、型号	单位	数量	单价（元）	合价（元）	暂估单价（元）	暂估合价（元）
	C30 商品混凝土	m^3	1.005	340.00	341.70		
	其他材料费						
	材料费小计						

练　习　题

习题 1

背景材料：

某灌筑混凝土桩基工程采用工程量清单招标，招标文件要求采用《建设工程工程量清单计价规范》综合单价计价。经分析测算，承包商拟订企业管理费率为 34%，利润率为 8%（均按人工、机械、材料费合计为基数计算）；分部分项工程量清单计价如表 4-32 所示，承包商测算的措施费如表 4-33 所示，零星工作项目费如表 4-34 所示，按地区规定的规费为 10000 元，不含税税率为 10%。承包商提交的工程量清单报价如表 4-35 所示。

问题：

1. 承包商提交的工程量清单计价格式是否完整？《建设工程工程量清单计价规范》规定的工程量清单计价格式应包括哪些内容？

2. 计算承包商灌注混凝土桩基工程总报价。

分部分项工程量清单计价表　　表 4-32

序号	项目编码	项目名称	计量单位	工程数量	金额	
					综合单价	合价
1	010302001001	混凝土桩 泥浆护壁成孔灌注桩 土壤级别：三级土 桩单根设计长度：8m 桩根数：127 根 桩直径：ϕ800 混凝土强度：C30 泥浆运输 5km 内	m	1016		

措施项目清单计价表　　表 4-33

序号	项目名称	金额（元）
1	临时设施	9000.00
2	施工排水、降水	10000.00
	合计	

其他项目清单计价表　　表 4-34

序号	项目名称	金额（元）
1	投标人部分：零星项目工程费	4000.00
	合计	4000.00

分部分项工程量清单综合计价表　　表 4-35

序号	工程名称	单位	数量	综合单价组成					
				人工费	材料费	施工机具使用费	管理费	利润	小计
1	钻孔灌注混凝土桩	m^3	1.000	105.56	156.55	76.10			
2	泥浆运输 5km 内	m^3	0.244	4.54		16.51			
3	泥浆池挖土方（2m 以内，三类土）	m^3	0.057	0.69					
4	泥浆垫层（石灰拌和）	m^3	0.003	0.09	0.45	0.05			
5	砖砌池壁（一砖厚）	m^3	0.007	0.3	1.00	0.03			
6	砖砌池底（平铺）	m^3	0.003	0.11	0.39	0.01			
7	池壁、池底抹灰	m^2	0.025	0.23	0.35	0.03			
8	拆除泥浆池	座	0.001	0.59					
	合计			112.11	158.52	92.73			

习题 2

背景材料：

某建筑分包企业的第六项目部拟对一栋住宅楼工程进行投标，该工程建筑面积 5234m^2，主体结构为砖混结构，建筑檐高 18.75m，基础类型为条形基础，地上六层。周边临原有住宅楼较近。工期为 290 天。业主要求按工程量清单计价规范要求进行报价。经过对图纸的详细会审、计算，汇总得到单位工程费用如下：分部分项工程量计价合计 376 万元，措施项目计价占分部分项工程量计价的 6.5%，规费占分部分项工程量计价的 0.15%。

问题：

1. 列表计算该单位工程的工程量清单总造价。
2. 列表说明措施项目清单应包括的项目名称。
3. 列表说明其他项目清单应包括的项目名称。

习题 3

背景材料：

某建筑物二层平面如图 4-11 所示。层高 3.0m，楼板厚 120mm，各种做法如下：

地面 400mm×400mm 地砖，20mm 厚 1∶2 水泥砂浆结合层；

踢脚线 20mm 厚 1∶2 水泥砂浆瓷砖，高 150mm；

内墙 18mm 厚 1∶0.5∶2.5 混合砂浆底灰，8mm 厚 1∶0.3∶3 混合砂浆面灰，刮腻子两遍，刷乳胶漆 2 遍；

天棚 12mm 厚 1∶0.5∶2.5 混合砂浆底灰，5mm 厚 1∶0.3∶3 混合砂浆面灰，刮腻子两遍，刷乳胶漆 2 遍；

塑钢窗 C-2（1800mm×1500mm），C-3（1500mm×1500mm），C-2A（1200mm×1500mm），C-4（900mm×1500mm）；

实木装饰门 M-5（900mm×2400mm），M-2（900mm×2400mm），M-1（900mm×2400mm），M-3（700mm×2400mm），M-4（800mm×2400mm）。

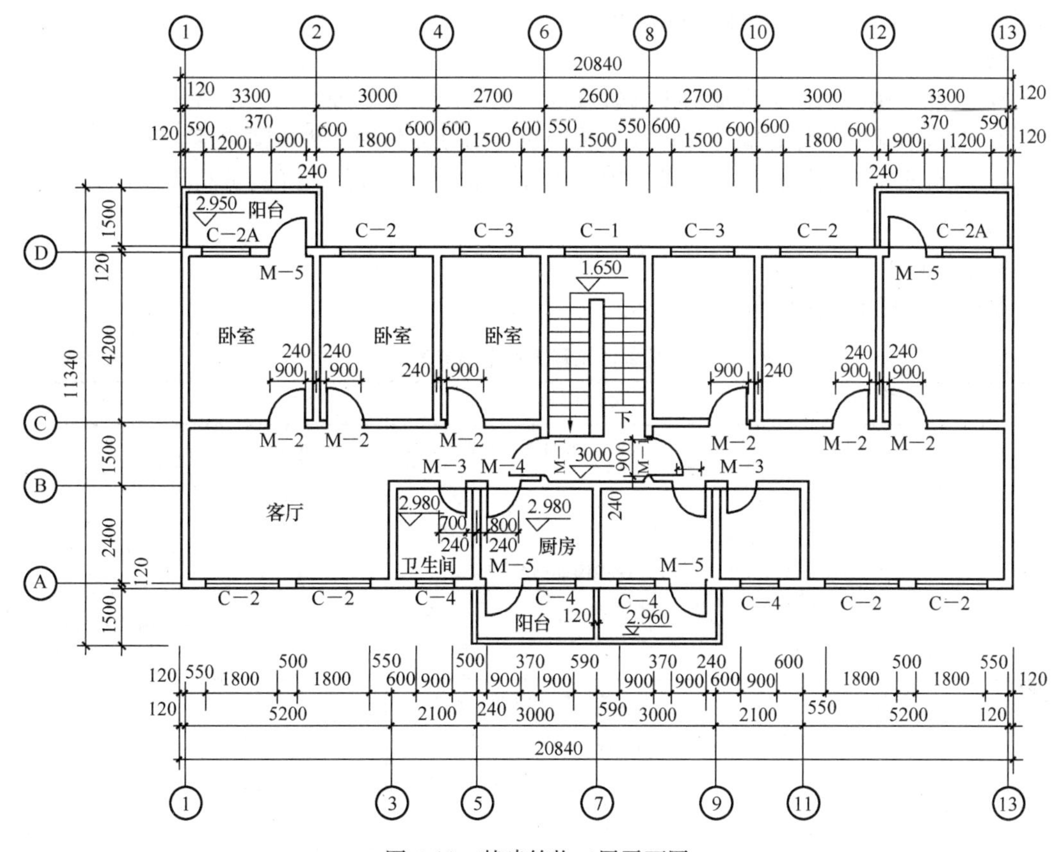

图 4-11　某建筑物二层平面图

问题：

1. 根据《建设工程工程量清单计价规范》计算下列项目的计价工程量：

(1) 块料地面面层；

(2) 块料踢脚线；

(3) 混合砂浆抹内墙面；

(4) 混合砂浆抹天棚；

(5) 内墙面、天棚面乳胶漆；

(6) 塑钢窗；

(7) 实木装饰门。

2. 计算上述项目的综合单价（各种消耗量、单价根据预算定额确定）。

3. 计算分部分项工程量清单综合单价分析表。

4. 计算分部分项工程量清单计价表。

5. 计算上述项目的措施项目费和其他项目费（自行确定）。

6. 计算上述项目的工程量清单报价。

习题 4

背景材料:

某工程采用的实木装饰板门为榉木单扇无亮门，共 50 樘（900mm×2100mm），油漆做法为润油粉、刮腻子、聚氨酯漆二遍。

问题:

1. 根据《建设工程工程量清单计价规范》编制该实木装饰板门的工程量清单。
2. 根据本地区预算定额计算该实木装饰板门的分部分项工程量清单综合单价。
3. 编制该实木装饰板门的分部分项工程量清单计价表和综合单价分析表。

习题 5

背景材料:

某单位工程工程量清单见表 4-36。

某单位工程工程量清单表　　　　**表 4-36**

序号	项目编码	项目名称	计量单位	工程数量
1	010505009001	预应力 C30 混凝土空心板	m^3	3.86
2	010515001001	现浇构件钢筋	kg	HPB235ϕ12 112.74kg ϕ6.5 40.59kg HRB335ϕ14 18.41kg
3	010515005001	先张法预应力钢筋	t	0.134
4	010902003001	屋面混凝土刚性防水层	m^2	55.08
5	010401001001	砖基础	m^2	8.87
6	011102003001	块料地面面层	m^2	42.69
7	011105003001	块料踢脚线	m^2	6.54
8	011107001001	石材台阶	m^2	2.82
9	011201001001	混合砂浆抹内墙面	m^2	137.92
10	011201002001	外墙面水刷石	m^2	85.79
11	011202002001	柱面水刷石	m^2	0.19
12	011202002002	梁面水刷石	m^2	3.75
13	011301001001	混合砂浆抹天棚	m^2	46.21
14	010801001001	实木装饰门	樘	4
15	010807001001	塑钢推拉窗 C-1	樘	6
16	010807001002	塑钢推拉窗 C-2	樘	1
17	011407001001	内墙面涂料	m^2	104.13
18	011407002001	天棚面涂料	m^2	82.56

问题:

1. 计算上述项目的综合单价（各种消耗量、单价自行确定）。

2. 计算分部分项工程量清单综合单价分析表。

3. 计算分部分项工程量清单计价表。

4. 计算上述项目的措施项目费和其他项目费（自行确定）。

5. 计算上述项目的工程量清单报价。

习题 6

背景材料：

某投标商计划投标某工程。在招标文件的工程量清单中，砖砌体只有一项，工程量为4000m³，而从图纸上看，砖砌体有1/2墙、1砖墙、1砖半墙三种类型，经计算1/2墙、1砖墙、1砖半墙分别占总工程量的8%、85%、7%。该投标商拟采用实物法进行报价，每10m³砖砌体人工、材料、机械的消耗量如表4-37所示。

问题：

1. 根据设计要求，砖砌体采用M5.0混合砂浆砌筑，计算该项目每立方米砖砌体人工、材料、机具台班的消耗量。

2. 根据市场调查，该承包商获得的材料单价资料如下：

人工：85元/工日；m².5混合砂浆：175.68元/m³；M5.0混合砂浆：184.32元/m³；松木模板：2009.42元/m³；普通砖：650.69元/千块；铁钉：15.34元/kg；水：5.56元/m³；灰浆搅拌机：168.76元/台班。

若管理费费率45%，利润率32%，税金10%，编制该工程砖砌体报价。

每10m³砖砌体人工、材料、机械的消耗量表　　　　表4-37

项目	名称	单位	数量		
			1/2墙	1砖墙	1砖半墙
人工	综合工日	工日	21.24	16.96	16.48
材料	主体砂浆（M2.5混合砂浆）	m³	1.95	2.16	2.30
	辅助砂浆（M5.0混合砂浆）	m³	—	0.09	0.10
	松木模板	m³	—	0.01	0.01
	普通砖	千块	5.641	5.40	5.35
	铁钉	kg	—	0.22	0.22
	水	m³	1.13	1.06	1.07
机械	灰浆搅拌机	台班	0.33	0.38	0.4

第5章　建设项目招标与投标

本章知识要点

一、建设工程施工招标投标

1. 建设工程施工招标投标的概念

2. 建设工程施工招标投标的程序

3. 标底的编制方法

4. 评标定标办法

二、建设工程施工投标

1. 建设工程施工投标报价技巧

2. 决策树方法

5.1　建设工程施工招标投标

5.1.1　建设工程施工招标投标程序、标底的编制

一、建设工程施工招标投标的概念

建设工程施工招标投标是在市场经济条件下进行工程建设活动的一种竞争方式和交易方式，其特征是引入竞争机制以求订立合同。其特点主要有以下几点：

1. 在招标条件上，比较强调建设资金的充分到位；

2. 在招标方式上，强调公开招标、邀请招标，议标方式受到严格限制甚至被禁止；

3. 在投标和评标定标中，要综合考虑价格、工期、技术、质量、安全、信誉等因素，价格因素所占分量比较突出，常常起决定性作用。

二、建设工程施工招标投标的程序

建设工程施工招标投标活动主要包括下列程序。

1. 招标准备

（1）申请审批、核准招标：将施工招标范围、招标方式、招标组织形式报项目审批，核准部门审批；

（2）组建招标组织：自行建立招标组织或招标代理机构；

（3）策划招标方案：划分施工标段、确定合同类型；

（4）发布招标公告（及资格预审公告）或发出投标邀请函；

（5）编制标底或确定招标控制价；

（6）准备招标文件：编制资格预审文件和招标文件。

2. 资格审查与投标

（1）发售资格预审文件；

（2）进行资格预审：分析评价资格预审材料、确定资格预审合格者、通知资格预审

结果；

（3）发售招标文件；

（4）现场踏勘、标前会议：组织现场踏勘和标前会议，进行招标文件的澄清和补遗；

（5）投标文件的编制、递交和接收：接收投标文件（包括投标保函）。

3. 开标、评标与授标

（1）开标：组织开标会议；

（2）评标：投标文件初评、要求投标人提交澄清文件资料（必要时）、编写评标报告；

（3）授标：确定中标人、发出中标通知书（退回未中标者的投标保函）、进行合同谈判、签订施工合同。

三、标底的编制方法

1. 按现行预算定额编制

标底是衡量标价是否合理的重要尺度，采用现行预算定额编制标底，体现了工程建设消耗按社会平均水平衡量的原则。

2. 按工程量清单编制

根据统一发布的工程量清单提供的项目和数量，按政府指导定额和指导价作为依据编制标底。

3. 以投标价为标底

用加权平均的方法，将各投标单位的标价进行算术平均后确定标底，或者算术平均的标价再与标底加权平均后作为标底。

四、评标定标办法

1. 综合评分法

综合评分法是分别对各投标单位的标价、质量、工期、施工方案、社会信誉、资金状况等几个方面进行评分后，选择总分最高的单位为中标单位的评标方法。综合评分法的量化指标计算方法如公式（5-1）所示。

$$N=A_1\times J+A_2\times S+A_3\times X \tag{5-1}$$

式中 N——评标总得分；

J——施工组织设计（技术部分）评审得分；

S——投标报价（商务部分）评审得分，以最低报价（但低于成本的除外）得满分，其余报价按比例折减计算得分；

X——投标人的质量、综合实力、信誉、业绩（信誉标）得分；

A_1、A_2、A_3——分别为各项指标所占的权重，$A_1+A_2+A_3=100\%$。

得分最高的为中标候选人。

采取上述量化评标方法时，还可以对评审因素（即各项指标）进行细化，细化的同时对各项指标所占权重作相应的调整（细化）。

2. 合理低价法

技术标通过后，在保证质量、工期等条件下，选择经评审的合理最低价的投标单位为中标单位。一般适用于具有通用技术、性能标准或者招标人对于其技术、性能没有特殊要求的招标项目，即主要适用于小型工程，是一种只对投标人的投标报价进行评议，从而确定中标人的评标办法。

最低标价不一定是最低投标价。所以，经评审的最低投标价法可以是最低投标价中标，但并不保证最低投标价一定中标。世行、亚行等都是以这种方法作为主要的评标方法，因为在市场经济条件下，投标人的竞争主要是价格的竞争，而其他条件如质量、工期等已经在招标文件中规定好了，投标人不得违反，否则将无法构成对招标文件的实质性响应，而信誉等因素则应当是资格预审中解决的问题。

5.1.2　案例

【案例一】

背景材料：

某国有资金投资建设项目，采用公开招标方式进行施工招标，业主委托具有相应招标代理和造价咨询资质的中介机构编制了招标文件和招标控制价。

该项目招标文件包括如下规定：

（1）招标人不组织项目现场踏勘活动；

（2）投标人对招标文件有异议的，应当在投标截止时间 10 日前提出，否则招标人拒绝回复；

（3）投标人报价时必须采用当地建设行政管理部门的造价管理机构发布的计价定额中的分部分项工程人工、材料、机械台班消耗量标准；

（4）招标人将聘请第三方造价咨询机构在开标后评标前开展清标活动；

（5）投标人报价低于招标控制价幅度超过 30%的，投标人在评标时须向评标委员会说明报价较低的理由，并提供证据；投标人不能说明理由、提供证据的，将被认定为废标。

在项目的投标及评标过程中发生了以下事件：

事件 1：投标人 A 为外地企业，对项目所在区域不熟悉，向招标人申请希望招标人安排一名工作人员陪同踏勘现场，招标人同意安排一位普通工作人员陪同投标人 A 踏勘现场。

事件 2：清标发现，投标人 A 和投标人 B 的总价和所有分部分项工程综合单价均相差相同的比例。

事件 3：通过市场调查，工程量清单中某材料暂估单价与市场调查价格有较大偏差，为规避风险，投标人 C 在投标报价计算相关分部分项工程项目综合单价时采用了该材料市场调查的实际价格。

事件 4：评标委员会某成员认为投标人 D 与招标人曾经在多个项目上合作过，从有利于招标人的角度，建议优先选择投标人 D 为中标候选人。

问题：

1. 请逐一分析项目招标文件包括的（1）～（5）项规定是否妥当，并分别说明理由。
2. 事件 1 中，招标人的做法是否妥当？并说明理由。
3. 针对事件 2，评标委员会应该如何处理？并说明理由。
4. 事件 3 中，投标人 C 的做法是否妥当？并说明理由。
5. 事件 4 中，该评标委员会成员的做法是否妥当？并说明理由。

[解题要点分析]

本案例是 2016 年造价工程师案例考试试题。本案例是对建设项目招投标有关内容的综合考查。主要考查招标投标程序，即从发出招标公告到中标之间的若干问题，主要涉及招标投标的性质、评标时应考虑的问题等内容。

［答案］

问题 1：

(1)“招标人不组织项目现场踏勘活动”妥当。根据《招标投标法》的规定，招标人根据招标项目的具体情况，可以组织潜在投标人踏勘项目现场。所以招标人可以自行决定是否组织现场踏勘。

(2)“投标人对招标文件有异议的，应当在投标截止时间 10 日前提出，否则招标人拒绝回复”妥当。根据《招投标法实施条例》的规定，投标人对招标文件有异议的，应当在投标截止时间 10 日前提出。

(3)“投标人报价时必须采用当地建设行政管理部门的造价管理机构发布的计价额定中分部分项工程人工、材料、机械台班消耗量标准”不妥。投标人可依据本企业定额、招标文件及其招标工程量清单自主确定报价成本。

(4)“招标人将招聘请第三方造价咨询机构在开标后评标前开展清标活动”妥当。没有法律、法规、条例限制招标人这样做。招标人可招聘第三方造价咨询机构在开标后评标前开展清标活动以减少评标工作。

(5)“投标人报价低于招标控制价幅度超过 30%的，投标人在评标时须向评标委员会说明报价较低的理由，并提供证据；投标人不能说明理由、提供证据的，应被认定为废标”妥当。在评标过程中，评标委员会发现投标人的报价过低，使得其投标报价可能低于其个别成本的，应当要求该投标人作出书面说明并提供相关证明材料。投标人不能合理说明或者不能提供相关证明材料的，由评标委员会认定该投标人以低于成本报价竞标，其投标应做废标处理。

问题 2：不妥。招标人不得组织单个或者部分潜在投标人踏勘项目现场。

问题 3：废标。不同投标人的投标文件异常一致或者投标报价呈规律性差异，视为投标人相互串通投标。

问题 4：不妥。招标工程量清单中提供了暂估单价的材料和工程设备，按暂估的单价计入综合单价。

问题 5：不妥。评标委员会成员应当依照《招标投标法》和《招投标法实施条例》的规定，按照招标文件规定的评标标准和方法，客观、公正地对投标文件提出评审意见。招标文件没有规定的评标标准和方法不得作为评标的依据。

【案例二】

背景材料：

某工程项目进行施工公开招标。现在 A、B、C、D 四家经资格审查合格的施工单位参加该工程投标，与评标指标有关的数据如表 5-1 所示。

评标指标数据表 **表 5-1**

投标单位	A	B	C	D
报价（万元）	3420	3528	3600	3636
工期（天）	460	455	460	450

经招标工作小组确定的评标指标及评分方法为：

（1）报价以标底价（3600 万元）的±3%以内为有效标，评分方法是：报价−3%为 100 分，在报价−3%的基础上，每上升 1%扣 5 分；

（2）定额工期为 500 天，评分方法是：工期提前 10%为 100 分，在此基础上每拖后 5 天扣 2 分；

（3）企业信誉和施工经验均已在资格审查时评定（企业信誉得分：C 单位为 100 分，A、B、D 单位均为 95 分；施工经验得分：A、B 单位为 100 分，C、D 单位为 95 分）；

（4）上述 4 项评标指标的总权重分别为：投标报价 45%；投标工期 25%；企业信誉和施工经验各为 15%。

问题：

试在表 5-2 中填制每个投标单位各项指标得分及总得分，其中报价得分要求列出计算式，并根据总得分列出名次。

投标单位各项指标得分及总得分表　　表 5-2

项目＼投标单位	A	B	C	D	总权重
投标报价（万元）					
报价得分					
投标工期（天）					
工期得分					
企业信誉得分					
施工经验得分					
总得分					
名次					

［解题要点分析］

本案例主要考查综合评分法的评标方法及具体分值的计算。在本案例的计算中要注意该评分办法综合了投标报价、投标工期、企业信誉、施工经验四个方面，每个方面的分值是 100 分，总得分的分值也是 100 分，这就要考虑各个方面在总分值中所占的权重，只有这样才能准确计算出各投标单位总得分。

［答案］

（1）计算报价得分

1）A 单位报价降低率$=\frac{3420-3600}{3600}\times100\%=-5\%$（超过−3%，为废标）

2）B 单位报价降低率$=\frac{3528-3600}{3600}\times100\%=-2\%$

B 单位报价得分 95 分

3）C 单位报价降低率$=\frac{3600-3600}{3600}\times100\%=0\%$

C 单位报价得分 85 分

4）D单位报价降低率$=\frac{3636-3600}{3600}\times100\%=1\%$

D单位报价得分80分

（2）计算工期得分

定额工期500天×(1－10%)＝450天(100分)

B单位投标工期455天，455-450＝5天，所以工期得分：100－2＝98分

C单位投标工期460天，460－450＝10天，所以工期得分：100－4＝96分

D单位投标工期450天，450－450＝0天，所以工期得分：100分

（3）填写每个投标单位各项指标得分及总得分表，见表5-3。

投标单位各项指标得分及总得分表 **表5-3**

项目＼投标单位	A	B	C	D	总权重
投标报价（万元）	3420	3528	3600	3636	0.45
报价得分	废标	95（42.75）	85（38.25）	80（36）	
投标工期（天）		455	460	450	0.25
工期得分		98（24.5）	96（24）	100（25）	
企业信誉得分		95（14.25）	100（15）	95（14.25）	0.15
施工经验得分		100（15）	95（14.25）	95（14.25）	0.15
总得分		96.5	91.5	89.5	1.00
名次		1	2	3	

【案例三】

背景材料：

某写字楼工程招标，投标商甲按正常情况计算出投标估算价后，又重新对报价进行了适当调整，调整结果见表5-4：

投标商报价调整表 **表5-4**

内容	基础工程	主体工程	装饰装修工程	总价
调整前投标估算价（万元）	340	1866	1551	3757
调整后正式报价（万元）	370	2040	1347	3757
工期（月）	2	6	3	
贷款月利率（%）	1	1	1	

现假设基础工程完成后开始主体工程，主体工程完成后开始装饰装修工程，中间无间歇时间，并且各工程各月完成的工作量相等且能按时收到工程款。

问题：

1. 甲承包商运用了什么报价策略？运用得是否合理？为什么？

2. 采用新的报价方法后甲承包商所得全部工程款的现值比原投标估价的现值增加多少元（以开工日期为现值计算点）？

[解题要点分析]

不平衡报价法是常用的投标报价方法，其基本原理是在总报价不变的前提下，对前期工程可能增加的工程量加大，并且提高其单价；对后期工程的工程量减少和降低单价，从而获取资金时间价值带来的收益。一般，不平衡报价法对各部分造价的调整幅度不宜太大，通常在10%左右较为恰当。

在案例分析中，要求熟练地运用工程经济资金时间价值的知识与方法；要掌握不平衡报价法的基本原理，要熟练运用等额年金现值计算公式。

[答案]

问题1：

甲承包商运用了不平衡报价策略。运用得合理，因为甲承包商将前期基础工程和主体工程的投标报价调高，将后期装饰装修工程的报价调低，其提高和降低的幅度在10%左右，且工程总价不变。这样使得前期回笼较早的资金增大，后期资金减少，在总报价保持不变的基础上，有利于承包商获得更大的收益。因此，甲承包商在投标报价上所运用的不平衡报价法较为合理。

问题2：

采用不平衡报价法后甲承包商所得全部工程款的现值比原投标估价的现值增加额：

(1) 计算报价调整前的工程款现值

基础工程每月工程款 $F_1=340\div2=170$ 万元

主体工程每月工程款 $F_2=1866\div6=311$ 万元

装饰工程每月工程款 $F_3=1551\div3=517$ 万元

报价调整前的工程款现值 $=F_1(P/A, 1\%, 2)+F_2(P/A, 1\%, 6)(P/F, 1\%, 2)$

$F_3(P/A, 1\%, 3)(P/F, 1\%, 8)$

$=170\times1.970+311\times5.795\times0.980+517\times2.941\times0.923$

$=334.90+1766.20+1403.42$

$=3504.52$ 万元

(2) 计算报价调整后的工程款现值

基础工程每月工程款 $F_1=370\div2=185$ 万元

主体工程每月工程款 $F_2=2040\div6=340$ 万元

装饰工程每月工程款 $F_3=1347\div3=449$ 万元

报价调整后的工程款现值 $=F_1(P/A, 1\%, 2)+F_2(P/A, 1\%, 6)(P/F, 1\%, 2)$

$+F_3(P/A, 1\%, 3)(P/F, 1\%, 8)$

$=185\times1.970+340\times5.795\times0.980+449\times2.941\times0.923$

$=364.45+1930.89+1218.83$

$=3515.17$ 万元

(3) 比较两种报价的差额

两种报价的差额＝调整后的工程款现值－调整前的工程款现值

$=3515.17-3504.52$

$=9.65$ 万元

结论：采用不平衡报价法后，甲承包商所得工程款的现值比原估价现值增加9.65

万元。

【案例四】

背景材料：

某工程项目建设单位通过招标选择了一个具有相应资质的工程咨询公司承担施工招标代理和施工阶段监理工作，并在监理中标通知书发出后第45天与该工程咨询公司签订了委托监理合同。之后双方又另行签订了一份监理酬金比监理中标价降低10%的协议。

在施工公开招标中，有A、B、C、D、E、F、G、H等施工单位报名投标，经咨询公司资格预审均符合要求，但建设单位以A施工单位是外地企业为由不同意其参加投标，而咨询公司坚持认为A施工单位有资格参加投标。

评标委员会由5人组成，其中有当地建设行政管理部门的招投标管理办公室主任1人、建设单位代表1人、政府提供的专家库中抽取的技术经济专家3人。

评标时发现，B施工单位投标报价明显低于其他投标单位报价且未能合理说明理由；D施工单位投标报价大写金额小于小写金额；F施工单位投标文件提供的检验标准和方法不符合招标文件的要求；H施工单位投标文件中某分项工程的报价有个别漏项；其他施工单位的投标文件均符合招标文件要求。

建设单位最终确定G施工单位中标，并按照《建设工程施工合同（示范文本）》与该施工单位签订了施工合同。

问题：

1. 指出建设单位在监理招标和委托监理合同签订过程中的不妥之处，并说明理由。

2. 在施工招标资格预审中，工程咨询公司认为A施工单位有资格参加投标是否正确？说明理由。

3. 指出施工招标评标委员会组成的不妥之处，说明理由，并写出正确作法。

4. 判别B、D、F、H四家施工单位的投标是否为有效标？说明理由。

[解题要点分析]

本案例主要考查《中华人民共和国招标投标法》中招标的方式、条件，评标委员会的组成，招标、投标、中标的主要内容，以及对无效标书的确认等内容。

[答案]

问题1：

在监理中标通知书发出后第45天签订委托监理合同不妥，依照招投标法，应于30天内签订合同。

在签订委托监理合同后双方又另行签订了一份监理酬金比监理中标价降低10%的协议不妥。依照招投标法，招标人和中标人不得再行订立背离合同实质性内容的其他协议。

问题2：

工程咨询公司认为A施工单位有资格参加投标是正确的。以所处地区作为确定投标资格的依据是一种歧视性的依据，这是招投标法明确禁止的。

问题3：

评标委员会组成不妥，不应包括当地建设行政管理部门的招投标管理办公室主任。正确组成应为：

评标委员会由招标人或其委托的招标代理机构熟悉相关业务的代表以及有关技术、经济等方面的专家组成，成员人数应为五人以上的单数。其中，技术、经济等方面的专家不得少于成员总数的三分之二。

问题 4：

B、F 两家施工单位的投标不是有效标。B 单位的情况可以认定为低于成本，F 单位的情况可以认定为是明显不符合技术规格和技术标准的要求，属重大偏差。D、H 两家单位的投标是有效标，他们的情况不属于重大偏差。

练　习　题

习题 1

背景材料：

某建设项目的业主于 2015 年 3 月 15 日发布该项目施工招标公告，其中说明了招标项目的性质、大致规模、实施地点、获取招标文件的办法等事项，还要求参加投标的施工单位必须是本市总承包一、二级企业或外地总承包一级企业，近三年内有获省、市优质工程奖的项目，且需提供相应的资质证书和证明文件。4 月 1 日向通过资格预审的施工单位发售招标文件，各投标单位领取招标文件的人员均按要求在一张表格上登记并签收。招标文件中明确规定：工期不长于 24 个月，工程质量标准为优良，4 月 18 日 16 时为投标截止时间。

开标时，由各投标人推选的代表检查投标文件的密封情况，确认无误后，由招标人当众拆封，宣读投标人名称、投标价格、工期等内容，还宣布了评标标准和评标委员会名单（共 8 人，其中招标人代表 2 人，招标人上级主管部门代表 1 人，技术专家 3 人，经济专家 2 人），并授权评标委员会直接确定中标人。

问题：

1. 什么叫开标？开标的一般程序是什么？

2. 该项目施工招标在哪些方面不符合《中华人民共和国招标投标法》的有关规定？请逐一说明。

3. 评标的程序有哪些？

习题 2

背景材料：

某工程建设项目的初步设计已完成，其建设用地和筹资也已落实。某监理公司受业主委托承担了该项目施工招标和施工阶段的监理任务，并签订了监理合同。业主准备采用公开招标的方式优选承包商。

监理工程师提出的招标程序如下：

（1）招标单位向政府和计划部门提出招标申请；

（2）编制工程标底，提交设计单位审核（标底为 4000 万元）；

（3）编制招标有关文件；

（4）对承包商进行资格预审；

（5）发布投标邀请；

（6）召开标前会议，对每个承包商提出的问题单独地做出回答；

（7）开标；

（8）评标，评标期间根据需要与承包商对投标文件中的某些内容进行协商，将工期和报价协商后的变动作为投标文件的补充部分；

（9）监理工程师确定中标单位；

（10）业主与中标的承包商进行合同谈判和签订施工合同；

（11）发出中标通知书，并退还所有投标承包商的投标保证金。

监理工程师准备用综合评分法进行评标，在评标中重点考虑标价、工期、信誉、施工经验四方面因素，各项因素的权重分别为 0.4、0.3、0.2、0.1。现有甲、乙、丙、丁、戊、己六个承包商投标，根据各单位投标书的情况及各因素，将得分情况列表，表 5-5 如下：

各投标单位情况表 **表 5-5**

投标者	投标书情况	标价得分	工期得分	社会信誉得分	施工经验得分
甲	符合要求	90	80	90	70
乙	标书未密封	95	90	80	80
丙	符合要求	95	95	90	60
丁	缺少施工方案	80	95	95	70
戊	符合要求	80	80	90	90
己	符合要求	95	70	70	90

问题：

1. 对上述招标程序内容进行改错和补充遗漏，并列出正确的招标程序。

2. 判定各承包商投标书是否有效，并按综合评分法选择中标承包商。

习题 3

背景材料：

某住宅工程，标底价为 8800 万元，计划工期为 400 天。各评标指标的相对权重为：工程报价 40%；工期 10%；质量 35%；企业信誉 15%。各承包商投标报价情况见表 5-6。

投标报价情况一览表 **表 5-6**

投标单位	工程报价（万元）	投标工期（天）	上年度优良工程建筑面积（m^2）	上年度承建工程建筑面积（m^2）	上年度获荣誉称号	上年度获工程质量奖
A	8090	370	40000	66000	市级	省部级
B	7990	360	60000	80000	省部级	市级
C	7508	380	80000	132000	市级	县级
D	8630	350	50000	71000	县级	省部级

问题：

1. 根据综合评分法的规则，初选合格投标单位。

2. 对合格投标单位进行综合评价，确定其中标单位。

习题 4

背景材料：

某中学拟建实验楼，教育局委托市招标投标中心对该楼的施工进行公开招标。有八家施工企业参加投标，经过资格预审后，只有甲、乙、丙、丁四家施工企业符合条件，参加了最终的投标。各投标企业按技术标与商务标分别装订报送。市招标投标中心规定的施工评标定标办法如下：

一、商务标：82 分。其中：

1. 投标报价：50 分。

评分办法：满分 50 分。最终报价比评标价每增加 0.5%扣 2 分，每减少 0.5%扣 1 分（不足 0.5%不计）。

2. 质量：10 分。

评分办法：质量目标符合招标单位要求者得 1 分。上年度施工企业工程质量一次验收合格率达 100%者，得 2 分，达不到 100%的不得分。优良率在 40%以上且优良工程面积达 10000m^2 以上者得 2 分。以 40%、10000m^2 为基数，优良率每增加 10%且优良工程面积每增加 5000m^2 加 1 分，不足 10%、5000m^2 不计，加分最高不超过 5 分。

3. 项目经理：15 分。其中：

（1）业绩：8 分。

评分办法：该项目经理上两年度完成的工程，获国家优良工程的每 100m^2 加 0.04 分；获省级优良工程的每 100m^2 加 0.03 分；获市优良工程的每 100m^2 加 0.02 分。不足 100m^2 不计分，其他优良工程参照市优良工程打分，但所得分数乘以 80%。同一工程获多个奖项，只计最高级别奖项的分数，不重复计分，最高计至 8 分。

（2）安全文明施工：4 分。

评分办法：该项目经理上两年度施工的工程，获国家级安全文明工地的工程每 100m^2 加 0.02 分；获省级安全文明工地的工程每 100m^2 加 0.01 分；不足 100m^2 的不计分。同一工程获多个奖项，只计最高级别奖项的分数，不重复计分，最高计至 4 分。

（3）答辩：3 分。

评分办法：由项目经理从题库中抽取 3 个题目回答，每个 1 分，根据答辩情况酌情给分。

4. 社会信誉：5 分。其中：

（1）类似工程经验：2 分。

评分办法：企业两年来承建过同类项目一个且达到合同目标得 2 分，否则不得分。

（2）质量体系认证：2 分。

评分办法：企业通过 ISO 国际认证体系得 2 分，否则不得分。

（3）投标情况：1 分。

评分办法：近一年来投标中未发生任何违纪、违规者得 1 分，否则不得分。

5. 工期：2 分。

评分办法：工期在定额工期的 75%～100%范围内得 2 分，否则不得分。

二、技术标：18分。

评分办法：工期安排合理得1分；工序衔接合理得1分；进度控制点设置合适得1分；施工方案合理先进得4分；施工平面布置合理、机械设备满足工程需要得4分；管理人员及专业技术人员配备齐全、劳动力组织均衡得4分；质量安全保证体系可靠，文明施工管理措施得力得3分。不足之处由评委根据标书酌情扣分。

施工单位最终得分＝商务标得分＋技术标得分。得分最高者中标。

该电教实验楼工程的评标委员由教育局的两名代表与从专家库中抽出的5名专家共7人组成。商务标中的投标报价不设标底，以投标单位报价的平均值作为评标价。商务标中的相关项目以投标单位提供的原件为准计分。技术标以各评委评分去掉一个最高分和最低分后的算术平均数计分。

各投标单位的商务标与技术标得分汇总如下表5-7，表5-8。

技术标评委打分汇总 **表5-7**

评委 投标单位	一	二	三	四	五	六	七
甲	13.0	11.5	12.0	11.0	12.3	12.5	12.5
乙	14.5	13.5	14.5	13.0	13.5	14.5	14.5
丙	14.0	13.5	13.5	13.0	13.5	14.0	14.5
丁	12.5	11.5	12.5	11.0	11.5	12.5	13.5

商务标情况汇总 **表5-8**

投标单位	报价（万元）	质量（分）	项目经理（分）	社会信誉（分）	工期（分）
甲	3278	8.0	13.5	5	2
乙	3320	8.0	14.3	3	2
丙	3361	9.0	12.4	4	2
丁	2776	8.0	12.6	4	2

问题：

1. 若由你负责本工程的招标、评标，你将按照什么思路进行工作。

2. 请选择中标单位。

习题5

背景材料：

某大型工程，建设单位在对有关单位和在建工程考察的基础上，仅邀请了三家国有一级施工企业参加投标，并要求投标单位将技术标和商务标分别报送，经研究后对评标、定标规定如下：

（1）技术标共30分。

其中施工方案10分（各投标单位各得10分）；施工总工期10分；工程质量10分；满足业主总工期要求（36个月）者得4分，每提前1个月加1分，不满足者不得分。自报工程质量优良者得6分（若实际工程质量未达到优良时将扣罚合同价的2%）。近三年内获鲁班工程奖每项加2分，获省优良工程奖每项加1分。

各投标单位标书主要数据如表5-9所示。

各投标单位标书主要数据表　　　　**表 5-9**

投标单位	报价（万元）	总工期（月）	自报工程质量	鲁班奖	省奖
A	35642	33	优良	1	1
B	34364	31	优良	0	2
C	33867	32	合格	0	1

（2）商务标共 70 分。

报价不超过标底（35500 万元）的±5%者为有效标，超过者为废标。报价为标底的 98%者得满分（70 分）。在此基础上，报价比标底每下降 1%，扣 1 分。每上升 1%，扣 2 分（计分按四舍五入取整）。

问题：

1. 该工程邀请招标仅邀请了三家施工企业参加投标，是否违反有关规定？为什么？

2. 按综合得分最高者中标的原则确定中标单位。

习题 6

背景材料：

某工程项目业主邀请了三家施工单位参加投标竞争。各投标单位的报价如表 5-10 所示，施工进度计划安排如表 5-11 所示。若以工程开工日期为折现点，贷款月利率为 1%，并假设各分部分项工程每月安排的工程量相等，并且能按月及时收到工程款。

各公司报价情况表　　　　**表 5-10**

投标单位 \ 报价(万元) \ 项目	基础工程	主体工程	装饰工程	总报价
甲	270	950	900	2120
乙	210	840	1080	2130
丙	210	840	1080	2130

施工进度计划表　　　　**表 5-11**

投标单位	项目	施工进度计划											
		1	2	3	4	5	6	7	8	9	10	11	12
甲	基础工程	——	——	——									
	主体工程				——	——	——	——	——				
	装饰工程									——	——	——	——
乙	基础工程	——	——	——									
	主体工程				——	——	——	——	——				
	装饰工程									——	——	——	——
丙	基础工程	——	——										
	主体工程			——	——	——	——	——	——				
	装饰工程							——	——	——	——	——	——

问题：

1. 就甲、乙两家投标单位，若不考虑资金的时间价值，判断并简要分析业主应优先选择哪家投标单位?

2. 就乙、丙两家投标单位，若考虑资金的时间价值，判断并简要分析业主应优先选择哪家投标单位?

3. 评标委员会对甲、乙、丙三家投标单位的技术标评审结果如表5-12所示。评标办法规定：各投标单位报价比标底价每下降1%，扣1分，最多扣10分；报价比标底价每增加1%，扣2分，扣分不保底。报价与标底价差额在1%以内时可按比例平均扣减。评标时不考虑资金时间价值，设标底价为2125万元，根据得分最高者中标的原则，试确定中标单位。

技术标评审结果 **表5-12**

项目	权重	评审分		
		甲	乙	丙
业绩 信誉 管理水平 施工组织设计	0.4	98.70	98.85	98.80

5.2 建设工程施工投标

5.2.1 建设工程施工投标报价技巧的选择、决策树的应用

一、建设工程施工投标报价技巧

建设工程施工投标报价技巧是在投标过程中采用一定的措施达到既可以增加投标的中标概率，又可以获得较大的期望利润的目的。投标技巧在投标过程中，主要表现在通过各种操作技能和技巧，确定一个好的报价，常见的投标报价技巧有以下几种：

1. 扩大标价法

扩大标价法是指除按正常的已知条件编制标价外，对工程中变化较大或没有把握的工作项目，采用增加不可预见费的方法，扩大标价，减少风险。这种做法的优点是中标价即为结算价，减少了价格调整等麻烦，缺点是总价过高。

2. 不平衡报价法

不平衡报价法又叫前重后轻法，是指在总报价基本确定的前提下，调整内部各个子项的报价，以期既不影响总报价，又在中标后满足资金周转的需要，获得较理想的经济效益。不平衡报价法的通常做法是：

(1) 对能早日结账收回工程款的土方、基础等前期工程项目，单价可适当报高些；对机电设备安装、装饰等后期工程项目，单价可适当报低些；

(2) 对预计今后工程量可能会增加的项目，单价可适当报高些；而对工程量可能减少的项目，单价可适当报低些；

(3) 对设计图纸内容不明确或有错误，估计修改后工程量要增加的项目，单价可适当

报高些；而对工程内容不明确的项目，单价可适当报低些；

（4）对没有工程量只填报单价的项目，或招标人要求采用包干报价的项目，单价宜报高些；对其余的项目，单价可适当报低些；

（5）对暂定项目（任意项目或选择项目）中实施的可能性大的项目，单价可报高些；预计不一定实施的项目，单价可适当报低些。

采用不平衡报价法，优点是有助于对工程量表进行仔细校核和统筹分析，总价相对稳定，不会过高；缺点是单价报高报低的合理幅度难以掌握，单价报得过低会因执行中工程量增多而造成承包商损失，报得过高会因招标人要求压价而使承包商得不偿失。因此，在运用不平衡报价法时，要特别注意工程量有无错误，具体问题具体分析，避免报价盲目报高报低。

3. 多方案报价法

多方案报价法即对同一个招标项目除了按招标文件的要求编制了一个投标报价以外，还编制了一个或几个建议方案。多方案报价法有时是招标文件中规定采用的，有时是承包商根据需要决定采用的。承包商决定采用多方案报价法，通常主要有以下两种情况：

（1）如果发现招标文件中的工程范围很不具体、明确，或条款内容很不清楚、很不公正，或对技术规范的要求过于苛刻，可先按招标文件中的要求报一个价，然后再说明假如招标人对合同要求作某些修改，报价可降低多少；

（2）如发现设计图纸中存在某些不合理并可以改进的地方或可以利用某项新技术、新工艺、新材料替代的地方，或者发现自己的技术和设备满足不了招标文件中设计图纸的要求，可以先按设计图纸的要求报一个价，然后再另附上一个修改设计的比较方案，或说明在修改设计的情况下，报价可降低多少。这种情况，通常也称作修改设计法。

4. 突然降价法

突然降价法是指为迷惑竞争对手而采用的一种竞争方法。通常的做法是，在准备投标报价的过程中预先考虑好降价的幅度，然后有意散布一些假情报，如打算弃标，按一般情况报价或准备报高价等，等临近投标截止日期前，突然前往投标，并降低报价，以期战胜竞争对手。

5. 先亏后盈法

先亏后盈法是指在实际工作中，有的承包商为了打入某一地区或某一领域，依靠自身实力，采取一种不惜代价、只求中标的低报价投标方案。一旦中标之后，可以承揽这一地区或这一领域更多的工程任务，达到总体赢利的目的。

二、决策树方法

1. 决策树的概念

决策树法是概率分析中常用的方法之一，是直观运用概率分析的一种图解方法。它主要是用于对各个投资方案的状态、概率和收益进行比选，为决策者选择最优方案提供依据。

2. 决策树方法的应用

决策树一般由决策点、机会点、方案枝、概率枝等组成，其绘制方法如图 5-1 所示。

首先确定决策点，决策点一般用“□”表示；然后从决策点引出若干条直线，代表各个备选方案，这些直线称为方案枝；方案枝后面连接一个“○”，称为机会点；从机会点画出的各条直线称为概率枝，代表将来的不同状态，概率枝后面的数值代表不同的方案在不同状态下可获得的收益值。为了便于计算，对决策树中的“□”（决策点）和“○”（机会点）均进行编号。编号的顺序从左到右，从上到下，画出决策树后就可以很容易地计算出各个方案的期望值并进行比选。

图 5-1 为常用的决策树结构图。

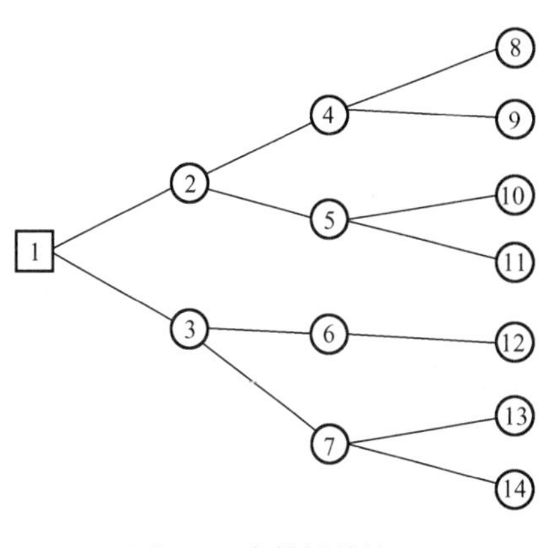

图 5-1 决策树结构图

决策树法通常用于对项目的投资决策分析。实践证明，在招投标活动中，作为投标人在选择投标报价时，运用决策树法同样可以起到优化报价方案的目的，以利中标。

5.2.2 案例

【案例一】

背景材料：

某单位办公楼施工工程进行公开招标，共有七家通过资格预审。其中通过资格预审的宏利建筑公司，对招标文件进行了仔细分析，发现招标文件中的计划工期很难实现，且合同条款中规定每拖延 1 天工期罚款 3000 元。若要保证工期要求，必须采取特殊措施，从而大大增加成本，还发现原基础设计结构方案中采用钢筋混凝土整板基础过于保守。因此，该承包商在投标文件中说明业主的计划工期难以实现，因而按自己认为的合理工期（比业主要求的工期增加 2 个月）编制施工进度计划并据此报价，还建议将原钢筋混凝土整板基础改为钢筋混凝土条形基础，并对这两种结构体系进行了技术经济分析和比较，证明钢筋混凝土条形基础不仅能保证工程结构的可靠性和安全性，而且可降低原基础造价约 15%。

宏利建筑公司拟派的项目经理是赵明，他将技术标和商务标分别封装，在封口处签上本人姓名并加盖宏利建筑公司公章，在投标截止日期前 1 天上午将投标文件报送业主。次日（即投标截止日当天）下午，在规定的开标时间前半小时，赵明又派该公司今年新分配来的实习生张伟递交了一份补充资料，其中声明将原报价降低 2%。但是，招标单位负责接收投标文件的李红拒收宏利建筑公司的补充资料，理由是必须由在投标文件上签字的赵明本人来送。

开标会由市招投标办的工作人员主持，市公证处有关人员到会，各投标单位代表均到场。开标前，市公证处人员对各投标单位的资质进行审查，并对所有投标文件进行审查，确认所有投标文件均有效后，正式开标。主持人宣读投标单位名称、投标价格、投标工期和有关投标文件的重要说明。

问题：

1. 宏利建筑公司在工程投标中运用了哪几种投标技巧？其运用是否得当？请逐一加以说明。

2. 从所介绍的背景资料来看，在该项目招标程序中存在哪些问题？请分别作简单说明。

［解题要点分析］

本案例主要考查建设工程施工投标报价技巧及建设工程施工招标投标程序等内容。该案例的分析要点为，多方案报价法在使用时，一定要对原方案进行报价，否则，就视为没有对招标文件响应，会成为废标。

［答案］

问题 1：

宏利建筑公司在工程投标中运用了两种报价技巧，即多方案报价法和突然降价法。

（1）在多方案报价法中，在对工期的投标上运用不当，因为运用该报价技巧时，必须对原方案（本案例指业主的工期要求）报价，而该承包商在投标时仅说明了该工期要求难以实现，却并未报出相应的投标价。

在多方案报价法中，结构方案比选运用得当，即通过对两个结构体系方案的技术经济分析和比较（这意味着对两个方案均报了价），论证建议方案（钢筋混凝土条形基础）的技术可行性和经济合理性，对业主有很强的说服力。

（2）突然降价法运用得当，原投标文件的递交时间比规定的投标截止时间仅提前 1 天多，这既是符合常理的，又为竞争对手调整、确定最终报价留有一定的时间，起到了迷惑竞争对手的作用。若提前时间太多，会引起竞争对手的怀疑，而在开标前半小时突然递交一份补充文件，这时竞争对手已不可能再调整报价了。

问题 2：

该项目招标程序中存在以下问题：

（1）招标单位的工作人员李红不应拒收张伟递交的补充文件，因为承包商在投标截止时间之前所递交的任何正式书面文件都是有效文件，都是投标文件的有效组成部分，也就是说，补充文件与原投标文件共同构成一份投标文件，而不是两份相互独立的投标文件。张伟作为宏利建筑公司的职工，递交的投标文件是有效的。

（2）根据《中华人民共和国招标投标法》，应由招标人主持开标会，并宣读投标单位名称、投标价格等内容，而不应由市招投标办公室工作人员主持和宣读。

（3）资格审查应在投标之前进行（背景资料说明了承包商已通过资格预审），公证处人员无权对承包商资格进行审查，其到场的作用在于确认开标的公正性和合法性（包括投标文件的合法性）。

（4）公证处人员确认所有投标文件均为有效标书是错误的，因为该承包商的投标文件仅有单位公章和项目经理赵明的签字，而无法定代表人或其代理人的印鉴，应作为废标处理。如果该承包商的法定代表人对该项目经理赵明有授权，且有正式的委托书，该投标文件可作为有效标书处理。

【案例二】

背景材料：

某工业项目生产工艺较为复杂，且安装工程投资约占项目总投资的 70%。该项目业主对承包方式具有倾向性意见，在招标文件中对技术标的评标标准特设“承包方式”一项指标并规定：若由安装专业公司和土建专业公司组成联合体投标，得 10 分；若由安装专业公司作总包，土建专业公司作分包，得 7 分：若由安装公司独立投标，且全部工程均自己施工，得 4 分。

某安装公司决定参与该项目投标，经分析，在其他条件（如报价、工期等）相同的情况下，上述评标标准使得 3 种承包方式的中标概率分别为 0.6、0.5、0.4；另经分析，3 种承包方式的承包效果、概率和盈利情况见表 5-13，编制投标文件的费用均为 5 万元。

各种承包方式的效果、概率及盈利情况表　　表 5-13

承包方式	效果	概率	盈利（万元）
联合体承包	好	0.3	150
	中	0.4	100
	差	0.3	50
总分包	好	0.5	200
	中	0.3	150
	差	0.2	100
独立承包	好	0.2	300
	中	0.5	150
	差	0.3	−50

问题：

1. 投标人应当具备的条件有哪些？

2. 请运用决策树方法决定采用何种承包方式投标（各机会点的期望值应列式计算，计算结果取整数）。

[解题要点分析]

本案例主要考查决策树方法在建设工程施工投标方案中的应用。分析要点为决策树的画法。在画方案枝时，要注意：中标概率为 0.6、0.5、0.4；则不中标概率就分别为 0.4、0.5、0.6。

[答案]

问题 1：

投标人应具备的条件有：

（1）应当具备承担招标项目的能力；

（2）应当符合招标文件规定的资格条件。

问题 2：

（1）画出决策树，标明各方案的概率和盈利值，见图 5-2。

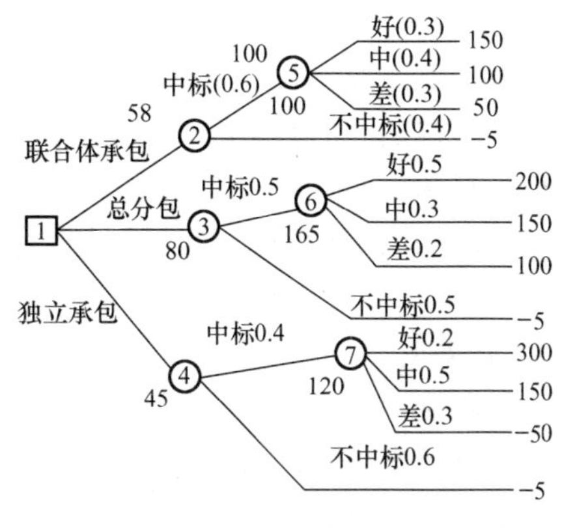

图 5-2　决策树图

（2）计算图中各机会点的期望值

点⑤：150×0.3＋100×0.4＋50×0.3＝100 万元

点②：100×0.6－5×0.4＝58 万元

点⑥：200×0.5＋150×0.3＋100×0.2＝165 万元

点③：165×0.5－5×0.5＝80 万元

点⑦：300×0.2＋150×0.5－50×0.3＝120 万元

点④：120×0.4－5×0.6＝45 万元

（3）选择最优方案

因为点③期望值最大，故应以安装公司总包、土建公司分包的承包方式投标。

【案例三】

背景材料：

某重点工程项目计划于 2016 年 12 月 28 日开工，由于工程复杂，技术难度高，一般施工队伍难以胜任，业主自行决定采取邀请招标方式。于 2016 年 9 月 8 日向通过资格预审的 A、B、C、D、E 五家施工承包企业发出了投标邀请书。该五家企业均接受了邀请，并于规定时间 9 月 20～22 日购买了招标文件。招标文件中规定，10 月 18 日下午 4 时是招标文件规定的投标截止时间，11 月 10 日发出中标通知书。

在投标截止时间之前，A、B、D、E 四家企业提交了投标文件，但 C 企业于 10 月 18 日下午 5 时才送达，原因是中途堵车；10 月 21 日下午由当地招投标监督管理办公室主持进行了公开开标。

评标委员会成员共有 7 人组成，其中当地招投标监督管理办公室 1 人，公证处 1 人，招标人 1 人，技术经济方面专家 4 人。评标时发现 E 企业投标文件虽无法定代表人签字和委托人授权书，但投标文件均已有项目经理签字并加盖了公章。评标委员会于 10 月 28 日提出了评标报告。B、A 企业分别综合得分第一、第二名。由于 B 企业投标报价高于 A 企业，11 月 10 日招标人向 A 企业发出了中标通知书，并于 12 月 12 日签订了书面合同。

问题：

1. 企业自行决定采取邀请招标方式的做法是否妥当？请说明理由。

2. C 企业和 E 企业的投标文件是否有效？分别说明理由。

3. 请指出开标工作的不妥之处，并说明理由。

4. 请指出评标委员会成员组成的不妥之处，并说明理由。

5. 招标人确定 A 企业为中标人是否违规？请说明理由。

6. 合同签订的日期是否违规？请说明理由。

［解题要点分析］

本案例主要考查《中华人民共和国招标投标法》关于招标投标程序，即从发出投标邀请书到中标之间的若干问题，主要涉及招标投标的性质、投标文件的递交和撤回、投标文件的拆封和宣读、评标委员会的组成及其确定、评标过程中评标委员的行为、中标通知书的生效时间、中标通知书发出后招标人的行为以及招标人和投标人订立书面合同的时间等。

［答案］

问题 1：

根据《中华人民共和国招标投标法》（第十一条）规定，省、自治区、直辖市人民政府确定的地方重点项目中不适宜公开招标的项目，要经过省、自治区、直辖市人民政府批准，方可进行邀请招标。因此，本案业主自行对省重点工程项目决定采取邀请招标的做法是不妥的。

问题 2：

根据《中华人民共和国招标投标法》（第二十八条）规定，在招标文件要求提交投标文件的截止时间后送达的投标文件，招标人应当拒收。本案 C 企业的投标文件送达时间迟于投标截止时间，因此该投标文件应被拒收。

根据《中华人民共和国招标投标法》和国家计委、住建部等《评标委员会和评标方法暂行规定》，投标文件若没有法定代表人签字和加盖公章，则属于重大偏差。本案 E 企业投标文件没有法定代表人签字，项目经理也未获得委托人授权书，无权代表本企业投标签字，尽管有单位公章，仍属存在重大偏差，应作废标处理。

问题 3：

根据《中华人民共和国招标投标法》（第三十四条）规定，开标应当在招标文件确定的提交投标文件的截止时间公开进行，本案招标文件规定的投标截止时间是 10 月 18 日下午 4 时，但迟至 10 月 21 日下午才开标，是不妥之处一；

根据《中华人民共和国招标投标法》（第三十五条）规定，开标应由招标人主持，本案由属于行政监督部门的当地招投标监督管理办公室主持，是不妥之处二。

问题 4：

根据《中华人民共和国招标投标法》和国家计委、住建部等《评标委员会和评标方法暂行规定》，评标委员会应由招标人或其委托的招标代理机构熟悉相关业务的代表，以及有关技术、经济等方面的专家组成，并规定项目主管部门或者行政监督部门的人员不得担任评标委员会委员。一般而言公证处人员不熟悉工程项目相关业务，当地招投标监督管理办公室属于行政监督部门，显然招投标监督管理办公室人员和公证处人员担任评标委员会成员是不妥的。

《中华人民共和国招标投标法》还规定评标委员会技术、经济等方面的专家不得少于成员总数的 2/3。本案技术、经济等方面的专家比例为 4/7，低于规定的比例要求。

问题 5：

根据《中华人民共和国招标投标法》（第四十一条）规定，能够最大限度地满足招标文件中规定的各项综合评价标准的中标人的投标应当中标。因此中标人应当是综合评分最高或投标价最低的投标人。本案中 B 企业综合评分是第一名应当中标，以 B 企业投标报价高于 A 企业为由，让 A 企业中标是违规的。

问题 6：

根据《中华人民共和国招标投标法》（第四十六条）规定，招标人和中标人应当在自中标通知书发出之日起 30 天内，按照招标文件和中标人的投标文件订立书面合同，本案 11 月 10 日发出中标通知书，迟至 12 月 12 日才签订书面合同，两者的时间间隔已超过 30 天，违反了《招标投标法》的相关规定。

练 习 题

习题 1

背景材料：

某写字楼工程招标，允许按不平衡报价法进行投标报价。甲承包商按正常情况计算出投标估算价后，采用不平衡报价法进行了适当调整，调整结果见表 5-14。

承包商调整前后报价表　　**表 5-14**

内　　容	基础工程	主体工程	装饰装修工程	总价
调整前投标估算价（万元）	340	1866	1551	3757
调整后正式报价（万元）	370	2040	1347	3757
工期（月）	2	6	3	
贷款月利率（%）	1	1	1	

现假设基础工程完成后开始主体工程，主体工程完成后开始装饰装修工程，中间无间歇，并且各工程各月完成的工作量相等且能按时收到工程款。

年金及一次支付的现值系数见表 5-15。

年金及一次支付的现值系数表　　**表 5-15**

期数 / 现值	2	3	6	8
(P/A，1%，n)	1.970	2.941	5.795	7.651
(P/F，1%，n)	0.980	0.971	0.942	0.923

问题：

1. 甲承包商运用的不平衡报价法是否合理？为什么？

2. 采用不平衡报价法后甲承包商所得全部工程款的现值比原投标估价的现值增加了多少万元（以开工日期为现值计算点）？

习题 2

背景材料：

某承包商经研究决定参与某工程投标。经造价工程师估价，该工程估算成本为 2800 万元，其中材料费占 75%。拟议高、中、低三个报价方案的利润率分别为 10%、8%、5%，根据过去类似工程的投标经验，相应的中标概率分别为 0.3、0.6、0.9。编制投标文件的费用为 5 万元。该工程业主在招标文件中明确规定采用固定总价合同。据估计，在施工过程中材料费可能平均上涨 2%，其发生概率为 0.5。

问题：

试用决策树法分析该投标商应按哪个方案投标？相应的报价为多少？

习题 3

背景材料：

某省重点工程，框架剪力墙结构，地下三层，地上三十层。2017 年 10 月 20 日完成前期准备工作，拟通过招标选择施工企业，建设单位领导考虑到该工程属该省省会标志性建筑，一般施工单位难以胜任施工任务，且不易保证工程质量，研究决定采用邀请招标，邀请A、B、C、D、E五家国内企业参加投标，2017年11月10日向这五家投标企业发出招标公告，要求这五家投标企业于2017年11月14日下午3：00—5：00领取招标文件，在2017年11月20日下午5：00前，B、C、E按规定将标书报送给建设单位，A因堵车事后向建设单位解释于下午6：30分将标书交给建设单位，D因不熟悉道路无法送达而弃权，建设单位收到A、B、C、E的标书后，将其封入箱中，组织有关人员编制标底，标底编制完毕后，应当地招投标办公室的要求，将标底报送到标底审查室进行审查，审查完毕后，2017年11月20日上午8：00建设单位邀请纪检、监察招投标管理、公证及招标代理机构举行开标会议，开标会议由当地招投标管理办公室主任主持。经过有关部门的监督和现场公证后，多方协商，由纪检、监察、招投标管理办公室、现场公证机构、建设、招标代理各抽取一人，组成评标委员会，对标书进行评定。评定过程中，出现C投标文件无法定代表人印鉴，但有项目经理签署，经讨论认为，C不应列为废标，评标结束后，评标委员会出具了评标报告：B排名第一，E排名第二，B报价7800万，E报价7600万。建设单位根据评标报告及报价情况，考虑到E报价低于B，建设单位于2017年11月25日向E发出中标通知书，2017年12月30日，双方经过激烈的谈判，以7200万元签署合同，开始施工，至此，招标工作顺利结束。

问题：

指出上述做法中有哪些地方不妥，正确应该怎样做。

习题4

背景材料：

某公开招标项目投标单位共有5家，A、B、C、D四家公司单独投标，E为D公司与另一家投标人组成的联合体。在投标截止时间前，A公司提交了一份补充文件，说明愿意在原报价基础上降低3%作为最终报价。开标后，B公司因为考虑到自己的报价过高，难以中标，向招标单位提出，如果中标，将承诺工期比原投标文件中的工期再提前2个月。开标后，评标委员会发现C公司有2项分项工程报价计算错误，认定C公司的投标文件为无效标书。

问题：

1. 根据《中华人民共和国招标投标法》的规定，联合体共同投标的特点是什么？

2. 上述招投标过程中，有哪些行为是错误的？为什么？

习题5

背景材料：

某建设单位经相关主管部门批准，组织某建设项目全过程总承包（即EPC模式）的公开招标工作。根据实际情况和建设单位要求，该工程工期定为两年，考虑到各种因素的影响，决定该工程在基本方案确定后即开始招标，确定的招标程序如下：

（1）成立该工程招标领导机构；

（2）委托招标代理机构代理招标；

（3）发出投标邀请书；

（4）对报名参加投标者进行资格预审，并将结果通知合格的申请投标者；

（5）向所有获得投标资格的投标者发售招标文件；

（6）召开投标预备会；

（7）招标文件的澄清与修改；

（8）建立评标组织，制定标底和评标、定标办法；

（9）召开开标会议，审查投标书；

（10）组织评标；

（11）与合格的投标者进行质疑澄清；

（12）决定中标单位；

（13）发出中标通知书；

（14）建设单位与中标单位签订承发包合同。

问题：

1. 指出上述招标程序中的不妥和不完善之处。

2. 该工程共有7家投标单位投标，在开标过程中，出现如下情况：

（1）其中1家投标单位的投标书没有按照招标文件的要求进行密封和加盖企业法人印章，经招标监督机构认定，该投标作无效投标处理；

（2）其中1家投标单位提供的企业法定代表人委托书是复印件，经招标监督机构认定，该投标作无效投标处理；

（3）开标人发现剩余的5家投标单位中，有1家的投标报价与标底价格相差较大，经现场商议，也作为无效投标处理。

指明以上处理是否正确，并说明原因。

习题6：

背景材料：

某省属高校投资建设一栋建筑面积为30000m²的普通教学楼，拟采用工程量清单以公开招标方式进行施工招标，业主委托具有相应招标代理和造价咨询资质的某咨询企业编制招标文件和最高投标限价（该项目的最高投标限价为5000万元）。

咨询企业编制招标文件和最高投标限价过程中，发生如下事件。

事件1：为了响应业主对潜在投标人择优选择的高要求，咨询企业的项目经理在招标文件中设置了以下几项内容：

（1）投标人资格条件之一为：投标人近5年必须承担过高校教学楼工程；

（2）投标人近5年获得过鲁班奖、本省省级质量奖等奖项作为加分条件；

（3）项目的投标保证金为75万元，且投标保证金必须从投标企业的基本账户转出；

（4）中标人的履约保证金为最高投标限价的10%。

事件2：项目经理认为招标文件中的合同条款是基本的粗略条款，只需将政府有关管理部门出台的施工合同示范文本添加项目基本信息后附在招标文件中即可。

事件3：在招标文件编制人员研究项目的评标办法时，项目经理认为所在咨询企业以往代理的招标项目更常采用综合评估法。遂要求编制人员采用综合评估法。

事件4：该咨询企业技术负责人在审核项目成果文件时发现项目工程量清单中存在漏项，要求做出修改。项目经理解释认为，第二天需要向委托人提交成果文件且合同条款中已有关于漏项的处理约定，故不做修改。

事件5：该咨询企业的负责人认为最高投标限价不需要保密。因此，又接受了某拟投标人的委托，为其提供该项目的投标报价咨询。

事件6：为控制投标报价的价格水平，咨询企业和业主商定，以代表省内先进水平的A施工企业的企业定额作为依据，编制本项目的最高投标限价。

问题：

1. 针对事件1，逐一指出咨询企业项目经理为响应业主要求提出的（1）～（4）项内容是否妥当，并说明理由。

2. 针对事件2～6，分别指出相关人员的行为或观点是否正确或妥当，并说明理由。

注：本题为2015年全国造价工程师执业资格考试题。

第 6 章　建设工程合同管理与索赔

本章基本知识要点

一、建设工程合同管理、变更价款的确定

1. 建设工程施工合同的类型及选择

2. 施工合同文件的组成及主要条款

3. 工程变更价款的确定与处理

二、建设工程索赔

1. 工程索赔成立的条件与证据

2. 工程索赔的程序、计算与审查

6.1　建设工程合同管理、变更价款的确定

6.1.1　建设工程合同管理

建设工程合同分为勘查合同、设计合同、施工合同等，大多数建设工程合同管理和索赔均与施工合同有关。

一、建设工程施工合同的概念

建设工程施工合同是指发包人与承包人之间，为完成约定的建设工程项目的施工任务，而签订的明确双方权利和义务关系的协议。它是建设工程合同中最重要的一种，其订立和管理的依据是《中华人民共和国合同法》、《中华人民共和国建筑法》以及其他有关法律、法规。

二、建设工程施工合同的类型及选择

1. 建设工程施工合同的类型及适用范围

按付款方式可以分为以下几种。

（1）总价合同

总价合同是指在合同中确定一个完成项目的总价，承包人据此完成项目全部内容的合同。这类合同仅适用于工程量不太大且能精确计算、工期较短、技术不复杂、风险不大的项目。采用此合同时发包人必须准备详细而全面的设计图纸和各项说明，使承包人能够准确计算工程量。

（2）单价合同

单价合同是指投标人在投标时，按照招标文件就分部分项工程所列出的工程量表确定各分部分项工程费用的合同类型。这类合同的适用范围较宽，其风险能得到合理分摊，并且能鼓励承包人通过提高工效等手段从成本中提高利润。这类合同签订的关键在于对单价和工程量计算办法的确认。

（3）成本加酬金合同

成本加酬金合同是由业主向承包人支付建设项目的实际成本，并按事先约定的某一种方式支付酬金的合同类型。在这种合同中，业主承担了实际发生的一切费用，即承担了全部风险。缺点是业主对工程造价不易控制，承包人也不注意节约项目成本。该合同主要适用于：

1）需要立即展开工作的项目，如灾后重建项目；

2）新型项目或工作内容及其技术经济指标未确定的项目；

3）风险很大的项目。

不同计价方式的合同比较见表 6-1。

不同计价方式的合同比较　　表 6-1

合同类型	总价合同	单价合同	成本加酬金合同			
			百分比酬金	固定酬金	浮动酬金	目标成本加奖罚
应用范围	广泛	广泛	有局限性			酌情
建设单位造价控制	易	较易	最难	难	不易	有可能
施工承包单位风险	大	小	基本没有		不大	有

2. 建设工程施工合同的选择

施工合同有多种类型。合同类型不同，合同双方的义务和责任不同，各自承担的风险也不尽相同。建设单位应综合考虑以下因素来选择适合的合同类型。

（1）工程项目复杂程度

建设规模大且技术复杂的工程项目，承包风险较大，各项费用不易准确估算，因而不宜采用固定总价合同。最好是对有把握的部分采用固定总价合同，估算不准的部分采用单价合同或成本加酬金合同。有时，在同一施工合同中采用不同的计价方式，是建设单位与施工承包单位合理分担施工风险的有效办法。

（2）工程项目设计深度

工程项目的设计深度是选择合同类型的重要因素。如果已完成工程项目的施工图设计，施工图纸和工程量清单详细而明确，则可选择总价合同；如果实际工程量与预计工程量可能有较大出入时，应优先选择单价合同；如果只完成工程项目的初步设计，工程量清单不够明确时，则可选择单价合同或成本加酬金合同。

（3）施工技术先进程度

如果在工程施工中有较大部分采用新技术、新工艺，建设单位和施工承包单位对此缺乏经验，又无国家标准时，为了避免投标单位盲目地提高承包价款，或由于对施工难度估计不足而导致承包亏损，不宜采用固定总价合同，而应选用成本加酬金合同。

（4）施工工期紧迫程度

对于一些紧急工程（如灾后恢复工程等），要求尽快开工且工期较紧时，可能仅有实施方案，还没有施工图纸，施工承包单位不可能报出合理的价格，选择成本加酬金合同较为合适。

总之，对于一个工程项目而言，究竟采用何种合同类型不是固定不变的。在同一个工程项目中不同的工程部分或不同阶段，可以采用不同类型的合同。在进行招标策划时，必须依据实际情况，权衡各种利弊，然后再做出最佳决策。

三、建设工程施工合同文件的组成

1. 建设工程施工合同文件的组成及解释顺序

（1）施工合同协议书（包括合同履行过程中的洽商、变更等书面协议或文件）；

（2）中标通知书；

（3）投标函及投标函附录；

（4）施工合同专用条款；

（5）施工合同通用条款；

（6）技术标准和要求；

（7）图纸；

（8）已标价工程量清单；

（9）其他合同文件。

2.《建设工程施工合同示范文本》的组成

（1）协议书。它是总纲领性文件，规定了合同当事人双方最主要的权利和义务，如工程承包范围、合同价款、工期等；

（2）通用条款。它是根据法律、法规的规定，将建设工程施工合同中共性的内容抽象出来编写的一份完整的合同文件；

（3）专用条款。它是对通用条款的必要补充和修改，其条款号与通用条款相一致；

（4）三个附件。附件一是承包人承揽工程项目一览表，附件二是发包人供应材料设备一览表，附件三是工程质量保修书。

四、建设工程施工合同文件的主要条款

1. 发包人的工作

应明确发包人应该完成的工作内容，如：土地征用、“三通一平”、地质资料及地下管线的提供等。另外，还应注意两点：

（1）发包人可以将其应该完成的工作内容委托承包人完成，但相应费用由发包人承担；

（2）如果发包人没有按照合同约定履行其义务，从而导致工期延误或给承包人带来损失的，应赔偿承包人相应的损失。

2. 承包人的工作

应重点了解以下几个属于承包人的工作内容：

（1）根据工作需要，提供和维修非夜间施工使用的照明、围栏设施，并负责安全保卫；

（2）按照合同要求，向发包人提供在施工现场的办公及生活设施，但费用由发包人承担；

（3）对已竣工但尚未交付发包人的工程，按照合同约定负责其保护工作，如果在保护期间发生损害，应由承包人自费予以修理；

（4）按合同约定，做好施工现场地下管线和邻近建筑物、构筑物、古树名木的保护工作。

3. 工期可以顺延的原因

（1）发包人不能按条款的约定提供开工条件；

（2）发包人不能按约定日期支付工程价款、进度款，致使工程不能正常进行；

（3）工程师未按照合同约定提供所需指令、批准等，致使施工不能正常进行；

（4）设计变更和工程量增加；

（5）一周内非承包人原因停水、停电、停气等造成累计停工超过 8 小时；

（6）不可抗力。

对由于承包人自身的原因造成的工期延误，应由承包人自己承担违约责任，发包人不给予工期补偿。

4. 合同价款调整的范围

对于以可调价格形式订立的合同，其合同价款调整的范围包括：

（1）国家法律、法规和政策变化影响合同价款；

（2）工程造价管理部门公布的价格调整；

（3）一周内非承包人原因停水、停电、停气等造成累计停工超过 8 小时；

（4）工程价款可以调整的情况发生后，承包人应当在 14 天内通知工程师（或发包人），由工程师确认后作为追加合同价款；如果工程师在收到通知后 14 天内未做答复，则视为同意。

5. 争议的解决方式

合同双方在履行的过程中发生争议时，应先和解或要求有关部门进行调解；如果调解不成，则可按照以下两种方式中的一种解决争议：

（1）向约定的仲裁委员会申请仲裁；

（2）向有管辖权的人民法院起诉。

五、工程变更价款的确定与处理

1. 工程变更价款的确定程序

施工中发生工程变更，承包人按照经发包人认可的变更设计文件，进行变更施工。其中，政府投资项目如果发生重大变更，需按照基本建设程序报批后方可施工。

（1）在工程设计变更确定后 14 天内，设计变更涉及工程价款调整的，由承包人向发包人提出变更工程价款的报告，经发包人审核同意后调整合同价款。

（2）在工程设计变更确定后 14 天内，如承包人未提出变更工程价款的报告，则发包人可根据所掌握的资料决定是否调整合同价款，并确定调整的具体金额。重大工程变更所涉及的工程价款变更报告和确认的时限由发包人和承包人双方协商确定。

收到工程价款变更报告的一方，应在收到之日起 14 日内予以确认或提出协商意见。自工程价款变更报告送达之日起 14 日内，对方未确认或也未提出协商意见时，视为工程价款变更报告已被确认。

（3）确认新增（减）的工程变更价款作为追加（减）合同价款，与工程进度款同期支付。

2. 工程变更价款的确定方法

（1）定额计价时的工程变更价款确定方法

1）合同中已有适用于变更工程的价格，按合同已有的价格计算变更合同价款。

2）合同中只有类似于变更工程的价格，可以参照类似价格变更合同价款。

3）合同中没有适用或类似于变更工程的价格，由承包人提出适当的变更价格，经工程师确认后执行。如果双方达不成一致的意见，双方可以向工程所在地的工程造价管理机构进行咨询或按合同约定的争议或纠纷解决程序办理。

（2）工程量清单计价时的工程变更价款确定方法

1）工程量清单中已有适用于变更工程的单价，按已有的单价执行。

2）工程量清单中只有类似于变更工程的单价，按类似的单价经换算后确定。

3）如果工程量清单中没有适用于变更工程的单价，则由发包人和承包人一起协商单价，意见不一致时，由监理工程师进行最终确定或按合同约定的争议或纠纷解决程序办理。

4）当工程变更规模超过合同规定的某一范围时，则单价或合同价格应予以调整。此条在实际使用中要慎重处理，一般在单项工程量变更后采用“双控”指标来确定变更价格，即当事人双方在合同中明确规定变更后的工程量总额和该项工程的金额两项指标均超出某一范围，才允许调整单价。例如，可规定：如果合同中的任何一个工程项目变更后的金额超过合同总价的 2%（参考值），而且该项目的实际工程量大于或小于工程量清单所列工程量的 15%（参考值）时才考虑价格调整。

5）如果监理工程师认为有必要和可取，对变更工程也可以采取计日工的方法进行。该条应尽量避免使用或不使用。因为根据《建设工程工程量清单计价规范》的规定可知，种类单一而价格普遍较高的计日工，是不适用于种类繁杂而难易程度不定的变更工程的。

6.1.2　案例

【案例一】

背景材料：

某建设单位拟开发一工程项目，已与某施工单位签订了施工合同。由于该工程的特殊性，工程量事先无法准确确定，但工程性质清楚。按照施工合同文件的规定，乙方必须严格按照施工图纸及合同文件规定的内容及技术要求施工，工程量由工程师按照规定负责计量。

问题：

1. 该工程适宜采用什么类型的合同计价方式？为什么？

2. 在施工招标文件中，按工期定额计算，工期为 500 天。但在双方所签订的施工合同协议中，开工日期为 2016 年 11 月 18 日，竣工日期为 2018 年 4 月 23 日，日历天数为 515 天。试问工期究竟应该为多少？为什么？

[解题要点分析]

本案例所考核的内容：建设工程施工合同的类型及其适用范围；建设工程施工合同文件的组成及其解释顺序；施工合同有关条款。对于这类案例分析题的解答，首先是注意充分阅读背景所给的各项条件，然后找出对应的知识点，最后进行分析。

问题 1：建设工程施工合同按付款方式分为：①总价合同，但采用此合同时发包人必须准备详细而全面的设计图纸和各项说明，使承包人能够准确计算工程量，本工程显然不符合；②单价合同，这类合同的适用范围较宽，其关键在于对单价和工程量计算办法的确认，本题满足此条件；③成本加酬金合同，此类合同形式不利于业主，对工程造价不易控制，主要适用于一些特殊情况。

问题 2：根据建设工程施工合同文件的组成及其解释顺序来进行分析。

［答案］

问题 1：

该工程适宜采用单价合同。因其工程项目性质清楚，工程量计算办法也已确定，仅仅工程量事先无法准确确定。

问题 2：

工期应为 515 天。因为根据建设工程施工合同文件的组成及解释顺序，施工合同协议书的法律效力高于投标书，而投标书是根据招标文件制作的，因此，当施工合同协议书中的条款与招标文件在内容上有出入时，应该以协议书中的条款规定为准。

【案例二】

背景材料：

某综合办公楼工程建设项目，合同价为 3500 万元，工期为 2 年。建设单位通过招标选择了某施工单位进行该项目的施工。

在正式签订工程施工承包合同前，发包人（建设单位）和承包人（施工单位）草拟了一份《建设工程施工合同（示范文本）》，供双方再斟酌。其中包括如下条款：

（1）合同文件的组成与解释顺序依次为：

1）合同协议书；

2）招标文件；

3）投标函及其附件；

4）中标通知书；

5）施工合同通用条款；

6）施工合同专用条款；

7）图纸；

8）已标价工程量清单；

9）技术标准和要求；

10）工程报价单或预算书；

11）合同履行过程中的洽商、变更等书面协议或文件。

（2）承包人必须按工程师批准的进度计划组织施工，接受工程师对进度的检查、监督。工程实际进度与计划进度不符时，承包人应按工程师的要求提出改进措施，经工程师确认后执行。承包人有权就改进措施提出追加合同价款。

（3）工程师应对承包人提交的施工组织设计进行审批或提出修改意见。

（4）发包人向承包人提供施工场地的工程地质和地下主要管网线路资料，供承包人参考使用。

（5）承包人不能将工程转包，但允许分包，也允许分包单位将分包的工程再次分包给其他施工单位。

（6）无论工程师是否进行验收，当其要求对已经隐蔽的工程进行重新检验时，承包人应按要求进行剥离或开孔，并在检查后重新覆盖或修复。检验合格，发包人承担由此发生的全部追加合同价款，赔偿承包人损失，并相应顺延工期；检验不合格，承包人承担发生的全部费用，工期予以顺延。

（7）承包人按协议条款约定的时间应向工程师提交实际完成工程量的报告。工程师接到报告 4 天内按承包人提供的实际完成的工程量报告核实工程量（计量），并在计量 24 小时前通知承包人。

（8）工程未经竣工验收或竣工验收未通过的，发包人不得使用。发包人强行使用时，发生的质量问题及其他问题，由发包人承担责任。

（9）因不可抗力事件导致的费用及延误的工期由双方共同承担。

问题：

请逐条指出上述合同条款中的不妥之处，并提出改正意见。

［解题要点分析］

本案例主要考察《建设工程施工合同（示范文本）》的内容，包括合同文件的组成及其解释顺序、主要条款的规定等。解答此类题目时，有关条款的内容要熟悉，并特别注意当事人之间的责任、权利和义务划分之间的逻辑关系。做题时要逐条作答，既要做出判断又要说明理由。

［答案］

第 1 条：不妥。理由：排序不对，招标文件不属于合同文件；“合同履行工程的洽商、变更等书面协议或文件”应看成是合同协议书的组成部分，排第一位。

改为：合同文件的组成与解释顺序依次为：

1）合同协议书（合同履行过程中的洽商、变更等书面协议或文件）；

2）中标通知书；

3）投标函及其附件；

4）施工合同专用条款；

5）施工合同通用条款；

6）技术标准和要求；

7）图纸；

8）已标价工程量清单；

9）工程报价单或预算书。

第 2 条：“……，承包人有权就改进措施提出追加合同价款。”不妥。理由：与《建设工程施工合同（示范文本）》的相关规定不符合。

改为：“……，因承包人的原因导致实际进度与计划进度不符，承包人无权就改进措施提出追加合同价款。”

第 3 条：不妥。理由：工程师对施工组织设计是确认或提出修改意见，不是“审批”，因为按惯例只要不违反国家的强制性条文或规定，承包人可以按照其认为是最佳的方式组织施工。

改为：“承包人应按约定日期将施工组织设计提交给工程师，工程师按约定时间予以确认或提出修改意见，逾期不确认也不提出书面意见的，则视为同意。”

第 4 条：“……，供承包人参考使用。”不妥。理由：与《建设工程施工合同（示范文本)》的相关规定不符合。

改为:“……，对资料的真实准确性负责。”

第5条:“……，也允许分包单位将分包的工程再次分包给其他施工单位。”不妥。理由:违反《建筑法》的相关规定，并与《建设工程施工合同(示范文本)》的相关规定不符合。

改为:“……，不允许分包单位将分包的工程再次分包给其他施工单位。”

第6条:“检验不合格，……，工期予以顺延。”不妥。理由:如果检验不合格，说明施工质量有问题，应由施工单位承担相应的责任。

改为:“检验不合格，……，工期不予顺延。”

第7条:“工程师接到报告4内按承包人提供的实际完成的工程量报告核实工程量(计量)，并在计量24小时前通知承包人。”不妥。理由:工程师进行计量的依据应该是设计图纸，而不是承包人提交的实际完成的工程量报告。

改为:“工程师接到报告14天内按设计图纸核实已完工程量(计量)，并在计量24小时前通知承包人。”

第8条:不妥。理由:工程未经竣工验收或竣工验收未通过的，发包人强行使用时，不能免除承包人应承担的保修责任。

改为:“……，发包人强行使用时，由此发生的质量问题及其他问题，由发包人承担责任;但是，不能免除承包人应承担的保修责任。”

第9条:不妥。理由:不可抗力事件发生时，双方所承担的责任有明确的划分。

改为:因不可抗力事件导致的费用及延误的工期由双方分别按以下规定承担:

1)工程本身的损害、因工程损害导致第三方人员伤亡和财产损失以及运至施工场地用于施工的材料和待安装的设备的损害，由发包人承担;

2)承发包双方人员的伤亡损失，分别由各自承担;

3)承包人机械设备损坏及停工损失，由承包人承担;

4)停工期间，承包人应工程师要求留在施工场地的必要的管理人员及保卫人员的费用由发包人承担;

5)工程所需清理、修复费用由发包人承担;

6)延误的工期相应顺延。

【案例三】

背景材料:

某房屋建筑工程项目，建设单位与施工单位按照《建设工程施工合同(示范文本)》签订了建设工程施工合同。在工程施工过程中，发生了如下事项:

(1)某分项工程由于建设单位提出工程使用功能的调整，进行了设计变更。

(2)在基槽开挖后，施工单位未按照施工组织设计对基槽四周进行围栏防护，供货商进入施工现场不慎掉入基坑摔伤，由此发生医疗费用8千元。

(3)在工程施工过程中，当进行到施工图纸所规定的处理边缘时，乙方在取得在场工程师同意的情况下，为了确保工程质量，将施工范围适当扩大，因此增加成本5万元。

(4)建设单位采购的设备没有按照计划时间到场，施工受到影响，由此造成施工单位租用机械闲置、工人窝工等损失 3 万元。

问题：

1. 事件 1 中造价工程师对变更部分的合同价款应根据什么原则确定？

2. 事件 2 中该医疗费用应该由谁承担？为什么？

3. 事件 3 中该部分增加的成本应该由谁承担？为什么？

4. 事件 4 中施工单位是否有权要求赔偿？为什么？

[解题要点分析]

在解答本案例时，需要熟悉工程变更价款的确定方法以及《建设工程施工合同（示范文本）》有关条款的规定。

[答案]

问题 1：

事件 1 中造价工程师对变更部分的合同价款应根据以下原则确定：

（1）合同中已有适用于变更工程的价格，按合同已有的价格计算变更合同价款；

（2）合同中只有类似于变更工程的价格，可以参照类似价格变更合同价款；

（3）合同中没有适用或类似于变更工程的价格，由承包人提出适当的变更价格，经工程师确认后执行。

问题 2：

事件 2 中发生的医疗费用应该由施工单位承担。

理由：根据《建设工程施工合同（示范文本）》有关条款的规定，在基槽开挖土方后，承包商（施工单位）应在基槽周围设置围栏，未设围栏而发生人员摔伤事故，所发生的医疗费用应由施工单位支付，并承担因此产生的相关责任。

问题 3：

该部分增加的成本应该由施工单位承担。

理由：根据《建设工程施工合同（示范文本）》有关条款的规定，为确保工程质量而进行的超出合同范围的工程量属于施工单位应采取的措施费，而且该部分的工程量超出了施工图纸等合同文件的要求。

问题 4：

施工单位有权要求赔偿。

理由：根据《建设工程施工合同（示范文本）》有关条款的规定，该事件是由于建设单位采购的设备没有按照计划时间到场而造成的，属建设单位应承担的责任。

【案例四】

背景材料：

某房屋建筑工程项目，建设单位与施工单位按照《建设工程施工合同（示范文本）》签订了建设工程施工合同。在工程施工过程中，遭受特大暴风雨袭击，造成了相应的损失，施工单位及时向工程师提出补偿要求，并附有相关的详细资料和证据。

施工单位认为遭受暴风雨袭击是属于非施工单位原因造成的损失，故应由业主承担全部赔偿责任，主要补偿要求包括：

（1）给已建部分工程造成破坏，损失计 15 万元，应由业主承担修复的经济责任，施工单位不承担修复的经济责任；

(2) 施工单位人员因此灾害数人受伤，发生医疗费用 2 万元，业主应予以赔偿；

(3) 现场正在使用的机械、设备受到损坏，造成损失 5 万元，并由于现场停工，造成台班费损失 3 万元，业主应承担赔偿和修复的费用；

(4) 工人窝工费 2.5 万元，业主应予以承担；

(5) 因暴风雨造成现场停工 10 天，要求合同工期顺延 10 天；

(6) 由于工程损坏，清理现场需费用 1 万元，应由业主承担。

问题：

1. 在以上事件中，双方应按什么原则分别承担责任？

2. 对施工单位提出的各项补偿要求应该如何处理？

[解题要点分析]

本案例所涉及的知识点：

问题 1：不可抗力的概念、《建设工程施工合同（示范文本）》中有关不可抗力事件导致的费用损失和延误工期的责任承担条款。

问题 2：《建设工程施工合同（示范文本）》中有关不可抗力事件导致的费用损失和延误工期的责任划分，注意既要做出判断，又要说明理由。

[答案]

问题 1：

特大暴风雨袭击属于不可抗力事件，双方应按以下原则分别承担相应的责任：

(1) 工程本身的损害、因工程损害导致第三方人员伤亡和财产损失以及运至施工场地用于施工的材料和待安装的设备的损害，由发包人承担；

(2) 承发包双方人员的伤亡损失，分别由各自承担；

(3) 承包人机械设备损坏及停工损失，由承包人承担；

(4) 停工期间，承包人应工程师要求留在施工场地的必要的管理人员及保卫人员的费用由发包人承担；

(5) 工程清理、修复所需费用，由发包人承担；

(6) 延误的工期相应顺延。

问题 2：

根据建设单位与施工单位所签订的《建设工程施工合同（示范文本）》的约定，属于不可抗力事件的风雨袭击所造成的损失，应由业主和施工单位按照上述原则分别承担，对施工单位所提出的各项补偿要求应处理如下：

(1) 给已建部分工程造成破坏而发生的修复费用 15 万元，由业主承担；

(2) 施工单位人员因此灾害数人受伤而发生的医疗费用 2 万元，由施工单位自己承担；

(3) 现场正在使用的机械、设备受到损坏而造成的损失 5 万元以及由于现场停工而造成台班费的损失 3 万元，由施工单位自己承担；

(4) 工人窝工费 2.5 万元，由施工单位自己承担；

(5) 因暴风雨造成现场停工 10 天应予以认可，合同工期顺延 10 天；

(6) 由于工程损坏而发生的清理现场费用 1 万元，由业主承担。

练　习　题

习题 1

背景材料：

某施工单位根据领取的某 2000 平方米两层厂房工程项目招标文件和全套施工图纸，采用最低报价策略编制了投标文件，并获得中标。该施工单位（乙方）于某年某月某日与建设单位（甲方）签订了该工程项目的固定价格施工合同。合同工期为 8 个月。甲方在乙方进入施工现场后，因资金紧缺，口头要求乙方暂停施工一个月。乙方亦口头答应。工程按合同规定期限验收时，甲方发现工程质量有问题，要求返工。两个月后，返工完毕。结算时甲方认为乙方迟延交付工程，应按合同约定偿付逾期违约金。乙方认为临时停工是甲方要求的。乙方为抢工期，加快施工进度才出现了质量问题，因此迟延交付的责任不在乙方。甲方则认为临时停工和不顺延工期是当时乙方答应的。乙方应履行承诺，承担违约责任。

问题：

1. 该工程采用固定价格合同是否合适？

2. 该施工合同的变更形式是否妥当？此合同争议依据合同法律规范应如何处理？

习题 2

背景材料：

某施工单位（乙方）与某建设单位（甲方）签订了某项商业建筑的基础工程施工合同，包括开挖土方、做垫层、浇筑混凝土基础、回填土等工作。由于签订合同时施工图纸尚不完备，工程量无法准确计算，因此双方在施工合同中约定，将来按施工图预算方式计价，乙方必须严格按照施工图及施工合同规定的内容及技术要求施工。工程量由造价工程师负责计量。根据该工程的合同特点，造价工程师提出的工程量计量与工程款支付程序的要点如下：

（1）乙方对已完工的分项工程在 7 天内向监理工程师申请质量认证，取得质量认证后，向造价工程师提交计量申请报告；

（2）造价工程师在收到报告后 7 天内核实已完工程量，并在计量前 24 小时通知乙方，乙方为计量提供便利条件并派人参加。乙方不参加计量，造价工程师按照规定的计量方法自行计量，计量结果有效。计量结束后，造价工程师签发计量证书；

（3）乙方凭质量认证和计量证书向造价工程师提出付款申请。造价工程师在收到计量申请报告后 7 天内未进行计量的，报告中的工程量从第 8 天起自动生效，直接作为工程价款支付的依据；

（4）造价工程师审核申报材料，确定支付款额，向甲方提供付款证明；

（5）甲方根据乙方取得的付款证明对工程的价款进行支付或结算。

工程开工前，乙方提交了施工组织设计并得到批准。

问题：

1. 在土方开挖过程中，乙方在取得在场的监理工程师认可的情况下，为了使施工质量得到充分的保证，将开挖范围适当扩大。施工完成后，乙方将扩大范围内的施工工程量向造价工程师提出计量付款的要求，但遭到拒绝。试问造价工程师拒绝施工单位的要求是否合理？为什么？

2. 在工程施工过程中，乙方根据监理工程师指示就部分工程进行了变更施工。试问变更部分合同价款应根据什么原则确定？

3. 在开挖土方过程中，有两项重大原因使工期发生较大的拖延：一是土方开挖时遇到了一些工程地质勘探没有探明的孤石，排除孤石拖延了一定的时间；二是施工过程中遇到数天季节性大雨，由于雨后土壤含水量过大不能立即进行基础垫层的施工，从而耽误了部分工期。随后，乙方按照索赔程序提出了延长工期并补偿停工期间窝工损失的要求。试问造价工程师是否应该受理这两起索赔事件？为什么？

习题 3：

背景材料：

某工程项目是一栋砖混结构多层住宅楼，施工图纸已经齐备，现场已完成三通一平工作，满足开工条件。业主要求工程于 2015 年 3 月 15 日开工，至 2016 年 3 月 14 日完工，总工期为 1 年。业主与某施工单位根据《建设工程施工合同（示范文本）》签订了施工合同，施工过程中发生了以下事件：

事件 1：当施工单位开挖基槽时，遇到文物古迹需处理，由此增加费用 5 万元，拖延工期 10 天。

事件 2：在施工主体时，由于供电部门检修线路，停电 2 天，从而使楼板吊装无法进行，工期相应拖延。

事件 3：在现浇屋面板的施工中，施工单位需要在夜间浇筑混凝土，经业主同意并办理了有关手续。按地方政府有关规定，在晚上 10：30 以后一般不得施工，若有特殊情况需要给附近居民补贴。

问题：

1. 根据该工程的具体条件，业主采用哪种施工合同最合适？简述该类施工合同的优缺点。

2. 以上各项事件发生所产生的费用和工期拖延应该由谁承担相应的责任？

习题 4

背景材料：

某建设单位（甲方）拟建造一栋职工住宅，采用招标方式由某施工单位（乙方）承建。甲、乙双方签订的施工合同协议条款摘要如下：

（1）工程概况

工程名称：某职工住宅楼；

工程地点：市区；

工程内容：建筑面积为 3000m^2 的砖混结构住宅楼；

工程范围：某建筑设计院设计的施工图所包括的土建、装饰、水电工程。

（2）合同价款：合同总价为 210 万元，按建筑面积每平方米 700 元包干

合同价款风险范围：当工程变更、材料价格涨落等因素造成工程造价增减幅度不超过合同总价的 15%时，合同总价不予调整。

（3）工程价款调整

调整条件：建筑面积增减变化；

调整方式：按实际竣工建筑面积和建筑面积每平方米700元包干价调整。

在上述施工合同协议条款签订后，甲、乙双方又接着签订了补充施工合同协议条款。摘要如下：

补1：木门均用水曲柳板包门套；

补2：铝合金窗改用同型号的塑钢窗；

补3：所有阳台均采用与窗户同型号的塑钢窗封闭。

问题：

1. 上述合同属于哪种计价方式合同类型？该合同签订的条件是否妥当？

2. 如果执行上述合同会发生哪些工程合同纠纷？应怎样处理？

6.2 建设工程索赔

6.2.1 建设工程索赔程序、计算与审查

索赔是指在合同履行过程中，对于非自身的过错，而是应该由对方承担责任的情况造成的损失向对方提出经济补偿和时间补偿的要求，其是工程承包中经常发生的一类事件。

施工索赔是索赔中的一种，是指由承包人向业主提出的、旨在为了取得经济补偿或工期延长的要求的索赔。

一、施工索赔的内容

根据《建设工程施工合同（示范文本）》，施工索赔主要包括以下内容：

1. 不利的自然条件与人为障碍引起的索赔

这里所提到的自然条件及人为因素主要是与招标文件及施工图纸相比而言的。在处理此类索赔时，需要掌握的一个原则就是所发生的事件应该是一个有经验的承包人所无法预见的，特别是对不利的气候条件是否构成索赔的处理上，更要把握住此条原则。

2. 工期延长和延误的索赔

在处理这一类索赔时，应注意以下几个方面：

（1）导致工期延长或延误的影响因素属于非承包人本身的原因；

（2）如果是由于客观原因（如不可抗力、外部环境变化等）造成的工期延长或延误，一般情况下业主可以批准承包人延长工期，但不会给以费用补偿；

（3）如果是属于业主或工程师的原因引起的工期延长或延误，则承包人除应得到工期补偿外，还应得到费用补偿；

（4）如果是根据网络计划（网络图）处理此类索赔，则要注意的是，即使是由于业主的原因造成的工期延误，但如果其延误时间不在关键线路上且未影响总工期，则承包人只能得到费用补偿。

3. 因施工临时中断而引起的索赔

由于业主或工程师的不合理指令所造成的临时停工或施工中断，从而给承包人带来的工期和费用上的损失，承包人可以提出索赔。

4. 因业主风险引起的索赔

这是指由于应该由业主承担的风险而导致承包人的费用损失增大时，承包人所提出的索赔。此时要注意的问题有两个：一个是要明确哪些风险是由业主承担的；另一个是在发

生此类事项后，承包人除免除一切责任外，还可以得到由于风险发生的损害而引起的任何永久性工程及其材料的付款及合理的利润，以及一切修复费用、重建费用等。

二、施工索赔的程序

《建设工程施工合同（示范文本）》对施工索赔的程序有严格的规定，对此应该很好地理解。按照有关规定，施工索赔的程序如图 6-1 所示：

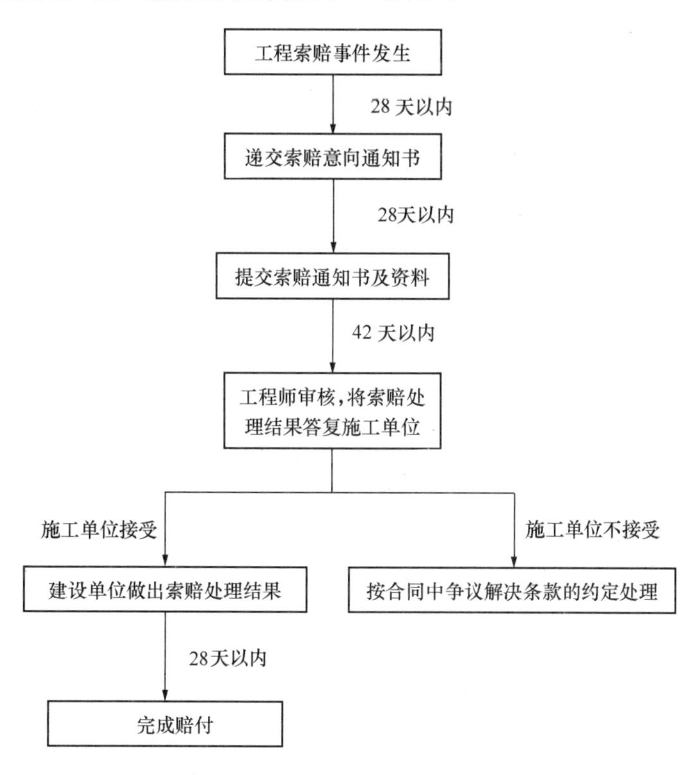

图 6-1　施工索赔的程序

还应注意以下两点：

1. 索赔事件具有连续影响的，施工承包单位应按合理时间间隔继续递交延续索赔通知，说明连续影响的实际情况和记录，列出累计的追加付款金额和（或）工期延长天数。在索赔事件影响结束后的 28 天内，施工承包单位应向监理人递交最终索赔通知书，说明最终要求索赔的追加付款金额和延长的工期，并附必要的记录和证明材料。

2. 施工承包单位提出索赔的期限。施工承包单位接受竣工付款证书后，应被认为已无权再提出在合同工程接收证书颁发前所发生的任何索赔。施工承包单位提交的最终结清申请单中，只限于提出工程接收证书颁发后发生的索赔，提出索赔的期限自接受最终结清证书时终止。

三、施工索赔成立的条件

要取得索赔的成功，必须满足以下基本条件。

1. 客观性

必须确实存在不符合合同或违反合同的事件，此事件对承包人的工期和（或）成本造成影响，并提供确凿的证据。

2. 合法性

事件非承包人自身原因引起，按照合同条款对方应给予补偿。索赔要求应符合承包合同的规定。

3. 合理性

索赔要求应合情合理，符合实际情况，真实反映由于事件的发生而造成的实际损失，应采用合理的计算方法和计算基础。

四、索赔文件内容的构成

索赔文件是承包人向业主索赔的正式书面材料，也是业主审议承包人索赔请求的主要依据。索赔文件主要由三个内容组成。

1. 索赔信

索赔信是承包人致业主或工程师的一封简短的信函，它包括的主要内容有：

（1）说明索赔事件；

（2）列举索赔理由；

（3）提出索赔金额及（或）工期；

（4）附件说明。

2. 索赔报告

索赔报告是索赔文件的正文，对索赔的解决有重大的影响。索赔报告一般由三部分组成，即标题、事实与理由、损失计算及要求赔偿的金额和（或）工期。在撰写索赔报告时，主要应注意以下几个方面：

（1）索赔事件应真实，证据应确凿；

（2）索赔的计算要准确，计算的依据、方法、结果都应详细列出；

（3）要明确索赔事件的发生是非承包人责任；

（4）要说明所发生的事件是一个有经验的承包人所不能预测的；

（5）要阐述清楚所发生事件与承包人所遭受损失之间的因果关系。

3. 附件

附件主要包括两个内容：

（1）索赔证明文件及证据；

（2）索赔金额及（或）工期的详细计算书。

五、建设工程索赔的计算

1. 索赔费用的计算

索赔费用的主要组成内容，与建安工程造价的构成内容基本一致，即包括人工费、材料费、施工机具使用费、分包费、施工管理费、利息、利润和保险费等。但是对于由于不同原因引起的索赔，承包人可索赔的具体费用内容是不完全相同的。因此，在案例分析中，应按照索赔事件的性质、条件以及各项费用的特点进行分析，确定哪些费用项目可以索赔，以及应该索赔的具体金额。

索赔费用的计算方法主要有以下几种。

（1）实际费用法

实际费用法又称分项法，是索赔计算时最常用到的一种方法。其计算的原则是，以承包人为某项索赔工作所支付的实际开支为根据，向业主要求费用补偿。用实际费用法计算索赔费用时，其过程在与一般计算工程造价的过程相同的基础上，去掉某些不合理的因素，使其更加合理。这种方法比较复杂，但能客观地反映施工单位的实际损失，比较合理，易于被当事人接受，在国际工程中被广泛采用。

由于索赔费用组成的多样化，不同原因引起的索赔，承包人可索赔的具体费用内容有所不同，必须具体问题具体分析。由于实际费用法所依据的是实际发生的成本记录或单据，因此，在施工过程中，系统而准确地积累记录资料是非常重要的。

（2）总费用法

总费用法即总成本法，是用索赔事件发生后所重新计算出的项目的实际总费用，减去合同估算的总费用，其余额即为索赔金额。计算公式为：

索赔金额＝实际总费用－合同估算总费用　　(6-1)

（3）修正的总费用法

修正的总费用法是对总费用法的改进，即在总费用计算的基础上，去掉一些不确定的可能因素，对总费用法进行相应的修改和调整，使其更加合理。

具体步骤为：

1）将计算索赔额的时段局限于受到外界影响的时间，而不是整个施工期；

2）只计算受影响时段内某项工作所受影响的损失，而不是计算该时段内所有施工所受的损失；

3）与该项工作无关的费用不列入总费用中；

4）对投标报价费用重新进行核算，按受影响时段内该项工作的实际单价进行核算，乘以实际完成的该项工作的工程量，得出调整后的报价费用。

按修正后的总费用计算索赔金额的公式如下：

索赔金额＝某项工作调整后的实际总费用－该项工作的报价费用　　(6-2)

2. 工期索赔的计算

（1）工期索赔的组成

工期索赔主要由以下两个方面组成：

1）由于灾害性气候、不可抗力等原因而导致的工期索赔；

2）由于业主未能及时提供合同中约定的施工条件，导致承包人无法正常施工而引起的工期索赔。此时的工期索赔往往伴随有费用索赔。

（2）工期索赔计算中应当注意的问题

在工期索赔计算中应当特别注意以下两方面的问题：

1）划清施工进度拖延的责任。因承包人的原因造成施工进度滞后，属于不可原谅的延期；只有承包人不应承担任何责任的延误，才是可原谅的延期。有时工程延期的原因中可能包含有双方责任，此时监理人应进行详细分析，分清责任比例，只有可原谅延期部分才能批准顺延合同工期。可原谅延期，又可细分为可原谅并给予补偿费用的延期和可原谅但不给予补偿费用的延期；后者是指非承包人责任事件的影响并未导致施工成本的额外支出，大多属于发包人应承担风险责任事件的影响，如异常恶劣的气候条件影响的停工等。

2）被延误的工作应是处于施工进度计划关键线路上的施工内容。只有位于关键线路上工作内容的滞后，才会影响到竣工日期。但有时也应注意，既要看被延误的工作是否在批准进度计划的关键线路上，又要详细分析这一延误对后续工作的可能影响。因为若对非关键线路工作的影响时间较长，超过了该工作可用于自由支配的时间，也会导致进度计划中非关键线路转化为关键线路，其滞后将影响总工期的拖延。此时，应充分考虑该工作的自由时间，给予相应的工期顺延，并要求承包人修改施工进度计划。

（3）工期索赔的计算

在处理工期索赔时，首先应确定发生进度拖延的责任。在实际施工中发生进度拖延的原因很多，也很复杂，有非承包人原因，也有承包人的原因。另外有的工期延误可能同时包含有业主和承包人双方的责任，此时更应进行详细分析，分清责任比例，从而合理确定顺延的工期。

工期索赔的计算主要有直接法、网络分析法和比例计算法三种。

1）直接法

如果某干扰事件直接发生在关键线路上，造成总工期的延误，可以直接将该干扰事件的实际干扰时间（延误时间）作为工期索赔值。

2）网络分析法

工期索赔的计算应以施工进度计划为主要依据，因此计算工期索赔的方法主要是网络分析法。

网络分析法是通过分析索赔事件发生前后的网络计划，对比前后两种工期的计算结果，计算出索赔工期。在利用网络分析法计算索赔工期时，应注意只有由于非承包人的原因且影响到关键线路上的工作内容，从而导致的工期延误才能计算为索赔工期。非关键线路上的工作内容不能作为索赔工期的依据。当然，如果非关键线路上的工期延误超过了其总时差，则超过部分也应该获得相应的工期补偿。

3）比例计算法

当已知部分工程延期的时间时：

$$\text{工期索赔值} = \frac{\text{受干扰部分工程的合同价}}{\text{原合同总价}} \times \text{该受干扰部分工期拖延时间} \tag{6-3}$$

当已知额外增加工程量的价格时：

$$\text{工期索赔值} = \frac{\text{额外增加的工程量价格}}{\text{原合同总价}} \times \text{原合同总工期} \tag{6-4}$$

比例计算法简单方便，但有时不尽符合实际情况。比例计算法不适用于变更施工顺序、加速施工、删减工程量等事件的索赔。

六、反索赔的内容

反索赔是指业主向承包人提出的，由于承包人责任或违约而导致业主经济损失的补偿要求。

反索赔一般包括两个方面的含义：其一是业主对承包人提出的索赔要求进行分析和评审，否定其不合理的要求，即反驳对方不合理的索赔要求；其二是对承包人在履约中的缺陷责任，如工期拖延、施工质量达不到要求等提出损失补偿，即向对方提出索赔。

反索赔的主要步骤如下：

（1）对合同进行全面细致的分析，从而确定索赔的合同依据；

（2）对索赔事件的起因、经过、持续时间、影响范围进行详细的调查；

(3) 在事件调查和收集整理工程资料的基础上，对合同状态、实际状态、可能状态进行比较分析；

(4) 起草索赔报告（或对承包人的索赔报告进行分析），阐述索赔理由；

(5) 提交索赔报告。

七、FIDIC 施工合同条件

1. FIDIC 简介

FIDIC 是指国际咨询工程师联合会。FIDIC 编制了多个合同条件，以 1999 年最新出版的合同文本为例，其包括以下四份新的合同文本：

(1) 施工合同条件；

(2) 永久设备和设计—建造合同条件；

(3) EPC/交钥匙工程合同条件；

(4) 合同的简短格式。

在 FIDIC 编制的合同条件中，以施工合同条件影响最大、应用最广。我国现行的《建设工程施工合同（示范文本）》即是从 FIDIC 土木工程施工合同条件发展而来的。

2. FIDIC 合同条件的构成

FIDIC 合同条件由通用合同条件和专用合同条件两部分构成，且附有合同协议书、投标函和争端仲裁协议书。

(1) FIDIC 通用合同条件

FIDIC 通用条件是固定不变的，工程建设项目只要是属于房屋建筑或者其他土建工程的施工均适用。通用条件共分为 20 个方面的问题：一般规定，业主，工程师，承包商，指定分包商，职员和劳工，工程设备、材料和工艺，开工、误期和暂停竣工检验，业主的接收，缺陷责任，测量和估价，变更和调整，合同价格和支付，业主提出终止，承包商提出暂停和终止，风险和责任，保险，不可抗力，索赔、争端和仲裁。由于通用条件是可以适用于所有土木工程的，因此条款也非常具体而明确。

FIDIC 通用合同条件可以大致划分为涉及权利义务的条款、涉及费用管理的条款、涉及工程进度控制的条款、涉及质量控制的条款和涉及法规性的条款等五大部分。

(2) FIDIC 专用合同条件

FIDIC 在编制合同条件时，对土木工程施工的具体情况作了充分而详尽的考察，从中归纳出大量内容具体详尽且适用于所有土木工程施工的合同条款，组成了通用合同条件。但仅有这些是不够的，具体到某一工程项目，有些条款应进一步明确，有些条款还必须考虑工程的具体特点和所在地区的情况予以必要的变动。FIDIC 专用合同条件就是为了实现这一目的。通用条件与专用条件一起构成了决定一个具体工程项目各方的权利义务及对工程施工的具体要求的合同条件。

3. FIDIC 合同条件下合同文件的组成及优先次序

在 FIDIC 合同条件下，合同文件除合同条件外，还包括其他对业主、承包商都有约束力的文件。其解释应按构成合同文件的如下先后次序进行：

(1) 合同协议书；

(2) 中标函；

(3) 投标书；

(4) 专用条件；

(5) 通用条件；

(6) 规范；

(7) 图纸；

(8) 资料表和构成合同组成部分的其他文件。

4. FIDIC合同条件的具体应用

FIDIC合同条件在应用时对工程类别、合同性质、前提条件等都有一定的要求。

(1) FIDIC合同条件适用的工程类别

FIDIC合同条件适用于房屋建筑和各种工程，其中包括工业与民用建筑工程、疏浚工程、土壤改善工程、道桥工程、水利工程、港口工程等。

(2) FIDIC合同条件适用的合同性质

FIDIC合同条件在传统上主要适用于国际工程施工，但对FIDIC合同条件进行适当修改后，同样适用于国内合同。

(3) 应用FIDIC合同条件的前提

FIDIC合同条件注重业主、承包商、工程师三方的关系协调，强调工程师（我国称为监理工程师）在项目监理中的作用。在土木工程施工中应用FIDIC合同条件应具备以下前提：

1) 通过竞争性招标确定承包商；

2) 委托工程师对工程施工进行监理；

3) 按照单价合同方式编制招标文件（但有些子项也可以采用包干方式）。

6.2.2 案例

【案例一】

背景材料：

某房屋建筑工程项目，建设单位与施工单位按照《建设工程施工合同（示范）文本》签订了施工承包合同。施工合同中规定：

(1) 设备由建设单位采购，施工单位安装；

(2) 建设单位原因导致的施工单位人员窝工，按58元/工日补偿，建设单位原因导致的施工单位设备闲置，按表6-2中所列标准补偿；

(3) 施工过程中发生的设计变更，其价款按建标［2013］44号文件的规定以工料单价法计价程序计价（以人工费为计算基础），间接费费率为30%，利润率为20%，税率为11%。

设备闲置补偿标准表 **表6-2**

机械名称	台班单价（元/台班）	补偿标准
大型起重机	1060	台班单价的60%
自卸汽车（5t）	318	台班单价的40%
自卸汽车（8t）	458	台班单价的50%

该工程在施工过程中发生以下事件：

事件1：施工单位在土方工程填筑时，发现取土区的土壤含水量过大，必须经过晾晒后才能填筑，增加费用30000元，工期延误10天。

事件2：基坑开挖深度为3m，施工组织设计中考虑的放坡系数为0.3（已经工程师批准）。施工单位为避免坑壁塌方，开挖时加大了放坡系数，使土方开挖量增加，导致费用超支10000元，工期延误3天。

事件3：施工单位在主体钢结构吊装安装阶段发现钢筋混凝土结构上缺少相应的预埋件，经查实是由于土建施工图纸遗漏该预埋件的错误所致。返工处理后，增加费用20000元，工期延误8天。

事件4：建设单位采购的设备没有按计划时间到场，施工受到影响，施工单位一台大型起重机、两台自卸汽车（载重5t、8t各一台）闲置5天，工人窝工86工日，工期延误5天。

事件5：某分项工程，由于建设单位提出工程使用功能的调整，须进行设计变更。设计变更后，经确认人材机费合计增加18000元，其中人工费增加4000元。

上述事件发生后，施工单位及时向建设单位造价工程师提出索赔要求。

问题：

1. 分析以上事件中造价工程师是否应该批准施工单位的索赔要求？为什么？

2. 对于工程施工中发生的工程变更，造价工程师对变更部分的合同价款应根据什么原则确定？

3. 造价工程师应批准的索赔金额是多少元？工程延期是多少天？

[解题要点分析]

在解答本案例时，应注重以下知识的应用：

1. 明确《建设工程施工合同（示范）文本》中的责任划分内容，并据此分析所给条件以及所发生事件的责任应该由谁承担，从而判断施工单位的索赔能否得到批准；

2. 明确工料单价法计价中，间接费、利润率和税率的取费基数。

另外还需注意以下两点：

第一，本题的第1问须准确判断是否应该批准施工单位的索赔要求，如果判断有误，第3问将会出现错误答案；

第二，本题中列出了3项设备闲置补偿标准，只要是涉及此3项规定的索赔是应该批准的，否则题中列出也就没有意义。

[答案]

问题1：

造价工程师对施工单位的索赔要求审核批准如下：

事件1：不应该批准。

理由：该事件应该是施工单位能预料到的，属于施工单位应承担的责任。

事件2：不应该批准。

理由：施工单位为确保安全，自行调整施工方案，属于施工单位应承担的责任。

事件3：应该批准。

理由：该事件是土建施工图纸中错误造成的，属于建设单位应承担的责任。

事件 4：应该批准。

理由：该事件是由建设单位采购的设备没有按计划时间到场造成的，属于建设单位应承担的责任。

事件 5：应该批准。

理由：该事件是由于建设单位设计变更造成的，属于建设单位应承担的责任。

问题 2：

变更价款的确定原则：

（1）合同中已有适用于变更工程的价格，按合同已有的价格计算变更合同价款；

（2）合同中只有类似于变更工程的价格，可以参照类似价格变更合同价款；

（3）合同中没有适用或类似于变更工程的价格，由承包人提出适当的变更价格，经工程师确认后执行；如果不被造价工程师确认，双方应首先通过协商确定变更工程价款；当双方不能通过协商确定变更工程价款时，按合同争议的处理方法解决。

问题 3：

（1）造价工程师应批准的索赔金额为：

事件 3：返工费用：20000 元

事件 4：机具台班费：（1060×60％＋318×40％＋458×50％）×5＝4961 元

人工费：86×58＝4988 元

事件 5：应给施工单位补偿

人材机费合计：18000 元

企业管理费：4000×30％＝1200 元

利　润：4000×20％＝800 元

税　金：（18000＋1200＋800）×11％＝2200 元

应补偿：18000＋1200＋800＋2200＝22200 元

或：[18000＋4000×（30％＋20％）]（1＋11％）＝22200 元

合计：20000＋4961＋4988＋22200＝52149 元

（2）造价工程师应批准的工期延期为：

事件 3：8 天

事件 4：5 天

合计：13 天

【案例二】

背景材料：

某综合楼工程项目合同价为 1750 万元，该工程签订的合同为可调价合同。合同报价日期为 2015 年 3 月，合同工期为 12 月，每季度结算 1 次。工程开工日期为 2015 年 4 月 1 日。施工单位 2015 年第 4 季度完成产值是 710 万元。工程人工费、材料费构成比例以及相关造价指数如表 6-3 所示。

在施工过程中，发生如下事件：

事件 1：2015 年 4 月，在基础开挖过程中，发现与给定地质资料不符合的软弱下卧层，造成施工费用增加 10 万元，相应工序持续时间增加了 10 天。

人工费、材料费构成比例以及相关造价指数表　　表 6-3

项目		人工费	材料费						不可调值费用
			钢材	水泥	集料	砖	砂	木材	
比例（%）		28	18	13	7	9	4	6	15
造价指数	2015 年第 1 季度	100	100.8	102.0	93.6	100.2	95.4	93.4	
	2015 年第 4 季度	116.8	100.6	110.5	95.6	98.9	93.7	95.5	

事件 2：2015 年 5 月施工单位为了保证施工质量，扩大基础地面，开挖量增加导致费用增加 3.0 万元，相应工序持续时间增加了 2 天。

事件 3：2015 年 7 月，在主体砌筑工程中，因施工图设计有误，实际工程量增加导致费用增加了 3.8 万元，相应工序持续时间增加了 2 天。

事件 4：2015 年 8 月，进入雨季施工，恰逢 20 年一遇的大雨，造成停工损失 2.5 万元，工期增加了 4 天。

以上事件中，除事件 4 以外，其余事件均未发生在关键线路上，并对总工期无影响。针对上述事件，施工单位提出如下索赔要求：

（1）增加合同工期 13 天；

（2）增加费用 11.8 万元。

问题：

1. 施工单位对施工过程中发生的以上事件可否索赔？为什么？

2. 计算 2015 年第 4 季度的工程结算款额。

3. 如果在工程保修期间发生了由施工单位原因引起的屋顶漏水问题，业主在多次催促施工单位修理而施工单位一再拖延的情况下，另请其他施工单位修理，所发生的修理费用该如何处理？

[解题要点分析]

本案例主要涉及索赔事件的处理、工程造价指数的应用、保修费用的承担等知识点，解题时注意以下几点：

1. 分清事件责任的前提，注意不同事件形成因素对应不同的索赔处理方法；

2. 对承包人超出设计图纸（含设计变更）范围和因承包人原因造成的工程量增加，发包人不予计量；

3. 对于异常恶劣的气候条件等不可抗力事件，只有发生在关键线路上的延误才能进行工期索赔，但不能进行费用索赔；

4. 利用调值公式进行计算时要注意试题中对有效数字的要求；

5. 在保修期间内，施工单位应对其引起的质量问题负责。

[答案]

问题 1：

事件 1：费用索赔成立，工期不予延长。

理由：业主提供的地质资料与实际情况不符合是承包商不可预见的，属于业主应该承担的责任，业主应给予费用补偿；但是，由于该事件未发生在关键线路上，且对总工期无影响，故不予工期补偿。

事件 2：费用索赔不成立，工期不予延长。

理由：该事件属于承包商采取的质量保证措施，属于承包商应承担的责任。

事件 3：费用索赔成立，工期不予延长。

理由：施工图设计有误，属于业主应承担的责任，业主应给予费用补偿；但是，由于该事件未发生在关键线路上，且对总工期无影响，故不予工期补偿。

事件 4：费用索赔不成立，工期应予以延长。

理由：异常恶劣的气候条件属于双方共同承担的风险，承包商不能得到费用补偿；但是，由于该事件发生在关键线路上，对总工期有影响，故应给予工期延长。

问题 2：

2015 年第 4 季度的工程结算款额为：

$$P=710\times(0.15+0.28\times116.8/100.0+0.18\times100.6/100.8+0.13\times110.5/102.0+0.07\times95.6/93.6+0.09\times98.9/100.2+0.04\times93.7/95.4+0.06\times95.5/93.4)$$

$$=710\times1.0585$$

$$=751.74\text{ 万元}$$

问题 3：

所发生的维修费用应从乙方保修金（或质量保证金、保留金）中扣除。

【案例三】

背景材料：

某施工单位（乙方）与某建设单位（甲方）签订了建造无线电发射试验基地施工合同。合同工期为 38 天。由于该项目急于投入使用，在合同中规定，工期每提前（或拖后）1 天奖（罚）5000 元。乙方按时提交了施工方案和施工网络进度计划（如图 6-2 所示），并得到甲方代表的同意。

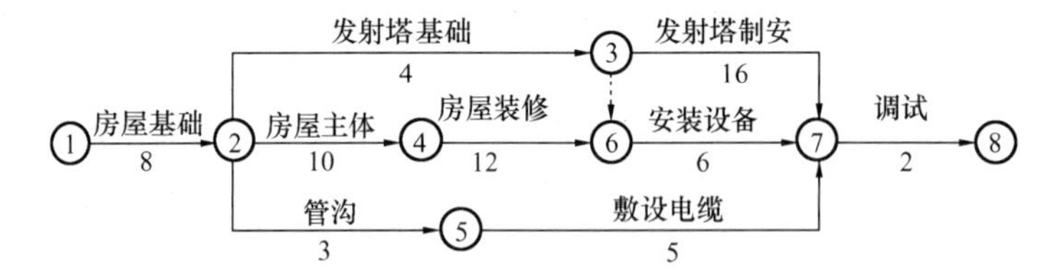

图 6-2　发射塔试验基地工程施工网络进度计划（单位：天）

实际施工过程中发生了如下几项事件：

事件 1：在房屋基槽开挖后，发现局部有软弱下卧层。按甲方代表指示，乙方配合地质复查，配合用工为 10 个工日。地质复查后，根据经甲方代表批准的地基处理方案，增加工程费用 4 万元，因地基复查和处理使房屋基础施工延长 3 天，工人窝工 15 个工日。

事件 2：在发射塔基础施工时，因发射塔坐落位置的设计尺寸不当，甲方代表要求修改设计，拆除已施工的基础，重新定位施工。由此造成工程费用增加 1.5 万元，发射塔基础施工延长 2 天。

事件 3：在房屋主体施工中，因施工机械故障，造成工人窝工 8 个工日，房屋主体施工延长 2 天。

事件 4：在敷设电缆时，因乙方购买的电缆质量不合格，甲方代表令乙方重新购买合格电缆。由此造成敷设电缆施工延长 4 天，材料损失费 1.2 万元。

事件 5：鉴于该工程工期较紧，乙方在房屋装修过程中采取了加快施工的技术措施，使房屋装修施工缩短 3 天，该项技术措施费为 0.9 万元。

其余各项工作持续时间和费用均与原计划相符。

问题：

1. 在上述事件中，乙方可以就哪些事件向甲方提出工期补偿和（或）费用补偿要求？为什么？

2. 该工程的实际工期为多少天？可得到的工期补偿为多少天？

3. 假设工程所在地人工费标准为 80 元/工日，应由甲方给予补偿的窝工人工费补偿标准为 48 元/工日，企业管理费、利润等均不予补偿。则在该工程中，乙方可得到的合理的费用补偿有哪几项？费用补偿额为多少元？

[解题要点分析]

解答此类题目时，要逐条作答，既要做出判断又要说明理由，并应注意以下几个方面的问题：

1. 明确责任方，即明确造成索赔事件发生的原因，从而确定所发生的索赔是否成立。

2. 索赔事件根据其发生的原因分为以下三种：

（1）业主原因；

（2）自然灾害及意外；

（3）承包商自身原因。

具体又分为以下若干种常见的情况：

（1）不利的自然及地质条件。在此种事件中要明确的关键问题是：该情况是否是一个有经验的承包商能合理预见到的。若是，索赔不成立；反之，则索赔成立；

（2）非承包商原因造成的工期延误，如此题中的设计变更等。此种情况工期索赔一般是成立的，但费用索赔是否成立，要视具体情况而定；

（3）加速施工的索赔。一般不成立，除非是业主或工程师的明确指令。因为在合同中通常有提前竣工的奖励条件，承包商如果采取加快施工的措施，虽然增加了费用，但可以得到业主提前完工的奖励；

（4）施工临时中断引起的索赔。如果是业主或工程师的原因，则索赔成立；

（5）拖欠支付工程款引起的索赔。此种情况不仅索赔成立，而且在承包商提出的索赔费用清单中，还应包括承包商的利息损失。

3. 处理工期延误索赔问题时，应特别注意以下几个方面：

（1）如果属于非发包人本身的原因或客观原因（如不可抗力、外部条件环境变化等）造成的工期延长或延误，一般情况下只能同意工期延长，而不给予费用补偿；如果是业主或工程师的原因引起的工期延长或延误，则承包人除应得工期补偿外，还应得到费用补偿；

（2）本题的工期索赔是根据乙方提供并经甲方代表批准的施工网络进度计划计算索赔工期。在根据网络进度计划处理此类索赔时，即使是由于业主的原因造成的工期延误，关键的问题仍然是要搞清楚索赔成立的事件所造成的工期延误是否发生在关键线路上：

1）工期延误发生在关键线路上。由于关键工序的工作持续时间决定了整个施工的工期，因此在其上的工期延误就会造成整个工期的延误，应给予承包商以相应的工期补偿。因此，发生在关键工序上的工期延误，承包商可据实提出补偿要求。

2）工期延误发生在非关键线路上。此时需要通过比较工期延误时间与该工序的总时差而定。如果该非关键线路的延误时间不超过总时差，则网络进度计划的关键线路并未发生改变，亦即该工序的工期延误并未影响总工期，此时可认为承包商在工期上并未有损失，因此工期索赔也就不成立，但此时仍然存在费用索赔；如果该非关键工序的延误时间已经超出了总时差的范围，则关键线路就发生了改变，从而总工期延长，此时承包商应得到工期补偿。根据网络进度计划原理，补偿的工期应等于延误时间与总时差的差额。

[答案]

问题 1：

乙方可以就哪些事件向甲方提出工期补偿和（或）费用补偿要求的判定如下：

事件 1：可以提出工期补偿和费用补偿要求。因为地质条件的变化属于甲方应承担的责任（或有经验的承包商是无法预见的），且房屋基础工作位于关键线路上。

事件 2：可以提出费用补偿要求。因为设计变更（发射塔设计位置变化）属于甲方应承担的责任，由此增加的费用应由甲方承担；但该项工作位于非关键线路上，其拖延时间 2 天，没有超出该项工作的总时差 8 天，因此工期补偿为 0 天。

事件 3：不能提出工期和费用补偿要求。因为施工机械故障属于乙方应承担的责任。

事件 4：不能提出工期和费用补偿要求。因为乙方应该对自己购买的材料不合格造成的后果承担责任。

事件 5：不能提出工期和费用补偿要求。因为双方已在合同中约定采用奖励方法解决一方加速施工的费用补偿，因赶工而发生的施工技术措施费用应由乙方自行承担。

问题 2：

该工程实际工期为 40 天，可得到的工期补偿为 3 天。计算如下：

（1）原网络进度计划（图 6-3）

关键线路：①-②-④-⑥-⑦-⑧；

计划工期：38 天，与合同工期相同。

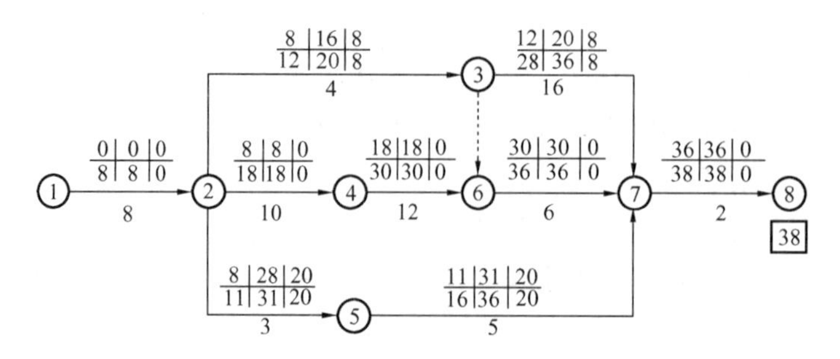

图 6-3　原网络进度计划图（单位：天）

（2）实际进度计划（图 6-4）

将所有各项工作的持续时间均以实际持续时间代替。

关键线路不变，仍为：①-②-④-⑥-⑦-⑧；

实际工期：38＋3＋2－3＝40 天（或 11＋12＋9＋6＋2＝40 天）。

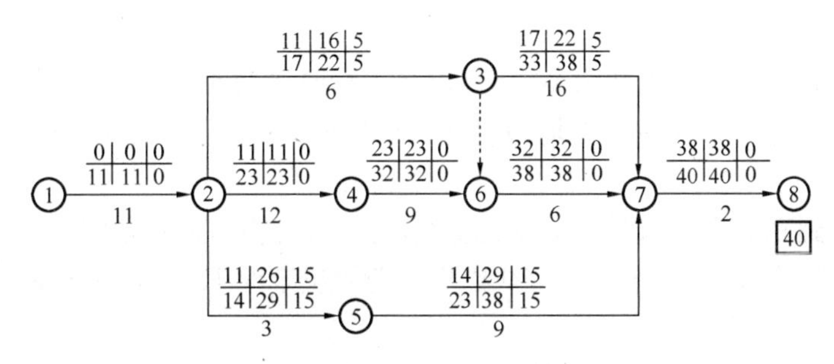

图 6-4 实际网络进度计划图（单位：天）

（3）由于甲方责任而导致的进度计划（图 6-5）

将所有由甲方负责的各项工作持续时间延长天数加到原计划相应工作的持续时间上。

关键线路亦不变，仍为：①-②-④-⑥-⑦-⑧；

计算工期：41 天。

与合同工期相比，延长 3 天。

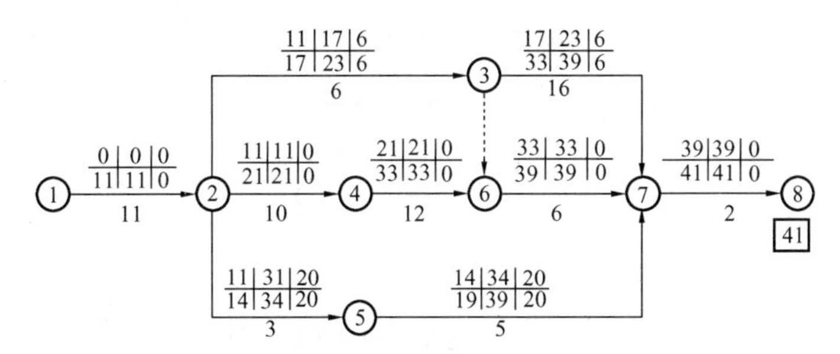

图 6-5 由于甲方原因而导致的进度计划图（单位：天）

问题 3：

在该工程中，乙方可得到的合理的费用补偿如下：

事件 1：

（1）增加人工费用（配合用工）：10×80＝800 元

（2）窝工费 15×48＝720 元

（3）增加工程费用：40000 元

事件 1 合计应得到的费用补偿：800＋720＋40000＝41520 元

事件 2：

增加工程费用：15000 元

由于实际合同工期为 41 天，而实际工期为 40 天，故：

工期提前奖：（41－40）×5000 ＝5000 元

乙方可得到的合理的费用补偿总额为：

41520＋15000＋5000＝61520 元

【案例四】

背景材料：

某工程施工总承包合同工期为 20 个月。在工程开工之前，总承包单位向总监理工程师提交了施工总进度计划，各工作均匀进行（如图 6-6 所示）。该计划得到总监理工程师的批准。

当工程进行到底 7 个月末时，进度检查绘出的实际进度前锋线如图 6-6 所示。

E 工作和 F 工作于第 10 个月末完成以后，业主决定对 K 工作进行设计变更，设计变更图纸于第 13 个月末完成。

工程进行到第 12 个月时，进度检查发现：

① H 工作刚刚开始；

② I 工作仅完成了 1 个月的工作量；

③ J 工作和 G 工作刚刚完成。

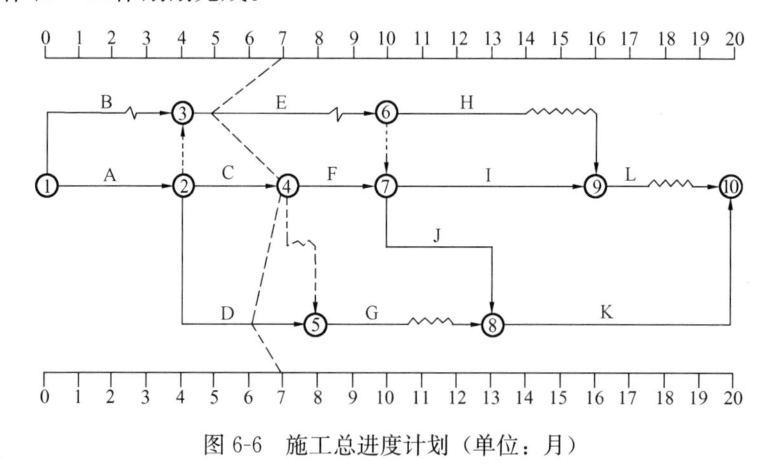

图 6-6　施工总进度计划（单位：月）

问题：

1. 为了保证本工程的建设工期，在施工总进度计划中应重点控制哪些工作？

2. 根据第 7 个月末工程施工进度检查结果，分别分析 E、C、D 工作的进度情况及其对紧后工作和总工期产生什么影响。

3. 根据第 12 个月末进度检查结果，在图 6-6 中绘出进度前锋线。此时总工期为多少个月？

4. 由于 J、G 工作完成后 K 工作的施工图纸未到，K 工作无法在第 12 个月末开始施工，总承包单位就此向业主提出了费用索赔。造价工程师应如何处理？说明理由。

[解题要点分析]

本案例主要是利用双代号时标网络计划来分析施工索赔，涉及以下知识点：

1. 问题 1 牵涉到双代号时标网络计划的知识。判断双代号时标网络计划图中的关键线路时，应选择无波纹线的线路，即①→②→④→⑦→⑧→⑩。关键线路上的工作即为关键工作，应作为重点控制对象。

2. 前锋线分析方法是从检查时刻的时标点出发，首先连接与其相邻的工作箭线的实际进度点，由此再去连接该箭线相邻工作箭线的实际进度点，依此类推，将检查时刻正在进行工作的实际进度点依次连接起来，组成一条一般为折线的前锋线。按前锋线与箭线交点的位置判断工程实际进度与计划进度的偏差。如果相应地进行结算即可进行投资偏差分析。

进度比较分析：

1）工作实际进度点位置在检查日期时间坐标右侧，则该工作实际进度超前，超前的天数为二者之差；

2）工作实际进度点位置在检查日期时间坐标左侧，则该工作实际进度拖后，拖后的天数为二者之差。

3. 对于因工期延误而产生的费用索赔来说，需要明确工期延误的原因是业主方责任还是承包方责任。并非所有业主方责任的违约都会发生索赔，只有关键线路上业主方原因造成的承包方的工程变更或工程损失等才会导致索赔，本案例中工期变更并没有涉及。

4. 对于问题 3，需要注意：施工进度计划开始节点对应的月份是 0 月而不是 1 月，注意到这点，画进度前锋线才不会错；要求 12 月末后分析总工期的影响，这时候就不要考虑 6 月末的进度前锋线了。

［答案］

问题 1：

在施工总进度计划中应重点控制的工作为：A、C、F、J、K 。

问题 2：

（1）E 工作拖后 2 个月，影响紧后工作 H、I、J 工作的最早开始时间，且影响总工期 1 个月；

（2）C 工作实际进度与计划进度一致，不影响其紧后工作 F、G 的最早开始时间，且不影响总工期；

（3）D 工作拖后 1 个月，影响其紧后工作 G 的最早开始时间，但不影响总工期。

问题 3：

绘制的进度前锋线如图 6-7 所示。

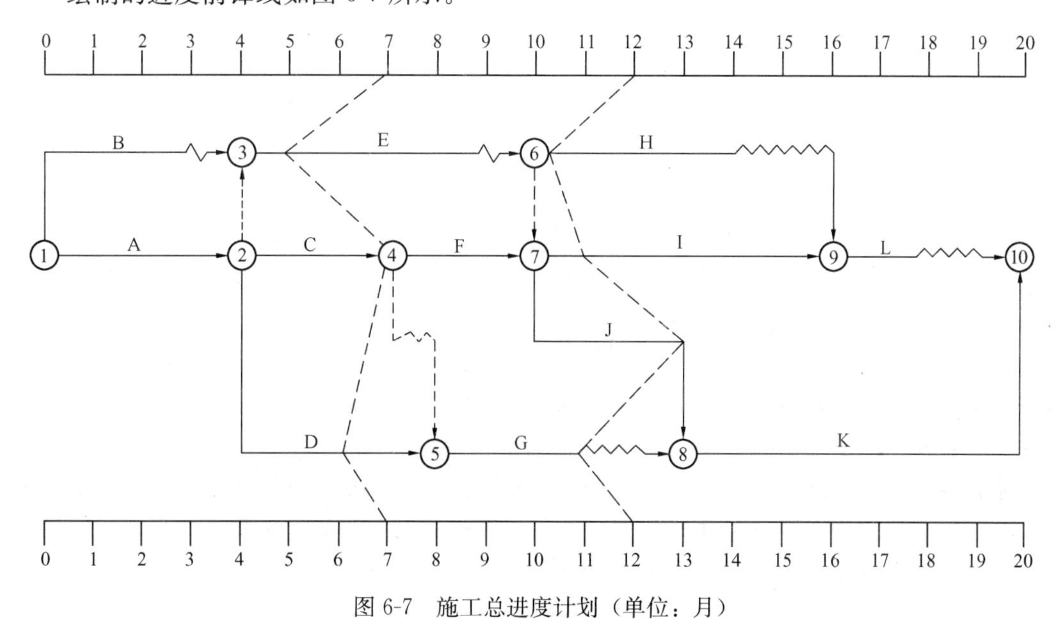

图 6-7 施工总进度计划（单位：月）

问题 4：

不予批准。

理由：K 工作设计变更图纸于第 13 个月末完成。对总监理工程师批准的进度计划并未造成影响，故不予批准。

【案例五】

背景材料：

某业主与某承包商根据 FIDIC 条款格式，订立了某工程的施工合同。合同规定采用单价合同，因设计变更而发生的工程量变化按实调整；并且双方还根据 FIDIC 合同条件中工程变更价格的确定原则，在合同中约定：当某项工作实际完成工程量超过（或减少）原有工程量的 10%时，可进行调价，调整系数为 0.9（或 1.1）。合同工期为 18 天，工期每提前 1 天奖励 3000 元，每拖后 1 天罚款 6000 元。承包商在开工以前及时提交了施工网络进度计划如图 6-8 所示，得到了业主的批准。

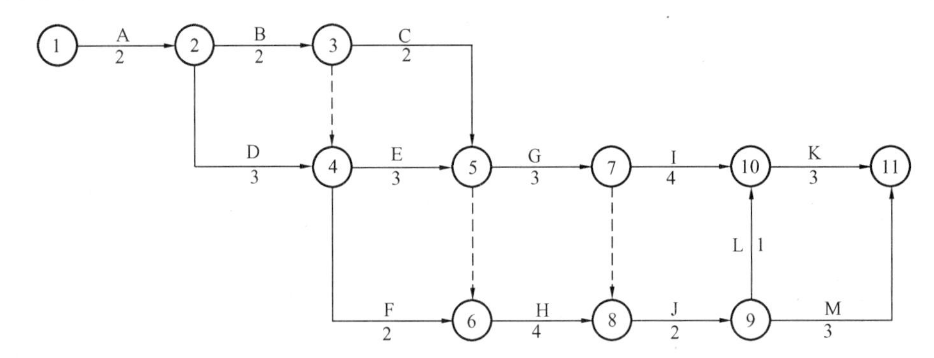

图 6-8　施工网络进度计划（单位：天）

工程施工过程中，发生了以下几项事件：

事件 1：因工程师提供的数据有误，导致在基坑土方开挖时，将地下电缆挖断，造成施工现场停电，使 B 工作和 C 工作的机械窝工，作业时间分别拖延 1 天和 2 天，分别多用人工 18 个和 12 个工日（假设人工工日单价为 85 元/工日，应由甲方补偿的人工窝工费为 55 元/工日）；工作 B 自有施工机械每天折旧费为 600 元，工作 C 自有施工机械每天折旧费为 300 元。

事件 2：K 工作中，原施工组织设计采用 50t 轮胎式起重机（自有机械，设备折旧费为 796 元/天），但开工前该设备恰好出现故障需要大修，且考虑到现场的实际情况，承包商外租一台 120t 履带式起重机，租赁费为 1000 元/天，工期缩短 1 天。

事件 3：因施工中意外发现一条地下管线，且在业主提供的施工图纸中没有标明。经业主同意，为了处理该意外情况，工作 G 原有工程量为 $200m^3$，现工程量增加 $30m^3$，合同中该工作单价为 80 元/m^3。相应的工期没有发生变化。

事件 4：I、J 工作为钢筋混凝土项目，因在冬季施工，按照相关规范规定，在混凝土浇筑的过程中，采取了冬季施工措施，使这两项工作的作业时间均延长了 2 天。

其余各项工作的实际作业时间和费用均与原计划相符。

问题：

1. 上述哪些事件承包商可以提出工期和费用补偿要求？哪些事件承包商不可以提出工期和费用补偿要求？简述其理由。

2. 每项工作的工期补偿是多少天？总工期补偿是多少天？指出关键线路。

3. 该工程的实际工期是多少天？工期奖罚为多少天？

4. 假设管理费和利润不予补偿，试计算业主应给予承包商的追加工程款为多少？

[解题要点分析]

本题主要考察施工索赔的判定及计算。答题时要注意以下几点：

1. 真正理解背景材料的内容，分清各项事件发生的原因，并根据 FIDIC 合同条款有关各方权利、责任和义务的规定来进行判断；

2. 此类题目要始终以网络进度计划为主线来分析各类事件的情况。需要计算出总工期，并找出关键线路和各工作的总时差，才能进行正确的判断；

3. 理解题目所给条件中某项工作的单价可以进行调整的条件。只有当某项工作实际完成工程量超过原有工程量的 10%时，对超出的部分才可进行调价。

[答案]

问题 1：

对各项事件承包商可以提出的工期和费用补偿如下：

事件 1：可以提出工期和费用补偿的要求。

理由：该事件是由于工程师提供的数据有误而造成的，属于业主应当承担的责任。

事件 2：不可以提出工期和费用补偿的要求。

理由：该事件是施工中因为具体机械使用发生改变而产生的费用增加，属于承包商应当承担的责任。

事件 3：可以提出工期和费用补偿的要求。

理由：该事件是由于图纸中没有标明而需要进行变更引起的，属于业主应当承担的责任。

事件 4：不可以提出工期和费用补偿的要求。

理由：冬季施工需要采取一些措施是一个有经验的承包商所能预料到的问题，应当在其投标报价时作充分的考虑，不属于业主应当承担的责任。

问题 2：

计算原施工网络进度计划图的时间参数，并确定关键线路。如图 6-9 所示：

关键线路：

A→D→E→G→I→K

A→D→E→H→J→L→K

根据计算：

事件 1：工期补偿为 1 天。

理由：B、C 工作不在关键线路上，B 工作拖延 1 天后，由于该工作的总时差为零，此时虽然不影响总工期，但因 B 工作的拖延使得 C 工作的总时差由 2 天改变为 1 天，又由于 C 工作拖延 2 天，因而会影响总工期 1 天。所以，由业主责任引起的该事件应补偿工期 1 天。

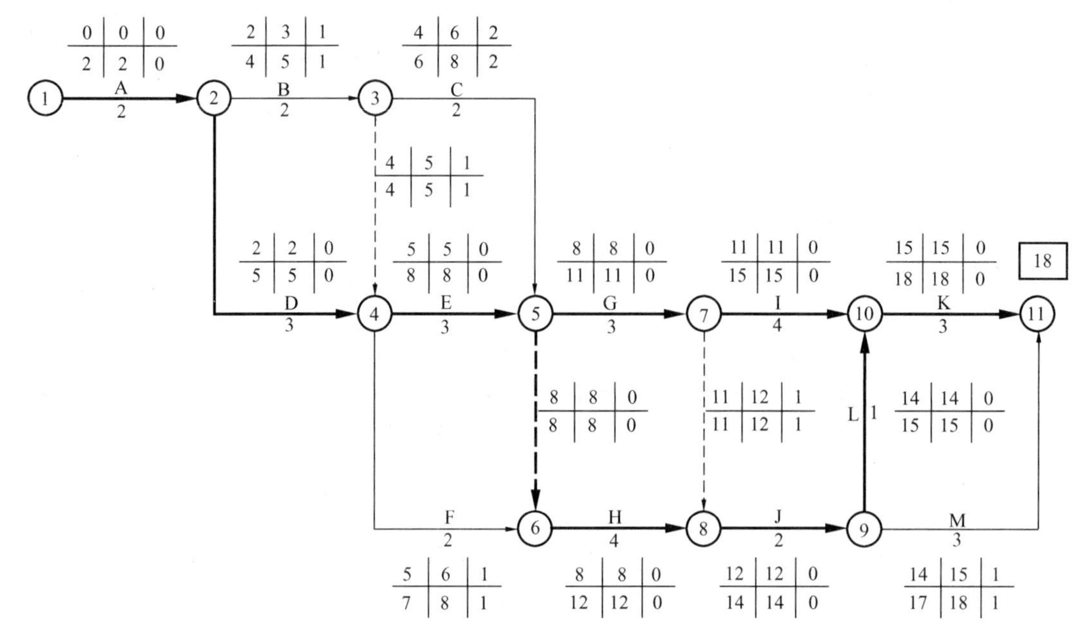

图 6-9 施工网络进度计划的时间参数（单位：天）

事件 2：工期补偿为 0 天。

理由：K 工作虽然在关键线路上，但并没有因为业主责任而产生拖延，故该事件不需要进行工期补偿。

事件 3：工期补偿为 0 天。

理由：该事件并未引起工期变化。

事件 4：工期补偿为 0 天。

理由：I、J 工作在关键线路上，但该事件是由于承包商自身原因造成的工期延误，故不予工期补偿。

问题 3：

根据发生的各项事件绘制出调整后的施工网络进度计划图，如图 6-10 所示。

实际工期为 20 天。

合同工期与补偿工期之和为：18＋1＝19 天，拖后 1 天，罚款 6000 元。

问题 4：

业主应给予承包商的追加工程款为：

事件 1：人工费补偿：(18＋12)×85＝2550 元

施工机具使用费补偿：1×600＋2×300＝1200 元

事件 2：不予补偿。

事件 3：G 工作实际完成工程量超过原有工程量：30÷200＝15％

超出部分的单价调整为：80×0.9＝72 元

G 工作补偿价款为：

［200＋30－200×(1＋10％)］×72＋200×(1＋10％)×80－200×80

＝2320 元

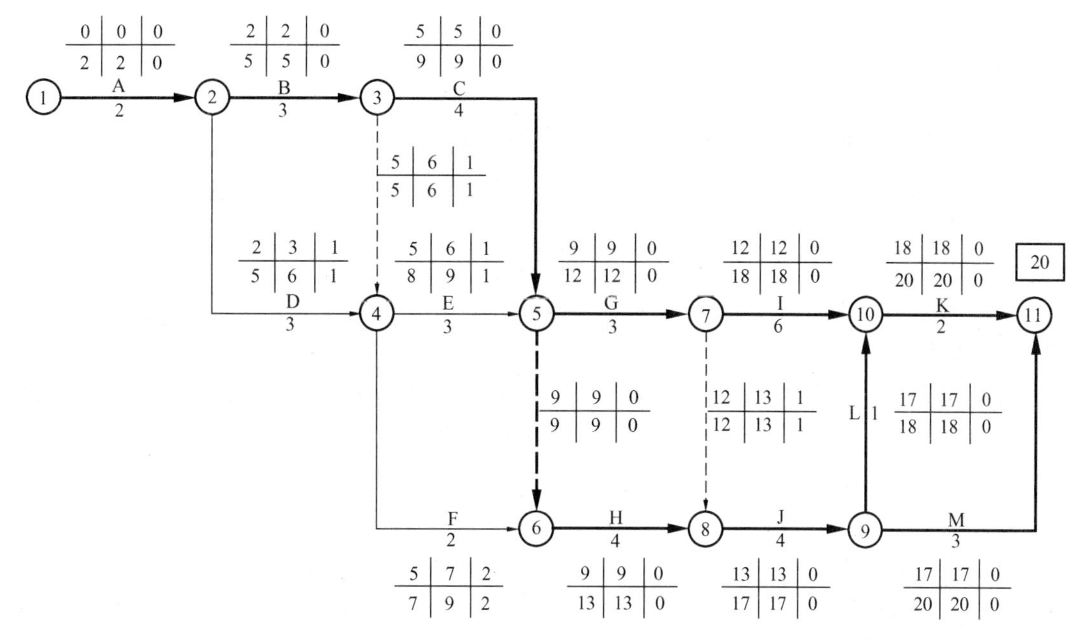

图 6-10 调整后的施工网络进度计划（单位：天）

事件 4：I、J 工作在关键线路上，但因其造成的工期延误是由于承包商原因引起的，故不予以费用补偿。

工程款追加总额为：

$$2550+1200+2320-6000=70 \text{ 元}$$

练 习 题

习题 1

背景材料：

某建筑公司（承包方）于 2016 年 4 月 20 日与某工厂（发包方）签订了承建建筑面积为 $3000m^2$工业厂房（带地下室）的施工合同。承包方编制的施工方案和进度计划已获监理工程师批准。该工程的基坑开挖土方量为 $4500m^3$，假设工料单价（人工材料机具单价）为 4.2 万/m^3，综合费率为工料费的 20%。该基坑施工方案规定：土方工程采用租赁一台斗容量为 $1m^3$ 的反铲挖掘机施工（租赁费 450 元/台班）。承包方和发包方双方合同约定于该年 5 月 11 日开工，5 月 20 日完工。在实际施工中发生了如下几项事件：

事件 1：因租赁的挖掘机大修，晚开工 2 天，造成人员窝工 10 个工日。

事件 2：施工过程中，因遇软土层，接到监理工程师 5 月 15 日停工的指令，进行地质复查，配合用工 15 个工日。

事件 3：5 月 19 日接到监理工程师于 5 月 20 日的复工令，同时提出基坑开挖深度加深 2 米的设计变更通知单，由此增加土方开挖量 $900m^3$。

事件 4：5 月 20 日～5 月 22 日，因下大雨迫使基坑开挖暂停，造成人员窝工 10 个工日。

事件 5：5 月 23 日用 30 个工日修复冲坏的永久道路。5 月 24 日恢复挖掘工作，最终基坑于 5 月 30 日挖坑完毕。

问题：

1. 建筑公司对上述哪些事件可以向厂方要求索赔？哪些事件不可以索赔？为什么？

2. 每项事件工期索赔各是多少天？总计工期索赔是多少天？

3. 假设人工费单价为 83 元/工日，因增加用工所需的管理费为增加人工费的 30%，则合理的费用索赔总额是多少？

4. 建筑公司应向厂方提供的索赔文件有哪些？

习题 2

背景材料：

某工程项目业主通过工程量清单招标确定某承包商为该项目中标人，并签订了工程合同，工期为 16 天。该承包商编制的初始网络进度计划（每天按一个工作班安排作业）如图 6-11 所示，图中箭线上方字母为工作名称，箭线下方括号外数字为持续时间，括号内数字为总用工工日数（人工工资标准均为 85 元/工日，窝工补偿标准均为 60 元/工日）。由于施工工艺和组织的要求，工作 A、D、H 需使用同一台施工机械（该种施工机械运转台班费 800 元/台班，闲置台班费 550 元/台班），工作 B、E、I 需使用同一台施工机械（该种施工机械运转台班费 600 元/台班，闲置台班费 400 元/台班），工作 C、E 需由同一班组工人完成作业，为此该计划需做出相应的调整。

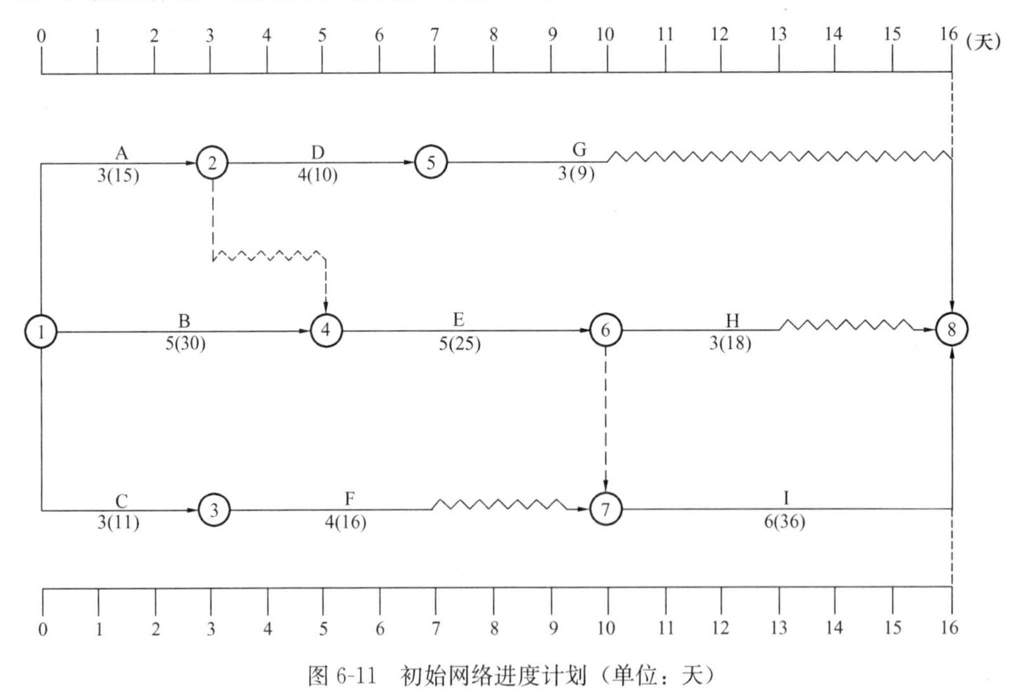

图 6-11　初始网络进度计划（单位：天）

问题：

1. 请对图 6-11 所示的时标网络进度计划做出相应的调整，绘制出调整后的时标网络进度计划，并指出关键线路。

2. 试分析工作 A、D、H 的最早开始时间、最早完成时间。如果该三项工作均以最早开始时间开始作业，该种施工机械需在现场多长时间？闲置多长时间？若尽量使该种施工机械在现场的闲置时间最短，该三项工作的开始作业时间如何安排？请绘制出相应的时标网络计划。

3. 在施工过程中，由于设计变更，致使工作E增加工程量，作业时间延长2天，增加用工10个工日，材料费用2500元，增加相应措施费用600元；因工作E作业时间的延长，致使工作H、I的开始作业时间均相应推迟2天；由于施工机械故障，致使工作G作业时间延长1天，增加用工3个工日，材料费用800元。如果该工程管理费按人工、材料、施工机具使用费之和的7%计取，利润按人工、材料、施工机具使用、管理费之和的4.5%计取，规费费率3.31%，税金3.477%。试问：承包商应得到的工期和费用补偿是多少？

习题3

背景材料：

某工程项目开工之前，承包方已提交了施工进度计划，如图6-12所示，该计划满足合同工期100天的要求。

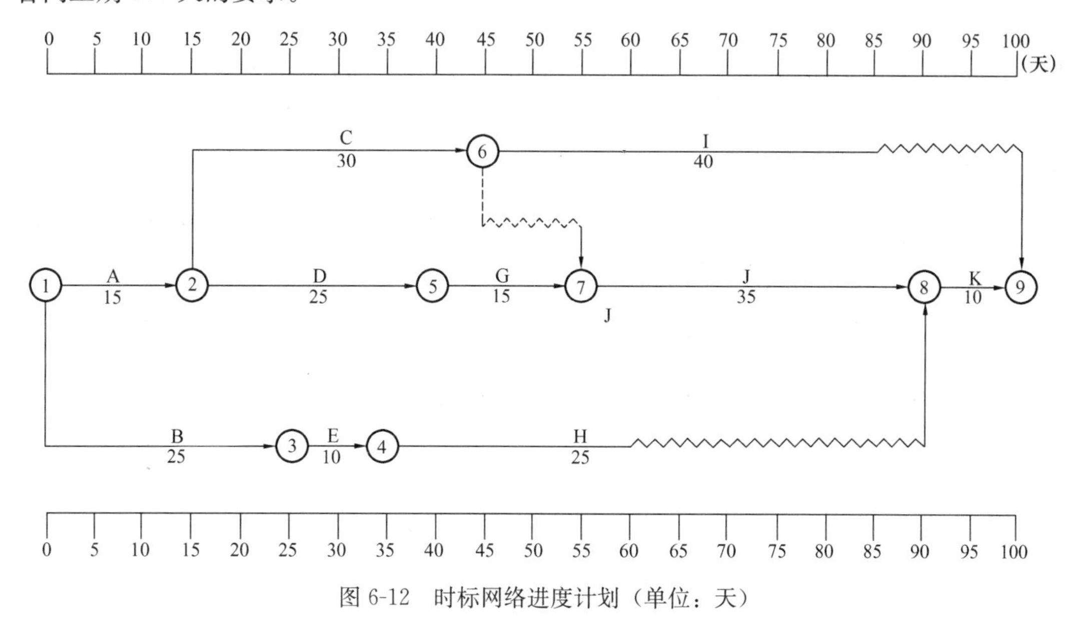

图6-12 时标网络进度计划（单位：天）

在上述施工进度计划中，由于工作E和工作G共用一台塔吊（塔吊原计划在开工第25天后进场投入使用）必须顺序施工，使用的先后顺序不受限制（其他工作不使用塔吊）。

在施工过程中，由于业主要求变更设计图纸，使工作B停工10天（其他持续时间不变），业主代表及时向承包方发出通知，要求承包方调整进度计划，以保证该工程按合同工期完成。

承包方提出的调整方案及附加要求（以下各项费用数据均符合实际）如下：

（1）调整方案：将工作J的持续时间压缩5天。

（2）费用补偿要求：

1）工作J压缩5天，增加赶工费25000元；

2）塔吊闲置15天补偿：600×15=9000元（600元/天为塔吊租赁费）；

3）由于工作B停工10天造成其他有关机械闲置、人员窝工等综合损失45000元。

问题：

1. 如果在原计划中先安排工作 E，后安排工作 G 施工，塔吊应安排在第几天（上班时刻）进场投入使用较为合理？为什么？

2. 工作 B 停工 10 天后，承包方提出的进度计划调整方案是否合理？该计划如何调整更为合理？

3. 承包方提出的各项费用补偿要求是否合理？为什么？应批准补偿多少元？

习题 4

背景材料：

某工程项目，业主通过招标与甲建筑公司签订了土建工程施工合同，包括 A、B、C、D、E、F、G、H 八项工作，合同工期 360 天。业主与乙安装公司签订了设备安装施工合同，包括设备安装与调试工作，合同工期 180 天。通过相互协调，编制了图 6-13 所示的网络进度计划。

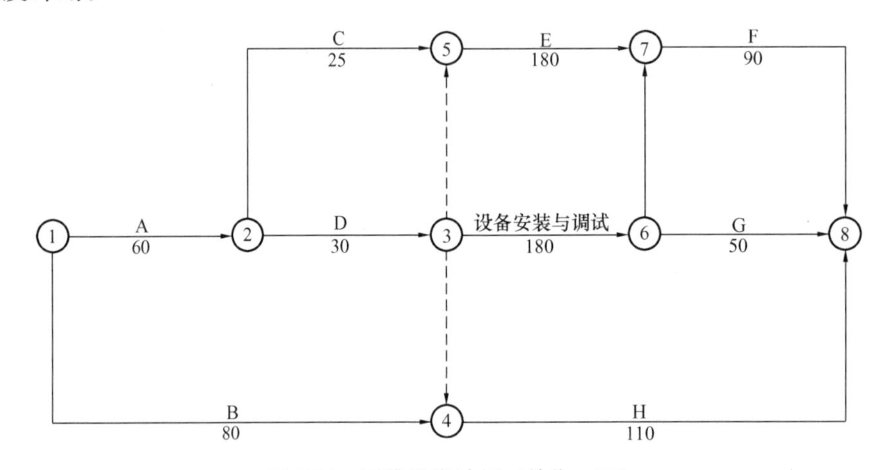

图 6-13　网络进度计划（单位：天）

该工程施工过程中发生了以下事件：

事件 1：基础工程施工时，业主负责供应的钢筋混凝土预制桩供应不及时，使 A 工作延误 7 天。

事件 2：B 工作施工后进行检查验收时，发现一预埋件位置有误，经核查，是由于设计图纸中预埋件位置标注错误所致。甲建筑公司进行了返工处理，损失 5 万元，且使 B 工作延误 15 天。

事件 3：甲建筑公司因人员与机械调配问题造成 C 工作增加工作时间 5 天，窝工损失 2 万元。

事件 4：乙安装公司进行设备安装时，因接线错误造成设备损坏，使乙安装公司安装调试工作延误 5 天，损失 12 万元。

发生以上事件后，施工单位均及时向业主提出了索赔要求。

问题：

1. 施工单位对以上各事件提出索赔要求，分析业主是否应给予甲建筑公司和乙安装公司工期和费用补偿。

2. 如果合同中约定，由于业主原因造成延期开工或工期延期，每延期一天补偿施工单位 6000 元，由于施工单位原因造成延期开工或工期延误，每延误一天罚款 6000 元。计算施工单位应得的工期与费用补偿各是多少?

3. 该项目采用预制钢筋混凝土桩基础，共有 800 根桩，桩长 9m。合同规定，桩基分项工程的综合单价为 180 元/m；预制桩由业主购买供应，每根桩按 950 元计。计算甲建筑公司桩基础施工应得的工程款是多少?

注：计算结果保留 1 位小数。

习题 5:

背景材料:

某城市地下工程，业主与施工单位参照 FIDIC 合同条件签订了施工合同，除税金外的合同总价为 8600 万元，其中：现场管理费费率 15%，企业管理费费率 8%，利润率 5%，合同工期 730 天。为保证施工安全，合同中规定施工单位应安装满足最小排水能力 1.5t/min 的排水设施，并安装 1.5t/min 的备用排水设施，两套设施合计 15900 元。合同中还规定，施工中如遇业主原因造成工程停工或窝工，业主对施工单位自有机械按台班单价的 60%给予补偿，对施工单位租赁机械按租赁费给予补偿（不包括运转费用)。

该工程施工过程中发生了以下三项事件;

事件 1：施工过程中业主通知施工单位某分项工程（非关键工作）需进行设计变更，由此造成施工单位的机械设备窝工 12 天，机械台班单价和窝工时间如表 6-4 所示。

事件 2：施工过程中遇到了非季节性大暴雨天气，由于地下断层相互贯通及地下水位不断上升等不利条件，原有排水设施满足不了排水要求，施工工区涌水量逐渐增加，使施工单位被迫停工，并造成施工设备被淹没。

为保证施工安全和施工进度，业主指令施工单位紧急购买增加额外排水设施，尽快恢复施工，施工单位按业主要求购买并安装了两套 1.5t/min 的排水设施，恢复了施工。

事件 3：施工中发现地下文物，处理地下文物工作造成工期拖延 40 天。

就以上三项事件，施工单位按合同规定的索赔程序向业主提出索赔：

事件 1：由于业主修改工程设计造成施工单位机械设备窝工费用索赔：

现场管理费：40920×15%=6138 元

企业管理费：(40920+6138)×8%=3764.64 元

利　　润：(40920+6138+3764.64)×5%=2541.13 元

合　　计：53363.77 元

机械台班单价与窝工时间表　　表 6-4

项目	机械台班单价（元/台班）	时间（天）	金额/元
$9m^3$ 空压机	310	12	3720
25t 履带吊车（租赁）	1500	12	18000
塔吊	1000	12	12000
混凝土泵车（租赁）	600	12	7200
合计			40920

事件 2：由于非季节性大暴雨天气费用索赔：

(1) 备用排水设施及额外增加排水设施费：15900÷2×3=23850 元

(2) 被地下涌水淹没的机械设备损失费 16000 元

(3) 额外排水工作的劳务费 8650 元

合计：48500 元

事件 3：由于处理地下文物，工期、费用索赔：

延长工期 40 天

索赔现场管理费增加额：

现场管理费：8600×15%=1290 万元

相当于每天：1290×10000÷730=17671.23 元/天

40 天合计：17671.23×40=706849.20 元

问题：

1. 指出事件 1 中施工单位的哪些索赔要求不合理，为什么？造价工程师审核施工单位机械设备窝工费用索赔时，核定施工单位提供的机械台班单价属实，并核定机械台班单价中运转费用分别为：9m^3 空压机为 93 元/台班，25t 履带吊车为 300 元/台班，塔吊为 190 元/台班，混凝土泵车为 140 元/台班，造价工程师核定的索赔费用应是多少？

2. 事件 2 中施工单位可获得哪几项费用的索赔？核定的索赔费用应是多少？

3. 事件 3 中造价工程师是否应同意 40 天的工期延长？为什么？补偿的现场管理费如何计算，应补偿多少元？

习题 6：

背景材料：

某项目业主分别与甲、乙施工单位签订了土建施工合同和设备安装合同，土建施工合同约定：管理费为人材机费之和的 10%，利润为人材机费用与管理费之和的 6%，规费和税金（营业额）为人材机费用与管理费和利润之和的 9.8%，合同工期为 100 天；设备安装合同约定：管理费和利润均以人工费为基础，其费率分别为 55%、45%。规费和税金（增值税）为人材机费用与管理费和利润之和的 11.8%，合同工期 20 天。

土建施工合同与设备安装合同均约定，人工工日单价为 80 元/工日，窝工费补偿按 70%计；机械台班单价为 500 元/台班，限制补偿按 80%计。

甲、乙施工单位编制了施工进度计划，获得监理工程师批准，如图 6-14 所示。

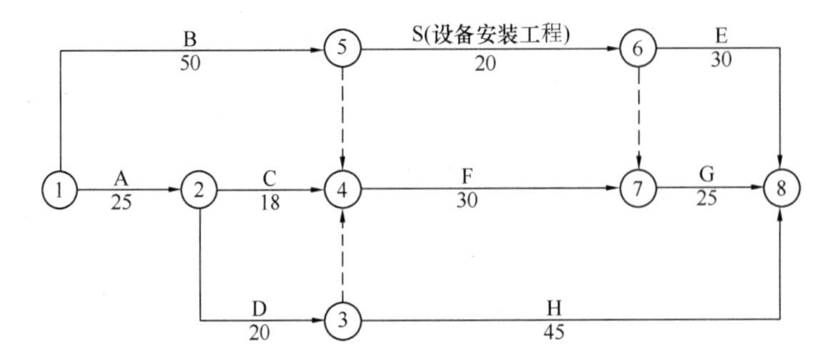

图 6-14　甲、乙施工单位施工进度计划

该工程实施过程中发生如下事件：

事件 1：基础工程 A 工作施工完毕组织验槽时，发现基坑实际土质与业主提供的工程

地质资料不符，为此，设计单位修改加大了基础埋深，该基础加深处理使甲施工单位增加用工 50 个工日，增加机械 10 个台班，A 工作时间延长 3 天，甲施工单位及时向业主提出费用索赔和工期索赔。

事件 2：设备基础 D 工作的预埋件完毕后，甲施工单位报监理工程师进行隐蔽工程验收，监理工程师未按合同约定的时限到现场验收，也未通知甲施工单位推迟验收事件，在此情况下，甲施工单位进行了隐蔽工序的施工，业主代表得知该情况后要求施工单位剥露重新检验，检验发现预埋尺寸不足，位置偏差过大，不符合设计要求。该重新检验导致甲施工单位增加人工 30 工日，材料费 1.2 万元，D 工作时间延长 2 天，甲施工单位及时向业主提出了费用索赔和工期索赔。

事件 3：设备安装 S 工作开始后，乙施工单位发现业主采购的设备配件缺失，业主要求乙施工单位自行采购缺失配件。为此，乙施工单位发生材料费 2.5 万元，人工费 0.5 万元，S 工作时间延长 2 天。乙施工单位向业主提出费用索赔和工期延长 2 天的索赔，向甲施工单位提出受事件 1 和事件 2 影响工期延长 5 天的索赔。

事件 4：设备安装过程中，由于乙施工单位安装设备故障和调试设备损坏。使 S 工作延长施工工期 6 天，窝工 24 个工作日。增加安装、调试设备修理费 1.6 万元。并影响了甲施工单位后续工作的开工时间，造成甲施工单位窝工 36 个工日，机械闲置 6 个台班。为此，甲施工单位分别向业主和乙施工单位及时提出了费用和工期索赔。

问题：

1. 分别指出事件 1～4 中甲施工单位和乙施工单位的费用索赔和工期索赔是否成立？并分别说明理由。

2. 事件 2 中，业主代表的做法是否妥当？请说明理由。

3. 事件 1～4 发生后，图中 E 工作和 G 工作实际开始时间分别为第几天？请说明理由。

4. 计算业主应补偿甲、乙施工单位的费用分别是多少元，可批准延长的工期分别为多少天？

注：本题为 2016 年全国造价工程师执业资格考试题

第 7 章　工程价款结算与竣工决算

本章知识要点

一、建筑安装工程竣工结算

1. 建筑安装工程竣工结算的基本方法
2. 工程预付款、保留金的计算
3. 工程竣工结算审查
4. 设备、工器具和材料价款的支付与结算
5. 工程价款调整方法

二、竣工决算

1. 竣工决算的内容及编制方法
2. 新增资产的构成及其价值的确定

三、资金使用计划与投资偏差分析

7.1　建筑安装工程竣工结算

7.1.1　工程价款结算方法、审查与调整

一、建筑安装工程竣工结算的基本方法

1. 按月结算。即实际按月末或月中预支，月终结算，竣工后清算的方法；跨年度竣工工程，年终盘点，办理年度结算。这是我国现行建筑安装工程较常用的一种结算方法。

2. 分段结算。当年开工不能竣工工程，按照工程形象进度，划分为不同阶段进行结算。

3. 一次结算。建设期在 12 个月以内，或承包合同价值在 100 万元以下，实行每月月中预支，竣工后一次结算。

4. 双方约定的其他方式。按照双方合同约定，或根据工程具体情况和资金供应约束条件商定的结算方式。

二、工程预付款、保留金的计算

1. 工程预付款的计算

计算工程预付款必须明确以下知识点：预付款的含义、预付款的支付期限及违约责任、预付款的限额等。

工程预付款的主要计算内容是：（1）预付款的支付数额；（2）在结算时预付款的扣除计算。

（1）预付款的支付数额：按合同约定的比例支付。对于包工包料工程的预付款，原则上比例不低于合同金额（扣除暂列金额）的 10%，不宜高于合同金额（扣除暂列金额）的 30%；对于重大工程项目，应按年度工程计划逐年预付。

（2）预付款的扣回

预付款起扣点的计算：

未施工工程主要材料及结构构件价值＝工程预付款数额 （7-1）

$$起扣点=合同价款-\frac{预付款数额}{主材比重} \tag{7-2}$$

或 起扣点＝合同价款×双方约定比例

预付款的扣回：在工程结算时，当累计工程款超过起扣点数额时开始扣还预付款，或按双方约定比例分期扣回预付款，但不能从开工日直接抵扣预付款。

首次扣还预付款数额＝（累计工程款－起扣点数额）×主材比重 （7-3）

再次扣还预付款数额＝当月实际工程款×主材比重 （7-4）

末次扣还工程款数额＝扣还预付款余额 （7-5）

2. 保留金（尾留款）的计算

按照有关规定，工程项目总造价中应预留出一定比例的尾留款（又称保留金）作为质量保修费用，待工程项目结束后最后拨付。

（1）保留金的扣除方式

FIDIC 扣除方式：当工程进度款拨付累计额达到该建筑安装工程造价的一定比例（一般为 95%～97%左右）时，停止支付，预留部分作为尾留款。

我国多采取的方式：可以从发包方向承包方第一次支付的工程总造价中按约定比例开始扣除，比例双方约定。并且双方在合同中应约定缺陷责任期，在承包人提交竣工验收报告 90 天后，工程自动进入缺陷责任期，承包人承担维修责任。

（2）计算方法（我国）

每月应扣除保留金数额＝每月工程总造价×保留金扣除比例 （7-6）

式中：每月工程总造价包括合同规定的合同价款，以及施工过程中的价款变更、索赔费用和奖励费用。

三、工程进度款的支付

承包方在施工过程中，按逐月（或形象进度）完成的工程数量计算各项费用，向发包方（业主）办理工程进度款，即中间结算。

工程进度款的支付步骤见图 7-1：

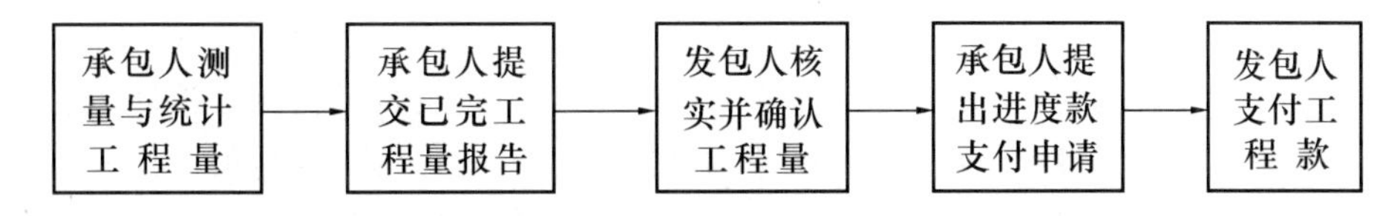

图 7-1 工程进度款的支付步骤

进度款支付的其他规定详见《建设工程施工合同（示范文本）》中的有关内容，此处不再赘述。

四、工程竣工结算

1. 工程竣工结算的编审

（1）单位工程竣工结算编审：由承包人编制，发包人审查；实行总承包的工程，由具体承包人编制，总承包人审查后，送发包人审查。

（2）单项工程或建设项目竣工结算编审：由总（承）包人编制，发包人可直接进行审查，也可委托具有相应资质的工程造价咨询单位进行审查。政府投资项目，由同级财政部门审查。单项工程竣工结算或建设项目竣工总结算经发包人和承包人签字盖章后有效。

（3）工程竣工结算的审查。单项工程竣工后，承包人在提交竣工验收报告的同时，应向发包人递交竣工结算报告及完整的结算资料，发包人进行审查。其审查的主要内容有：核对合同价款、检查隐蔽验收记录、落实设计变更签证、按照图纸核实工程数量、核实单价、检查计算准确程度等。

2. 竣工结算工程价款的计算

（1）竣工结算的费用组成。根据规定，合同收入包括两部分内容：一是合同中规定的初始收入，即双方签订的合同中最初商定的合同总金额，它构成了合同收入的基本内容；二是因合同变更、索赔、奖励等构成的收入，这部分收入并不构成合同双方在签订合同时已在合同中商订的合同总金额，而是在执行合同过程中由于变更、索赔、奖励等原因而形成的追加收入。故合同的总价款等于初始合同价与调整数额之和。

工程价款竣工结算的一般公式为：

$$\begin{array}{c}\text{竣工结算}\\ \text{工程价款}\end{array}=\text{合同价款}+\begin{array}{c}\text{施工过程中合同}\\ \text{价款调整数额}\end{array}-\begin{array}{c}\text{预付及已结算}\\ \text{工程价款}\end{array}-\text{保修金} \tag{7-7}$$

（2）实际工程竣工结算的办理

在实际工作中，当年开工、当年竣工的工程，只需办理一次性结算。跨年度的工程，在年终办理一次年终结算，将未完工程结转到下一年度，此时竣工结算等于各年度结算的总和。

（3）工程竣工结算的相关规定

详见《建设工程价款结算暂行办法》（财建［2004］369 号），此处不再赘述。

3. 设备、工器具和材料价款的支付与结算

（1）国内设备、工器具和材料价款的支付与结算

1）国内设备、工器具的支付与结算

建设单位对订购的设备、工器具，一般不预付定金，只对制造期在半年以上的大型专用设备和船舶的价款，按合同分期付款。建设单位收到设备、工器具后，要按合同规定及时付款，不应无故拖欠。如果资金不足而延期付款，要支付一定的赔偿金。

2）国内材料价款的支付与结算

按工程承包合同规定：承包方包工包料的，由承包方负责购货付款，按规定的结算方式进行结算，并按规定向发包方收取预付款；发包方供应材料的，其材料可按材料预算价格转给承包方，材料价款在结算工程款时陆续抵扣。发包方供应的材料，承包方不应收取预付款。

（2）进口设备、工器具和材料价款的支付与结算

标准机械设备的结算大都使用国际贸易广泛使用的不可撤销的信用证。这种信用证在合同生效之后一定日期由买方委托银行开出，经买方认可的卖方所在地银行为支付银行。以卖方为收款人的不可撤销的信用证，其金额等于合同总额。首次合同付款：当采购货物已装船，卖方提交规定文件和单证后，可支付合同总价的 90％。最终合同付款：机械设备在保证期截止时，卖方提供资料合格证明书、商业发票副本等后，买方支付合同总价的

尾款，一般为合同总价的10%。

专用机械设备的结算一般按预付款、阶段款和最终款三个阶段进行。

另外进口设备、工器具和材料价款的支付与结算还有出口信贷方式。

4. 工程价款调整方法

(1) 工程造价指数调整法

$$调整后的工程款 = 工程合同价 \times \frac{竣工时工程造价指数}{签订合同时工程造价指数} \tag{7-8}$$

(2) 实际价格调整法

在我国，由于建筑材料需要市场采购的范围大，因此，在按实际价格调整时，应考虑项目所在地主管部门发布的定期材料最高限价。

(3) 调价文件计算法

甲乙双方采取按当时的预算价格承包，在合同工期内，按照造价管理部门调价文件规定进行抽料补差。

(4) 调整公式法

根据国际惯例，对建设工程价款的动态结算，一般采用此法。调整公式为：

$$P = P_0(a_0 + a_1 A/A_0 + a_2 B/B_0 + a_3 C/C_0 + a_4 D/D_0 + \cdots\cdots) \tag{7-9}$$

式中 P——调整后合同价款或工程实际结算款；

P_0——合同价款中工程预算进度款；

a_0——固定要素，代表合同支付中不能调整的部分，通常取值范围在0.15～0.35之间；

$a_0, a_1, a_2, a_3, a_4, \cdots\cdots$——代表有关各项费用（如人工费用、钢材费用、水泥费用、运输费用等），在合同总价中所占的比重 $a_0 + a_1 + a_2 + a_3 + a_4 + \cdots\cdots = 1$；

$A_0, B_0, C_0, D_0, \cdots\cdots$——投标截止日期前28天与 $a_0, a_1, a_2, a_3, a_4, \cdots\cdots$ 对应的各项费用的基期价格指数或价格；

$A, B, C, D\cdots\cdots$——在工程结算月份与 $a_0, a_1, a_2, a_3, a_4, \cdots\cdots$ 对应的各项费用的现行价格指数或价格。

7.1.2 案例

【案例一】

背景材料：

某施工单位承包了一外资工程，共有A、B两个分项，A、B两分项工程的综合单价分别为80元/m^2和460元/m^2。

该工程施工合同规定：合同工期1年，预付款为合同价的10%，开工前1个月支付，基础工程（工期为3个月）款结清时扣回30%，以后每月扣回10%，扣完为止；每月工程款于下月5日前提交结算报告，经工程师审核后于第3个月末支付；若累计实际工程量比计划工程量增加超过15%，支付时不计企业管理费和利润；若累计实际工程量比计划工程量减少超过15%，单价调整系数为1.176。

施工单位各月的计划工作量如表 7-1 所示。

施工单位各月计划工作量　　表 7-1

月份	1	2	3	4	5	6	7	8	9	10	11	12
工作量/万元	90	90	90	70	70	70	70	70	130	130	60	60

A、B 两分项工程均按计划工期完成，相应的每月计划工程量和实际工程量如表 7-2 所示。

各分项工程各月计划工作量及实际工作量　　表 7-2

月份		1	2	3	4
A 分项工程工程量/m^2	计划	1100	1200	1300	1400
	实际	1100	1200	900	800
B 分项工程工程量/m^2	计划	500	500	500	—
	实际	550	600	650	—

问题：

1. 该工程的预付款为多少？
2. 画出该工程资金使用计划的现金流量图（不考虑保留金的扣除）。
3. A 分项工程每月结算工程款各为多少？
4. B 分项工程的单价调整系数为 0.9，每月结算工程款各为多少？

[解题要点分析]

本案例重点考查合同价款结算，并综合了施工单位报价中的综合费率和资金使用计划的现金流量图的确定。在计算综合费率时应清楚综合费率的组成及其计算基础。每月结算工程款一定是按实际完成的工程量进行计算。工程预付款为合同价的 10%，本题合同价为施工单位各月计划工作量之和。

[答案]

问题 1：

该工程的预付款为(90×3+70×5+130×2+60×2) ×10%=100 万元

问题 2：

该工程资金使用计划的现金流量如图 7-2 所示。

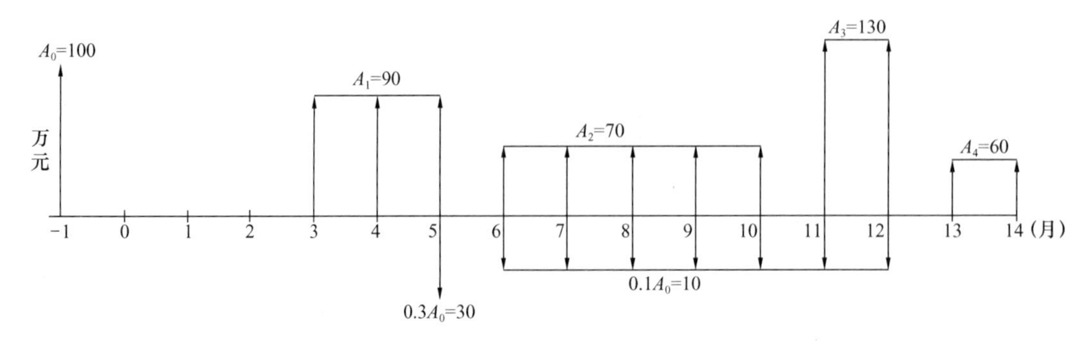

图 7-2　资金使用计划现金流量图

问题3：

A分项工程每月结算工程款为：

第1个月：1100×80=88000元

第2个月：1200×80=96000元

第3个月：900×80=72000元

第4个月：

由于[(1100+1200+1300+1400)−(1100+1200+900+800)]/(1100+1200+1300+1400)=20%>15%，所以，应调整单价，则

(1100+1200+900+800)×80×1.176−(88000+96000+72000)=120320元

[或800×80+4000×(1.176−1)×80=120320元]

问题4：

B分项工程的单价调整系数为0.9

B分项工程每月结算工程款为：

第1个月：550×460=253000元

第2个月：600×460=276000元

第3个月：由于[(550+600+650)−500×3]/500×3=20%>15%

所以，按原价结算的工程量为：1500×1.15−(550+600)=575m^3

按调整单价结算的工程量为：650−575=75m^3

[或：按调整单价结算的工程量为：(550+600+650)−1500×1.15=75m^3

按原价结算的工程量为650−75=575m^3]

则第3个月结算575×460+75×460×0.9=295550元

【案例二】

背景材料：

某项工程业主与承包商按FIDIC合同条件签订了工程承包合同，合同中含有两个子项工程，估算工程量甲项为2300m^3，乙项为3200m^3，经协商甲项单价为180元/m^3，乙项单价为160元/m^3。承包合同规定：

(1) 开工前业主应向承包商支付合同价20%的预付款；

(2) 业主自第一个月起，从承包商的工程款中，按5%的比例扣留质量保修金；

(3) 当子项工程实际工程量超过估算工程量10%时，可进行调价，调价系数为0.9；

(4) 造价工程师每月签发付款凭证最低金额为25万元；

(5) 预付款在最后两个月平均扣除；

(6) 不考虑市场价格变动的影响。

承包商每月实际完成并经签证确认的工程量如表7-3所示。

某工程每月实际完成并经工程师确认的工程量 单位：m^3 **表7-3**

月份＼项目	1	2	3	4
甲项	500	800	800	600
乙项	700	900	800	600

问题：

1. 工程预付款是多少？

2. 每月工程量价款是多少？造价工程师应签证的工程款是多少？实际应签发的付款凭证金额是多少？

[解题要点分析]

本案例考查在 FIDIC 合同条件下工程预付款、起扣方法、按月结算工程款等计算方法。每月工程量价款的计算是按照每月实际完成并经工程师确认的工程量与协商单价相乘而得；造价工程师每月应签证的工程款是根据本月规定合同初始收入与本月因合同变更、索赔、奖励等构成的收入之和，再扣除保留金所得金额；造价师实际每月应签发的付款凭证金额是在每月应签证的工程款基础上扣除预付款、业主供材款后，并超过造价工程师每月签发付款凭证最低金额的全部金额。

[答案]

问题 1：

预付款金额为：(2300×180+3200×160)×20%=18.52 万元

问题 2：

(1) 第 1 个月工程量价款为：500×180+700×160=20.2 万元

应签证的工程款为：20.2×0.95=19.19 万元<25 万元

第 1 个月不予签发付款凭证。

(2) 第 2 个月工程量价款为：800×180+900×160=28.8 万元

应签证的工程款为：28.8×0.95=27.36 万元

19.19+27.36=46.55 万元>25 万元

实际应签发的付款凭证金额为 46.55 万元

(3) 第 3 个月工程量价款为：800×180+800×160=27.2 万元

应签证的工程款为：27.2×0.95=25.84 万元>25 万元

应扣预付款为：18.52×50%=9.26 万元

应付款为：25.84−9.26=16.58 万元<25 万元

第 3 个月不予签发付款凭证。

(4) 第 4 个月甲项工程累计完成工程量为 2700 m^3，比原估算工程量超出 400 m^3，已超出估算工程量的 10%，超出部分其单价应进行调整。

超过估算工程量 10%的工程量为：2700−2300×(1+10%)=170m^3

这部分工程量单价应调整为：180×0.9=162 元/m^3

甲项工程工程量价款为：(600−170)×180+170×162=10.494 万元

乙项工程累计完成工程量为 3000m^3，比原估算工程量减少 200m^3，

没超出估算工程量，其单价不予进行调整。

乙项工程工程量价款为：600×160=9.6 万元

本月完成甲、乙两项工程量价款为：10.494+9.6=20.094 万元

应签证的工程款为：20.094×0.95=19.09 万元

本月实际应签发的付款凭证金额为：

16.58+19.09−18.52×50%(扣预付款)=26.41 万元。

【案例三】

背景材料：

某工程项目施工合同价为560万元，合同工期为6个月，施工合同中规定：

（1）开工前业主向施工单位支付合同价20%的预付款；

（2）业主自第一个月起，从施工单位的应得工程款中按10%的比例扣留保留金，保留金限额暂定为合同价的5%，保留金到第三个月底全部扣完；

（3）预付款在最后两个月扣除，每月扣50%；

（4）工程进度款按月结算，不考虑调价；

（5）业主供料价款在发生当月的工程款中扣回；

（6）若施工单位每月实际完成产值不足计划产值的90%时，业主可按实际完成产值8%的比例扣留工程进度款，在工程竣工结算时将扣留的工程进度款退还施工单位；

（7）经业主签认的施工进度计划和实际完成产值如表7-4所示。

施工进度计划及完成产值表 单位：万元 **表7-4**

时间（月）	1	2	3	4	5	6
计划完成产值	70	90	110	110	100	80
实际完成产值	70	80	120			
业主供料价款	8	12	15			

该工程施工进入第四个月时，由于业主资金出现困难，合同被迫终止。为此，施工单位提出以下费用补偿要求：

（1）施工现场存有为本工程购买的特殊工程材料，计50万元；

（2）因设备撤回基地发生的费用10万元；

（3）人员遣返费用8万元。

问题：

1. 该工程的工程预付款是多少万元？应扣留的保留金为多少万元？

2. 第一个月到第三个月造价工程师各月签证的工程款是多少？应签发的付款凭证金额是多少？

3. 合同终止时业主已支付施工单位各类工程款多少万元？

4. 合同终止后施工单位提出的补偿要求是否合理？业主应补偿多少万元？

5. 合同终止后业主共应向施工单位支付多少万元的工程款？

【解题分析要点】

本案例把按月结算工程款的计算、工程预付款和起扣点的计算、保留金的计算与工程合同的索赔相结合，具有一定的综合性。在计算时注意：（1）背景材料中第6条计划与实际完成产值的比较，以便确定进度款的扣留；（2）对第四个月合同被迫终止，设备和人员撤出现场的索赔，应为未实施合同部分撤出的赔偿费用。

［答案］

问题1：

工程预付款为：560×20%＝112万元

保留金为：560×5％＝28 万元

问题 2：

第一个月：

签证的工程款为：70×(1－0.1)＝63 万元

应签发的付款凭证金额为：63－8＝55 万元

第二个月：

本月实际完成产值不足计划产值的 90％，即(90－80)/90＝11.1％

签证的工程款为：80×(1－0.1)－80×8％＝65.60 万元

应签发的付款凭证金额为：65.6－12＝53.6 万元

第三个月：

本月扣保留金为：28－(70＋80)×10％＝13 万元

签证的工程款为：120－13＝107 万元

应签发的付款凭证金额为：107－15＝92 万元

问题 3：

112＋55＋53.6＋92＝312.60 万元

问题 4：

(1) 已购买特殊工程材料价款补偿 50 万元的要求合理。

(2) 施工设备遣返费补偿 10 万元的要求不合理。

应补偿：(560－70－80－120)/560×10＝5.18 万元

(3) 施工人员遣返费补偿 8 万元的要求不合理

应补偿：(560－70－80－120)/560×8＝4.14 万元

业主应补偿共计：50＋5.18＋4.14＝59.32 万元

问题 5：

合同终止后业主应向施工单位支付的工程款为：

70＋80＋120＋59.32－8－12－15＝294.32 万元

【案例四】

背景材料：

某综合楼工程项目施工合同在 2016 年 3 月 1 日签订，合同总价为 6000 万元，合同工期为 6 个月，双方约定 4 月 1 日正式开工。合同中规定：

(1) 预付款为合同总价的 25％，工程预付款应从未施工工程尚需的主要材料及构配件价值相当于工程预付款时起扣，每月以抵充工程款方式陆续收回，主要材料及构配件费用比重为 60％；

(2) 质量保修金为合同总价的 3％，按 3％比例从承包商取得的工程款中扣留。保修期满后，剩余部分退还承包商；

(3) 当月承包商实际完成工作量少于计划工作量 10％以上时，则当月实际工程款的 5％扣留不予支付，待竣工清算时还回工程款，计算规则不变；

(4) 当月承包商实际完成工作量超出计划工作量 10％以上时，超出部分按原约定价格的 90％计算工程款；

（5）造价工程师每月签发付款凭证最低金额为 500 万元；

（6）3 月份人工费与材料费的物价指数均为 100。每月结算工程款采用动态结算，调整公式为：$P = P_0(0.15 + 0.20A/A_0 + 0.65B/B_0)$，式中 P_0 为按 3 月份物价水平测定的当月实际工程款，0.20 为人工费在合同总价中所占比重，0.65 为材料费在合理总价中所占比重。每月物价指数见表 7-5；

（7）工程延误 1 天或提前 1 天应支付赶工费或误工费 1 万元。

施工工程中出现如下事件（下列事件发生部位均为关键工序）：

事件 1：预付款延期支付 1 个月，银行贷款年利率为 12%。

事件 2：5 月份施工机械出现故障延误工期 1 天，费用损失 1 万元。

事件 3：6 月份由于停电 2 天，并因停电造成损失 3 万元。

事件 4：7 月份鉴于该工程工期较紧，经甲方同意采取措施加快施工进度，增加赶工措施费 7 万元。7 月份施工单位采取防雨措施增加费用 3.5 万元。

事件 5：8 月份业主方提出必须采用乙方的特殊专利技术施工，以保证工程质量，发生的费用为 12 万元。

各月工程款数据与物价指数表 单位：万元 **表 7-5**

月份	4 月	5 月	6 月	7 月	8 月	9 月
计划工程款	1000	1200	1100	1300	800	600
实际工程款	1000	800	1600	1200	900	580
人工费指数	100	100	105	110	115	120
材料费指数	100	100	108	115	120	130
业主供材费	100	160	180	190	80	60

问题：

1. 计算工程预付款及起扣点。

2. 如果每月发生的索赔事件在当月及时索赔，确定应批准的承包人索赔费用。

3. 每月造价工程师应签证的工程款是多少？实际应签发的付款凭证金额是多少？

[解题要点分析]

本案例为合同价款动态结算、索赔事件的分析判断、合同违约责任处理等知识的综合。求解时应仔细阅读背景材料，并将结算时间、预付款支付与扣回、保留金扣留、索赔事件等背景材料要求进行综合考虑，以防出错。

[答案]

问题 1：

预付款为：6000×25%=1500 万元

预付款的起扣点为：6000−1500/0.6=3500 万元

即累计实际完成工程款超过 3500 万元时，开始起扣预付款，由于 4、5、6 月份三个月累计实际完成工程款为 3400 万元，故从 7 月份开始起扣。

问题 2：

事件 1：预付款延期支付 1 个月，属于甲方责任，应向乙方支付延付利息。

延付利息为：1500×12%/12=15 万元，在 4 月份支付。

事件 2：5 月份施工机械出现故障延误，属于乙方责任，甲方不索赔费用。

事件 3：6 月份由于停电 2 天，属于甲方责任，应索赔 3 万元。并支付赶工费 2×1=2 万元。

事件 4：7 月份增加赶工措施费为乙方施工组织设计中应预见的费用，故不能索赔。施工单位采取防雨措施增加费用，属于乙方可预见费用，故不能索赔。

事件 5：8 月份甲方要求特殊专利技术施工增加的费用由甲方承担，费用为 12 万元。

问题 3：

(1) 4 月份：

应签证的工程款为：1000×(1−3%)+15=985 万元

实际应签发的付款凭证金额为：985−100=885 万元

(2) 5 月份：

本月实际完成工作量与计划工作量比较：(800−1200)/1200=−33.3%，少于计划工作量 10%，则当月实际工程款扣留 5%。

应签证的工程款为：800(1−3%−5%)=736 万元

实际应签发的付款凭证金额为：736−160=576 万元

(3) 6 月份：

本月实际完成工作量与计划工作量比较：(1600−1100)/1100=45%，超过计划工作量 10%，超过部分按原约定价格的 90%计算。

工程款计价调整为：1100×(1+10%)+(1600−1100×1.1)×0.9=1561 万元

工程款动态结算调整为：$P = P_0(0.15 + 0.20A/A_0 + 0.65B/B_0)$

$=1561\times(0.15+0.20\times105/100+0.65\times108/100)$

$=1657.78$ 万元

应签证的工程款为：(1657.78+5)×(1−3%)=1612.90 万元

实际应签发的付款凭证金额为：1612.90−180=1432.90 万元

(4) 7 月份：

应签证的工程款为：$P = P_0(0.15 + 0.20A/A_0 + 0.65B/B_0)\times(1-3\%)$

$=1200\times(0.15+0.20\times110/100+0.65\times115/100)\times(1-3\%)$

$=1300.77$ 万元

扣预付款为：[1200−(3500−3400)]×60%=660 万元

1300.77−660−190=450.77 万元<500 万元

故，7 月份不予签发付款凭证。

(5) 8 月份：

应签证的工程款为：

$[P = P_0(0.15 + 0.20A/A_0 + 0.65B/B_0) + 12]\times(1-3\%)$

$=[900\times(0.15+0.20\times115/100+0.65\times120/100)+12]\times(1-3\%)$

$=1024.32$ 万元

扣预付款为：900×60%=540 万元

实际应签发的付款凭证金额为：1024.32−540−80+450.77=855.09 万元

(6) 9 月份：

应签证的工程款为：

$$P = P_0(0.15 + 0.20A/A_0 + 0.65B/B_0) \times (1 - 3\%) + 800 \times 5\%$$
$$= 580 \times (0.15 + 0.20 \times 120/100 + 0.65 \times 130/100) \times (1 - 3\%) + 40$$
$$= 734.81 \text{ 万元}$$

扣预付款为：1500－(660＋540)＝300 万元

实际应签发的付款凭证金额为：734.81－300－60＝374.81 万元

练　习　题

习题 1

背景材料：

某工程项目业主与承包方签订了工程施工承包合同。合同中估算工程量为 5300m^2，单价为 180 元/ m^2。合同工期为 6 个月。有关付款条款如下：

（1）开工前业主应向承包商支付估算合同总价 20%的预付工程款；

（2）业主自第一个月起，从承包商的工程款中，按 5%的比例扣保修金；

（3）当累计实际完成工程量超过（或低于）估算工程量的 10%时，可进行调价，调价系数为 0.9（或 1.1）；

（4）每月签发付款最低金额为 15 万元；

（5）预付工程款从乙方获得累计工程款超过估算合同价的 30%以后的下一个月起，至第五个月均匀扣除。

承包商每月实际完成并经签证确认的工程量如表 7-6 所示。

每月实际完成工程量　　单位：万元　　**表 7-6**

月份	1	2	3	4	5	6
完成工程量	800	1000	1200	1200	1200	500
累计完成工程量	800	1800	3000	4200	5400	5900

问题：

1. 估算合同总价为多少？

2. 预付工程款为多少？预付工程款从哪个月起扣留？每月应扣工程款为多少？

3. 每月工程量价款为多少？应签证的工程款为多少？应签发的付款凭证金额为多少？

习题 2

背景材料：

某承包商于某年承包某外资工程项目施工，与业主签订的承包合同的部分内容有：

（1）工程合同价 2000 万元，工程价款采用调值公式动态结算。该工程的人工费占工程价款的 35%，材料费占 50%，不调价值费用占 15%。具体的调值公式为：

$$P = P_0 \times (0.15 + 0.35A/A_0 + 0.23B/B_0 + 0.12C/C_0 + 0.08D/D_0 + 0.07E/E_0)$$

式中　A_0、B_0、C_0、D_0、E_0——基期价格指数；

A、B、C、D、E——工程结算日期的价格指数。

（2）开工前业主向承包商支付合同价 20%的工程预付款，当工程进度款达到合同价的 60%时，开始从超过部分的工程价款中按 60%抵扣工程预付款，竣工前全部扣清。

（3）工程进度款逐月结算，每月月中预支半月工程款。

（4）业主自第一个月起，从承包的工程价款中按 5％的比例扣留保修金。工程保修期为一年。

该合同的原始报价日期为当年 3 月 1 日。结算各月份的工资、材料价格指数见表 7-7。

工资、材料物价指数表　　　　**表 7-7**

代号	A_0	B_0	C_0	D_0	E_0
3 月指数	100	153.4	154.4	160.3	144.4
代号	A	B	C	D	E
5 月指数	110	156.2	154.4	162.2	160.2
6 月指数	108	158.2	156.2	162.2	162.2
7 月指数	108	158.4	158.4	162.2	164.2
8 月指数	110	160.2	158.4	164.2	162.4
9 月指数	110	160.2	160.2	164.2	162.8

（5）未调整前各月完成的工程情况为：

1）5 月完成工程 200 万，其中业主供料部分材料费 5 万；

2）6 月完成工程 300 万；

3）7 月完成工程 400 万，另外由于业主方设计变更，导致工程局部返工，造成拆除材料费损失 1500 元，人工费损失 1000 元，重新施工人工、材料费等合计 1.5 万；

4）8 月完成工程 600 万，另外由于施工中采用的模板形式与定额不同，造成模板增加费用 3000 元；

5）9 月完成工程 500 万，另有批准的工程索赔款 1 万元。

问题：

1. 工程预付款是多少？

2. 确定每月终业主应支付的工程款。

3. 工程在竣工半年后，发生屋面漏水，业主应如何处理？

习题 3

背景材料：

某工程项目由 A、B、C、D 四个分项工程组成，合同工期为 6 个月。施工合同规定：

（1）开工前建设单位向施工单位支付 10％的工程预付款，工程预付款在 4、5、6 月份结算时分月均摊抵扣；

（2）保留金为合同总价的 5％，每月从施工单位的工程进度款中扣留 10％，扣完为止；

（3）工程进度款逐月结算，不考虑物价调整；

（4）分项工程累计实际完成工程量超出计划完成工程量的 20％时，该分项工程工程量超出部分的结算单价调整系数为 0.95。

各月计划完成工程量及全费用单价，如表 7-8 所示。

各月计划完成工程量及全费用单价表　　表 7-8

分项工程名称 \ 工程量（m^3） \ 月份	1	2	3	4	5	6	全费用单价/（元/m^3）
A	500	750					180
B		600	800				480
C			900	1100	1100		360
D					850	950	300

1、2、3 月份实际完成的工程量，如表 7-9 所示。

1、2、3 月份实际完成的工程量表　　表 7-9

分项工程名称 \ 工程量（m^3） \ 月份	1	2	3	4	5	6
A	560	550				
B		680	1050			
C			450			
D						

问题：

1. 该工程预付款为多少万元？应扣留的保留金为多少万元？

2. 各月应抵扣的预付款各是多少万元？

3. 根据表 7-9 提供的数据，计算 1、2、3 月份造价工程师应确认的工程进度款各为多少万元？

4. 分析该工程 1、2、3 月末的投资偏差和进度偏差。

习题 4

背景材料：

某建筑公司某年 3 月 10 日与某建设单位签订了某一工程施工合同，其主要内容如下：

（1）合同总价 600 万，其中主要材料与合同总价的 60%；

（2）预付备料款为合同总价的 25%，于 3 月 20 日前拨付给乙方；

（3）工程进度款在每月的月末申报，于次月的 5 日支付；

（4）工程竣工报告批准后 30 日内支付工程总价款的 95%，留 5%的保修金，保修期（半年）后结清。工程 4 月 10 日开工，9 月 20 日竣工。如果工程款逾期支付，按每日 8‰利率计息，逾期竣工，按 1000 元/日罚款。

根据甲方代表批准的施工进度计划，各月计划完成产值如表 7-10 所示。

各月计划完成产值表 表7-10

月份	4	5	6	7	8	9
完成产值（万元）	80	100	120	120	100	80

工程施工到8月16日，设备出现故障停工两天，窝工15工日，每工日单价为19.5元/工日；8月份实际完成产值比原计划少3万；工程施工到9月6日，甲方提供的室外装饰面层材料质量不合格，粘贴不上，甲方决定换成板材，拆除用工60工日，每工日单价为23.5元/工日，机械闲置3台班，每台班400元，材料损失2万，其他各项损失1万，重新粘贴预算价为10万，工期延长6天，最终该工程于9月29日竣工。

问题：

1. 请按原施工进度计划拟定一份甲方逐月拨款计划。

2. 乙方分别于8月20日和9月16日提出两次索赔报告，要求第一次延长工期2天、索赔费用1092元，第二次延长工期6天、索赔费用162070元。请问这两次索赔能否成立？应批准延长工期几天，索赔费用应是多少？

3. 8月、9月乙方应申报的工程结算款分别是多少？

习题5

背景材料：

某办公楼工程合同价为1200万元，该工程签订的合同为可调价合同，合同价款按季度动态结算。合同报价日期为2015年3月份，开工日期为4月1日，合同工期为9个月。根据当地造价信息资料统计，各季度的人工费、材料费构成比例及各季度的造价指数如表7-11所示。各季度实际完成产值及业主供材如表7-12所示。

人工费、材料费构成比例及各季度造价指数表 表7-11

项目	人工费指数	材料价格指数						不可调整费用
		钢材	水泥	石子	砖	砂	木材	
比例	28	17	12	7	9	4	3	20
第一季度	100	100	101	95	100	96	94	
第二季度	104	104	102	98	102	105	102	
第三季度	105	105	104	98	104	104	103	
第四季度	106	106	104	101	105	103	105	

各季度实际完成产值及业主供材表 单位：万元 表7-12

季度	第二季度	第三季度	第四季度
产值	400	420	380
业主供材	36	48	45

合同中规定：

（1）开工前业主向承包商支付合同价款20%的工程预付款，预付款在后两个季度结算时均按50%抵扣；

（2）业主自第一次结算起，每季度从承包商的工程价款中按3%的比例扣留保修金，保修期满后将剩余部分返回承包商。

在施工过程中发生了如下事件：

事件1：2015年4月，在基础开挖过程中，个别部位实际土质与给定地质资料不符，造成施工费用增加3.5万元，相应工序持续时间增加了3天。

事件2：2015年5月，施工单位为了保证施工质量，扩大基础底面，开挖量增加导致费用增加2.5万元，相应工序持续时间增加了2天。

事件3：2015年7月，在主体砌筑工程中，因施工图设计有误，实际工程量增加导致费用增加4万元，相应工序持续时间增加了2天。

事件4：2015年8月，进入雨季施工，恰逢30年一遇的暴雨，造成停工损失3万元，工期增加了4天。

事件5：2015年11月，工程师对合格工程要求拆除予以检查，导致承包商延误工期2天，经济损失1.5万元。

问题：

1. 施工单位对施工过程中发生的以上事件，可索赔工期几天？索赔费用多少？

2. 如果各索赔事件在各季度及时得到解决，确定第二、三、四季度的工程结算款。

7.2 竣 工 决 算

7.2.1 竣工决算、新增资产的构成及其价值的确定

一、竣工决算

1. 决算概念

建设项目的竣工决算是指所有建设项目竣工后，建设单位按照国家有关规定在新建、改建和扩建工程项目竣工验收阶段，编制的综合反映项目从筹建到竣工交付使用全过程的全部建设费用、建设成果和财务情况的总结性文件。全部建设费用包括：设备工器具购置费、建筑安装工程费、工程建设其他费用、预备费及建设期利息等。

2. 决算的内容

按照财政部、国家教委和住建部的有关文件规定，竣工决算是由竣工财务决算说明书、竣工财务决算报表、工程竣工图和工程竣工造价对比分析四部分组成。前两部分又称之为建设项目竣工财务决算，是竣工决算的核心内容。

（1）竣工财务决算说明书

竣工财务决算说明书主要反映竣工工程建设成果和经验，是对竣工决算报表进行分析和补充说明的文件，是全面考核分析工程投资与造价的书面总结，其内容主要包括：

1）建设项目概况；

2）资金来源及运用等财务分析，主要包括工程价款结算、会计账务的处理、财产物资情况及债权债务的清偿情况；

3）基本建设收入、投资包干结余、竣工结余资金的上交分配情况；

4）各项经济技术指标的分析；

5）工程建设的经验及项目管理和财务管理工作，以及竣工财务决算中有待解决的问题；

6）需要说明的其他事项。

（2）竣工财务决算报表

建设项目竣工财务决算报表根据大、中型建设项目和小型建设项目分别制定。

大、中型建设项目竣工财务决算报表：
- 建设项目竣工财务决算审批表
- 大、中型建设项目概况表
- 大、中型建设项目竣工财务决算表
- 大、中型建设项目交付使用资产总表
- 建设项目交付使用资产明细表

小型建设项目竣工财务决算报表：
- 建设项目竣工财务决算审批表
- 小型建设项目竣工财务决算总表
- 建设项目交付使用资产明细表

其中大、中型建设项目竣工财务决算表和小型建设项目竣工财务决算总表是项目竣工财务决算报表的核心。

大、中型建设项目竣工财务决算表反映竣工的大、中型建设项目从开工到竣工为止全部资金来源和资金运用的情况，它是考核和分析投资效果，落实结余资金，并作为报告上级核销基本建设支出和拨款的依据。此表采用平衡表形式，即资金来源合计等于资金支出合计。

资金来源主要包括基建拨款、项目资本金、项目资本公积金、基建借款、上级拨入投资借款、企业债券资金、待冲基建支出、应付款和未交款，以及上级拨入资金和企业留成收入等。

资金支出主要包括基建支出、应收生产单位投资借款、库存器材、货币资金、有价证券和预付及应收款，以及拨付所属投资借款和库存固定资产等。

基建结余资金＝基建拨款＋项目资本＋项目资本公积金＋基建投资借款＋企业债券基金＋待冲基建支出－基本建设支出－应收生产单位投资借款

（3）建设工程竣工图

建设工程竣工图是真实记录各种地上、地下建筑物、构筑物等情况的技术文件，是工程验收、维护改建的依据，是国家的技术档案。

（4）工程造价对比分析

用决算实际数据的相关资料、概算、预算指标、实际工程造价进行对比分析。其主要分析内容：主要实物工程量、主要材料消费量、建设单位管理费、措施费、间接费的取费标准和节约情况及原因分析等。

3. 竣工决算的编制步骤

①收集资料；②清理债权债务；③核实工程变动情况；④编制竣工决算说明书；⑤编制竣工决算报表；⑥进行工程造价对比分析；⑦装订竣工图 ；⑧上报主管部门审查。

二、新增资产的构成及其价值的确定

1. 新增固定资产的分类

按照新的财务制度和企业会计准则，新增资产按资产性质分为固定资产、流动资产、无形资产、递延资产和其他资产五大类。

2. 新增固定资产价值构成与确定

新增固定资产价值是以价值形态表示的固定资产投资最终成果的综合指标。它以独立发挥生产能力的单项工程为对象，只要其建成、验收合格、正式移交生产或使用，即应计算新增固定资产价值。一次性交付生产或使用的工程一次计算新增固定资产价值，分期分批交付生产或使用的工程，应分期分批计算新增固定资产价值。新增固定资产价值的构成包括：

(1) 建设的附属辅助工程，只要全部建成，正式验收或交付使用后就应计入新增固定资产价值；

(2) 能独立发挥效益的非生产性工程，如住宅、食堂等，在建成并交付使用后，应计算新增固定资产价值；

(3) 凡购置达到固定资产标准不需要安装的设备工器具，均应在交付使用后计入新增固定资产价值；

(4) 建筑工程成果（房屋建筑物、管线、道路）和待分摊的待摊投资其价值应计入新增固定资产价值；

(5) 动力设备、生产设备和应分摊的待摊投资其价值应计入新增固定资产价值；

(6) 运输设备及其他不需要安装的设备、工具、器具、家具等固定资产，计算其采购成本计入新增固定资产价值，不计分摊的“待摊投资”；

(7) 待摊投资的分摊方法。新增固定资产的其他费用，如果是属于整个建设项目或两个以上单项工程的，在计算新增固定资产的价值时，应在单项工程中按比例分摊。

一般分摊方法为：建设单位管理费由建筑工程、安装工程、需安装设备价值总额等按比例方法分摊；土地征用费、勘察设计费等费用只按建筑工程造价分摊。

3. 流动资产价值的构成和确定

流动资产是指可以在一年内或者超过一年的一个营业周期内变现或者运用的资产，包括现金及存款以及其他货币资金、短期投资、存货、应收及预付款项以及其他流资金。

(1) 货币性资金，即现金、银行存款和其他货币资金，一律按实际入账价值核定计入流动资产。

(2) 应收和预付款。应收和预付款包括应收工程款、应收销售款、其他应收款、应收票据及预付分包工程款、预付分包工程备料款、预付工程款、预付备料款、预付购货款和待摊费用。其价值的确定，一般情况下按应收和预付款项的企业销售商品、产品或提供劳务时的实际成交金额或合同约定金额入账核算。

(3) 存货。存货是指企业的库存材料、在产品、产成品等。各种存货的价值确定应按照取得时的实际成本计价。存货形式分为外购和自制两种。外购的存货，按照买价加运输费、装卸费、保险费、途中合理损耗、入库前加工整理或挑选及缴纳的税金等项计价；自制的，按照制造过程中发生的各项实际支出计价。

(4) 短期投资。短期投资包括股票、债券、基金。价值确定：股票和债券根据是否可以上市流通分别采用市场法和收益法确定。

4. 无形资产价值构成和确定

(1) 无形资产计价原则

1) 企业购入的无形资产按照实际支付的价款计价；

2) 企业自制并依法申请取得的无形资产，按其开发过程中的实际支出计价；

3) 企业接受捐赠的无形资产，可按照发票账单所持金额或同类无形资产的市价计价；

4) 无形资产计价入账后，应在其有效使用期内分期摊销。

（2）无形资产价值的确定

1）专利权的计价。专利权分为自制和外购两种。自制专利权，其价值按开发过程中的实际支出计价，主要包括专利的研制成本和交易成本。

2）非专利技术的计价。它也包括自制和外购两种。外购非专利技术，应由法定评估机构确认后，再进一步估价，该方法利用能产生的收益采用收益法进行估价。自制的非专利技术，一般不得以无形资产入账，自制过程中所发生的费用，按当期费用处理。

3）商标权的计价。分为自制和购入（转让）两种。企业购入和转让商标时，商标权的计价一般根据被许可方新增的收益确定；商标权是自创的，一般不能作为无形资产入账，而直接以销售费用计入当期损益。

4）土地使用权的计价。当建设单位向土地管理部门申请，通过出让方式取得有限期的土地使用权而支付的出让金，应以无形资产计入核算；当建设单位获得土地使用权是通过行政划拨的，就不能作为无形资产核算，只有在将土地使用权有偿转让、出租、抵押、作价入股和投资，并按规定补交土地出让金后，才可作为无形资产计入核算。

无形资产入账后，应在其有限使用期内分期摊销。

5. 递延资产价值的确定

递延资产是不能全部计入当年损益，应当在以后各年分期摊销的各种费用。企业筹建期间的开办费的价值按账面价值确定；租入的固定资产改良工程支出的计价，应在租赁有限期限内摊入制造费用或各年费用。

6. 其他资产价值的确定

包括特准储备物资等，按实际入账价值核算。

7.2.2　案例

【案例一】

背景材料：

某制造企业拟编制某工业生产项目的竣工决算。该建设项目包括 A、B 两个主要生产车间和四个辅助车间及若干个附属办公、生活建筑物。在建设期内，各单项构成的竣工决算数据见表 7-13。工程建设其他投资完成情况如下：支付行政划拨土地的土地征用及迁移费 600 万元，支付土地使用权出让金 800 万元；建设单位管理费 500 万元（其中 400 万元构成固定资产）；勘察设计费 360 万元；专利费 60 万元；非专利技术费 25 万元；获得商标权 80 万元；生产职工培训费 40 万元；报废工程损失 25 万元；生产线试运转支出 30 万元，试生产产品销售款 10 万元。

某建设项目竣工决算数据表　　单位：万元　　**表 7-13**

项目名称	建筑工程	安装工程	需安装设备	不需安装设备	生产工器具	
					总额	达到固定资产标准
A 生产车间	2000	400	1800	350	150	90
B 生产车间	1600	380	1400	260	110	60
辅助生产车间	2200	250	900	180	98	55
附属建筑	800	50		30		
合计	6600	1080	4100	820	358	205

问题：

1. 确定A、B生产车间的新增固定资产价值。

2. 确定该决算项目的固定资产、流动资产、无形资产和递延资产的价值。

［解题要点分析］

本案例是对某工业建设项目确定新增资产价值。在计算时应首先分清楚新增固定资产、流动资产、无形资产、递延资产的概念；其次，掌握各种新增资产价值的确定方法。计算时尤其注意：(1) 新增固定资产价值的确定，应正确计算分摊的待摊投资；(2) 土地使用权的计价方式的确定，在什么情况下按无形资产核算，什么情况下按固定资产核算。

［答案］

问题1：

(1) A生产车间的新增固定资产价值计算

应分摊的建设单位管理费为：

(2000＋400＋1800)/(6600＋1080＋4100)×400＝142.61万元

应分摊的勘察设计费、土地征用费等费用为：

(360＋600＋25＋30－10)×2000/6600＝304.55万元

A生产车间的新增固定资产价值为：

2000＋400＋1800＋350＋90＋142.61＋304.55＝5087.16万元

(2) B生产车间的新增固定资产价值计算

应分摊的建设单位管理费为：

(1600＋380＋1400)/(6600＋1080＋4100)×400＝114.77万元

应分摊的勘察设计费、土地征用费等费用为：

(360＋600＋25＋30－10)×1600/6600＝243.64万元

B生产车间的新增固定资产价值为：

1600＋380＋1400＋260＋60＋114.77＋243.64＝4058.41万元

问题2：

固定资产价值为：

(6600＋1080＋4100＋820＋205)＋(600＋400＋360＋25＋30－10)

＝14210万元

流动资产价值为：358－205＝153万元

无形资产价值为：800＋60＋25＋80＝965万元

递延资产价值为：(500－400)＋40＝140万元

【案例二】

背景材料：

在沿海地区，某企业新投资建设某一大型建设项目，2017年初开工建设，2017年底有关财务核算资料如下：

(1) 已经完成部分单项工程，经验收合格后，已经交付使用的资产包括：

1) 固定资产43650万元，其中房屋建筑物价值21200万元，折旧年限50年，机械设备价值22450万元，折旧年限为12年；

2）为生产准备的使用年限在一年以内的随机备件、工具、器具等流动资产价值 7020 万元；

3）建设期内购置的专利权、非专利技术 1400 万元，摊销期为 5 年；

4）筹建期间发生的开办费 90 万元。

（2）基建支出的项目有：

1）建筑工程和安装工程支出 28600 万元；

2）设备工器具投资 20800 万元；

3）建设单位管理费、勘察设计费等待摊投资 600 万元；

4）通过出让方式购置的土地使用权形成的其他投资 400 万元。

（3）非经营项目发生待摊核销基建支出 70 万元。

（4）应收生产单位投资借款 1600 万元。

（5）购置需要安装的器材 60 万元，其中待处理器材损失 30 万元。

（6）货币资金 700 万元。

（7）工程预付款及应收有偿调出器材款 25 万元。

（8）建设单位自用的固定资产原价 48600 万元，累计折旧 6080 万元。

反映在《资金平衡表》上的各类资金来源的期末余额是：

（1）预算拨款 81000 万元。

（2）自筹资金拨款 48000 万元。

（3）其他拨款 450 万元。

（4）建设单位向商业银行借入的借款 11000 万元。

（5）建设单位当年完成交付生产单位使用的资产价值中，有 270 万元属利用投资借款形成的待冲基建支出。

（6）应付器材销售商 25 万元贷款和尚未支付的应付工程款 160 万元。

（7）未交税金 30 万元。

（8）其他未交款 10 万元。

（9）其余为法人资本金。

问题：

根据以上资料编制该建设项目竣工财务决算表（见表 7-14）。

大、中型建设项目竣工财务决算表　　单位：元　　**表 7-14**

资金来源	金额	资金占用	金额
一、基建拨款		一、基本建设支出	
1. 预算拨款		1. 交付使用资金	
2. 基建基金拨款		2. 在建工程	
3. 进口设备转账拨款		3. 待核销基建支出	
4. 器材转账拨款		4. 非经营项目转出投资	
5. 煤代油专用基金拨款		二、应收生产单位投资借款	
6. 自筹资金拨款		三、拨付所属投资借款	
7. 其他拨款		四、器材	

续表

资金来源	金额	资金占用	金额
二、项目资本		其中：待处理器材损失	
1. 国家资本		五、货币资金	
2. 法人资本		六、预付及应收款	
3. 个人资本		七、有价证券	
三、项目资本公积		八、固定资产	
四、基建借款		固定资产原值	
五、上级拨入投资借款		减：累计折旧	
六、企业债券资金		固定资产净值	
七、待冲基建支出		固定资产清理	
八、应付款		待处理固定资产损失	
九、未交款			
1. 未交税金			
2. 未交基建收入			
3. 未交基建包干结余			
4. 其他未交款			
十、上级拨入资金			
十一、留成收入			
合计		合计	

[解题要点分析]

《大、中型建设项目竣工财务决算表》是反映建设单位所有建设账面在某一特定日期的投资来源及其分布状态的财务信息资料。它的编制是依赖于建设项目中形成的大量数据。通过编制该表，使学生熟悉该表的总体结构及各部分的内容、编制依据和步骤。由于该表采用平衡表形式，计算时注意资金来源合计应等于资金支出合计。

[答案]

根据已知背景资料数据，通过一定的计算，填表 7-15 如下。

大、中型建设项目竣工财务决算表 单位：元 **表 7-15**

资金来源	金额	资金占用	金额
一、基建拨款	129450	一、基本建设支出	102630
1. 预算拨款	81000	1. 交付使用资金	52160
2. 基建基金拨款		2. 在建工程	50400
3. 进口设备转账拨款		3. 待核销基建支出	70
4. 器材转账拨款		4. 非经营项目转出投资	
5. 煤代油专用基金拨款		二、应收生产单位投资借款	1600
6. 自筹资金拨款	48000	三、拨付所属投资借款	
7. 其他拨款	450	四、器材	60

续表

资金来源	金额	资金占用	金额
二、项目资本	6590	其中：待处理器材损失	30
1. 国家资本		五、货币资金	700
2. 法人资本	6590	六、预付及应收款	25
3. 个人资本		七、有价证券	
三、项目资本公积		八、固定资产	42520
四、基建借款	11000	固定资产原值	48600
五、上级拨入投资借款		减：累计折旧	6080
六、企业债券资金		固定资产净值	42520
七、待冲基建支出	270	固定资产清理	
八、应付款	185	待处理固定资产损失	
九、未交款	40		
1. 未交税金	30		
2. 未交基建收入			
3. 未交基建包干结余			
4. 其他未交款	10		
十、上级拨入资金			
十一、留成收入			
合计	147535	合计	147535

其中：交付使用资产＝交付使用的固定资产＋预备的流动资产＋专利权等无形资产＋筹建期间的开办费＝43650＋7020＋1400＋90＝52160万元

在建工程＝建筑安装工程支出＋设备工器具投资＋建设单位管理费等待摊投资＋土地使用权等其他费用＝28600＋20800＋600＋400＝50400万元。

练　习　题

习题1

背景材料：

某建设项目及其第一车间的建筑工程费、安装工程费、需安装设备费以及应摊入费用如表7-16所示。

分摊费用计算结果表　　单位：万元　　**表7-16**

项目名称	建筑工程	安装工程	需安装设备	建设单位管理费	土地征用费	勘察设计费
建设项目竣工决算	2600	700	1200	90	80	70
第一车间竣工决算	600	220	500			

问题：

计算第一车间新增固定资产价值。

习题 2

背景材料：

某一大中型建设项目 2016 年开工建设，2017 年底有关财务核算资料如下：

（1）已经完成部分单项工程，经验收合格后，已经交付使用的资产包括：

1）固定资产 74739 万元；

2）为生产准备的使用年限在一年以内的随机备件、工具、器具 29361 万元。期限在 1 年以上，单价价值 2000 元以上的工具 61 万元；

3）建设期内购置的专利权、非专利技术 1700 万元，摊销期为 5 年；

4）筹建期间发生的开办费 79 万元。

（2）基建支出的项目有：

1）建筑工程和安装工程支出 15800 万元；

2）设备工器具投资 43800 万元；

3）建设单位管理费、勘察设计费等待摊投资 2392 万元；

4）通过出让方式购置的土地使用权形成的其他投资 108 万元。

（3）非经营项目发生待摊核销基建支出 40 万元。

（4）应收生产单位投资借款 1500 万元。

（5）购置需要安装的器材 49 万元，其中待处理器材损失 15 万元。

（6）货币资金 480 万元。

（7）工程预付款及应收有偿调出器材款 20 万元。

（8）建设单位自用的固定资产原价 60220 万元，累计折旧 10066 万元。

反映在《资金平衡表》上的各类资金来源的期末余额是：

（1）预算拨款 48000 万元。

（2）自筹资金拨款 60508 万元。

（3）其他拨款 300 万元。

（4）建设单位向商业银行借入的借款 109287 万元。

（5）建设单位当年完成交付生产单位使用的资产价值中，有 160 万元属利用投资借款形成的待冲基建支出。

（6）应付器材销售商 37 万元贷款和应付工程款 1963 万元尚未支付。

（7）未交税金 28 万元。

问题：

1. 计算交付使用资产与在建工程有关数据，填入表 7-17 中。

交付使用资产与在建工程有关数据表 单位：元 **表 7-17**

资金项目	金额	资金项目	金额
（一）交付使用资产		（二）在建工程	
1. 固定资产		1. 建筑安装工程投资	
2. 流动资产		2. 设备投资	
3. 无形资产		3. 待摊投资	
4. 递延资产		4. 其他投资	

2. 编制大、中型基本建设项目竣工财务决算表，见表 7-18。

大、中型建设项目竣工财务决算表　　单位：元　　**表 7-18**

资金来源	金额	资金占用	金额
一、基建拨款		一、基本建设支出	
1. 预算拨款		1. 交付使用资金	
2. 基建基金拨款		2. 在建工程	
3. 进口设备转账拨款		3. 待核销基建支出	
4. 器材转账拨款		4. 非经营项目转出投资	
5. 煤代油专用基金拨款		二、应收生产单位投资借款	
6. 自筹资金拨款		三、拨付所属投资借款	
7、其他拨款		四、器材	
二、项目资本		其中：待处理器材损失	
1. 国家资本		五、货币资金	
2. 法人资本		六、预付及应收款	
3. 个人资本		七、有价证券	
三、项目资本公积		八、固定资产	
四、基建借款		固定资产原值	
五、上级拨入投资借款		减：累计折旧	
六、企业债券资金		固定资产净值	
七、待冲基建支出		固定资产清理	
八、应付款		待处理固定资产损失	
九、未交款			
1. 未交税金			
2. 未交基建收入			
3. 未交基建包干结余			
4. 其他未交款			
十、上级拨入资金			
十一、留成收入			
合计		合计	

3. 计算基建结余资金。

7.3　资金使用计划与投资偏差分析

7.3.1　资金使用计划、投资偏差分析

一、资金使用计划的编制

对于建设项目，建设前期阶段的资金投入与策划直接影响到建设实施阶段的进程与效果，而施工阶段是资金直接投入阶段，故在《案例分析》中，资金使用计划一般只涉及施工阶段，是在施工总进度计划的基础上编制的，且与施工组织设计有密切的关系。

编制施工阶段资金使用计划时要考虑以下相关因素：项目工程量、建设总工期、单位工程工期、施工程序与条件、资金资源和需要与供给的能力和条件、施工阶段出现的各种风险因素等。

资金使用计划的编制方法有：

（1）按不同子项目编制的资金使用计划

（2）按时间进度编制的资金使用计划：
- 用横道图形式
- 用时标网络图形式（重点）
- 采用S曲线、香蕉图形式

二、投资偏差分析

1. 引起投资偏差的主要原因有：客观原因、设计原因、业主原因和施工原因。

2. 偏差的类型

（1）投资偏差＝已完工程实际投资－已完工程计划投资（得“＋”增加；得“－”节约）

式中　已完工程实际投资——表示按实际进度计算的单项工程实际投资；

已完工程实际投资＝已完工程实际工程量×实际单价；

已完工程计划投资——表示按实际进度计算的单项工程计划投资；

已完工程计划投资＝已完工程实际工程量×计划单价；

（2）进度偏差＝已完工程实际时间－已完工程计划时间

＝拟完工程计划投资－已完工程计划投资（得“＋”拖延；得“－”提前）

式中　拟完工程计划投资——表示原计划中的单项工程计划投资；

拟完工程计划投资＝计划工程量×计划单价。

3. 常用的偏差分析方法：横道图法、时标网络图法、表格法和曲线法。

7.3.2 案例

【案例一】

背景材料：

某工程计划进度与实际进度如表7-19所示。表中粗实线表示计划进度（进度线上方的数据为每周计划投资），粗虚线表示实际进度（进度线上方的数据为每周实际投资）。该工程的每项分项工程实际完成工程量与计划工程量相等。资金单位：万元。

某工程计划进度与实际进度表　　　　**表7-19**

工作项目	进度计划(周)											
	1	2	3	4	5	6	7	8	9	10	11	12
A	3	3	3									
	3	3	3									
B		3	3	3	3	3						
			3	3	3	2	2					
C				2	2	2	2					
						2	2	2	2	2		
D						3	3	3	3			
							2	2	2	2	2	
E								2	2	2		
										2	2	2

问题：

1. 计算每周投资数据表，并将结果填入表7-20。

投资数据表 单位：万元 **表7-20**

项目	投资数据											
	1	2	3	4	5	6	7	8	9	10	11	12
拟完工程计划投资												
拟完工程计划投资累计												
已完工程实际投资												
已完工程实际投资累计												
已完工程计划投资												
已完工程计划投资累计												

2. 试绘制该工程三种投资曲线，即：（1）拟完工程计划投资曲线；（2）已完工程实际投资曲线；（3）已完工程计划投资曲线。

3. 分析第6周末和第10周末的投资偏差和进度偏差。

［解题要点分析］

本案例主要考核三条投资曲线的概念，即：拟完工程计划投资、已完工程计划投资和已完工程实际投资，投资数据统计方法、投资曲线绘制方法，以及投资偏差、进度偏差的分析方法。

本案例求解的难点主要有：每周已完工程计划投资的计算和以时间表示的进度偏差的计算。

计算每周已完工程计划投资时，首先要将每项分项工程的拟完工程计划投资总额按照已完工程实际时间分解为每周已完工程计划投资，然后根据每周实际完成的各分项工程内容统计整个项目的每周已完工程计划投资。计算公式为：

每项分项工程每周已完工程计划投资＝该分项工程计划投资总额/该分项工程实际作业周数

整个工程每周已完工程计划投资＝Σ本周各项分项工程已完工程计划投资

以时间表示的进度偏差＝已完工程实际时间－已完工程计划时间

式中，已完工程计划时间是指完成已完工程计划投资累计值所需要的计划时间，该值一般需要采用插值法通过计算取得。

［答案］

问题1：

计算数据见表7-21。

投资数据表 单位：万元 **表7-21**

项目	投资数据											
	1	2	3	4	5	6	7	8	9	10	11	12
每周拟完工程计划投资	3	6	6	5	5	8	5	5	5	2		
拟完工程计划投资累计	3	9	15	20	25	33	38	43	48	50		

续表

项目	投资数据											
	1	2	3	4	5	6	7	8	9	10	11	12
每周已完工程实际投资	3	3	6	3	3	4	6	4	4	6	4	2
已完工程实际投资累计	3	6	12	15	18	22	28	32	36	42	46	48
每周已完工程计划投资	3	3	6	3	3	4.6	7	4	4	6	4.4	2
已完工程计划投资累计	3	6	12	15	18	22.6	29.6	33.6	37.6	43.6	48	50

问题 2：

根据表中数据绘出投资曲线图，如图 7-3 所示，图中：①为拟完工程计划投资曲线；②为已完工程实际投资曲线；③已完工程计划投资曲线。

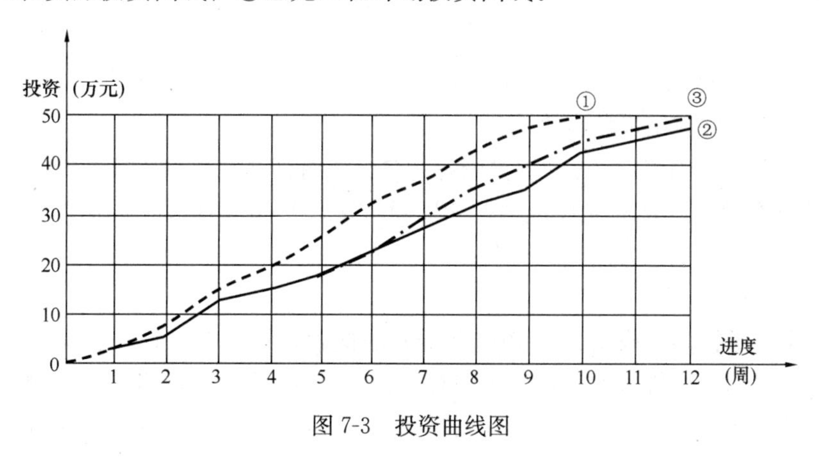

图 7-3 投资曲线图

问题 3：

第 6 周末投资偏差＝22－22.6＝－0.6 万元　即：节约投资 0.6 万元。

第 6 周末进度偏差＝6－[4＋(22.6－20)/(25－20)]＝1.48 周　即：进度拖后 1.48 周。

或＝33－22.6＝10.4 万元　即：进度拖后 10.4 万元。

第 10 周末投资偏差＝42－43.6＝－1.6 万元　即：节约投资 1.6 万元。

第 10 周末进度偏差＝10－[8＋(43.6－43)/(48－43)]＝1.88 周　即：进度拖后 1.88 周。

或＝50－43.6＝6.4 万元　即：进度拖后 6.4 万元。

【案例二】

背景材料：

某工程按最早开始时间安排的横道图计划如图 7-4 中虚线所示，虚线上方数字为该工作每月的计划投资额（单位：万元）。该工程施工合同规定工程于 1 月 1 日开工，按季度综合调价系数调价。在施工过程中，各工作的实际工程量和持续时间均与计划相同。

问题：

1. 在施工过程中，工作 A、C、E 按计划实施（如图 7-4 中的实线横道所示）。工作 B 推迟 1 个月开始，导致工作 D、F 的开始时间相应推迟 1 个月。在图 7-4 中完成 B、D、F 工作的实际进度的横道图。

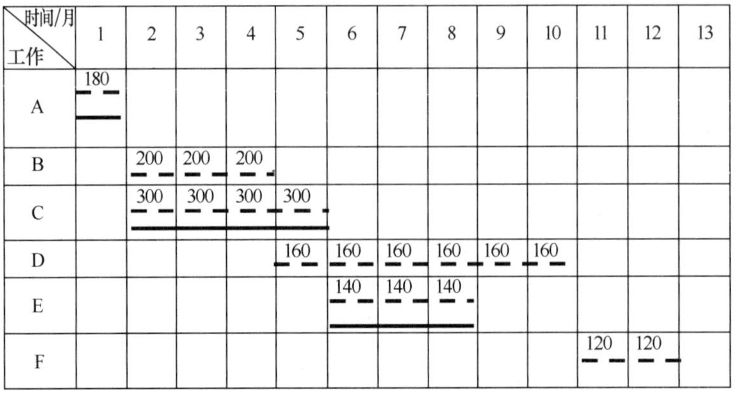

时间/月 工作	1	2	3	4	5	6	7	8	9	10	11	12	13
A	180												
B		200	200	200									
C		300	300	300	300								
D					160	160	160	160	160	160			
E						140	140	140					
F											120	120	

图 7-4　横道图

2. 若前三个季度的综合调价系数分别为 1.00、1.05 和 1.10，计算第 2～7 个月的已完工程实际投资，并将结果填入表内。

3. 第 2～7 个月的已完工程计划投资各为多少？将计算结果填入表 7-22。

4. 列式计算第 7 个月末的投资偏差和以投资额、时间分别表示的进度偏差（计算结果保留 2 位小数）。

[解题要点分析]

本案例重点考核学生投资偏差和进度偏差的概念和计算，在计算已完工程实际投资时，应注意乘以综合调价系数。进度偏差有两种表示方法和计算方法，用时间表示的进度偏差＝已完工程实际时间－已完工程计划时间，式中，已完工程计划时间是指完成已完工程计划投资累计值所需要的计划时间，该值一般需要采用插值法通过计算取得。

[答案]

问题 1：

由于工作 B、D、F 的开始时间均推迟 1 个月，而持续时间不变，故实际进度 B 工作在 3～5 月、D 工作在 6～11 月、F 工作在 12～13 月，见图 7-5 中实线横道。

问题 2：

第 1 季度的实际投资与计划投资相同，将第 2 季度各月的计划投资乘 1.05，将 7 月份的计划投资乘 1.10，即得到 2～7 月各月的实际投资，然后逐月累计，见图 7-5 及表 7-22。

各月投资情况表　　　　**表 7-22**

时间/月 投资	1	2	3	4	5	6	7
每月拟完工程计划投资	180	500	500	500	460	300	300
累计拟完工程计划投资	180	680	1180	1680	2140	2440	2740
每月已完工程实际投资	180	300	500	525	525	315	330
累计已完工程实际投资	180	480	980	1505	2030	2345	2675
每月已完工程计划投资	180	300	500	500	500	300	300
累计已完工程计划投资	180	480	980	1480	1980	2280	2580

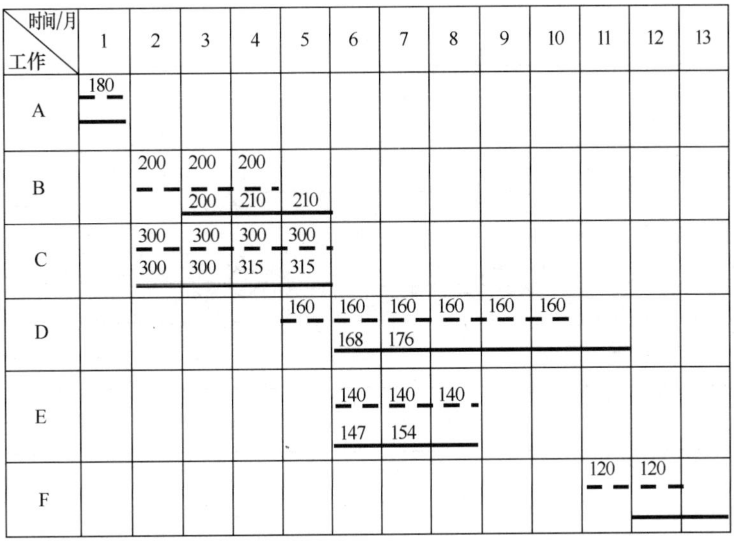

时间/月 工作	1	2	3	4	5	6	7	8	9	10	11	12	13
A	180												
B		200	200 200	200 210	210								
C		300 300	300 300	300 315	300 315								
D					160	160 168	160 176	160	160	160			
E						140 147	140 154	140					
F											120	120	

图 7-5　完成 B、D、F 工作实际进度后的横道图

问题 3：

将各月已完工程实际投资改为计划投资(即不乘调价系数)，然后逐月累计，见表 7-22。

问题 4：

投资偏差＝已完工程实际投资－已完工程计划投资

＝2675－2580＝95 万元，即投资增加 95 万元。

(或投资偏差＝2580－2675＝－95 万元，即投资增加 95 万元)

进度偏差＝拟完工程计划投资－已完工程计划投资

＝2740－2580＝160 万元，即进度拖后 160 万元。

(或进度偏差＝2580－2740＝－160 万元，即进度拖后 160 万元)

以时间表示的进度偏差为：

进度偏差＝已完工程实际时间－已完工程计划时间

＝7－[6＋(2580－2440)/(2740－2440)]

＝7－6.47＝0.53 月，即进度拖后 0.53 月。

【案例三】

背景材料：

某分部工程的时标网络计划如图 7-6 所示，各工作每月计划投资数额如表 7-23 所示，工程进展到第 3 周末及第 6 周末时，分别检查了工程进度，相应地绘出了两条实际进度前锋线，如图 7-6 中的点划线所示。

各工作每周计划投资数额　　单位：万元　　**表 7-23**

工作名称	A	B	C	D	E	G	H	I
每周计划投资	3	4	3	5	3	2	1	2

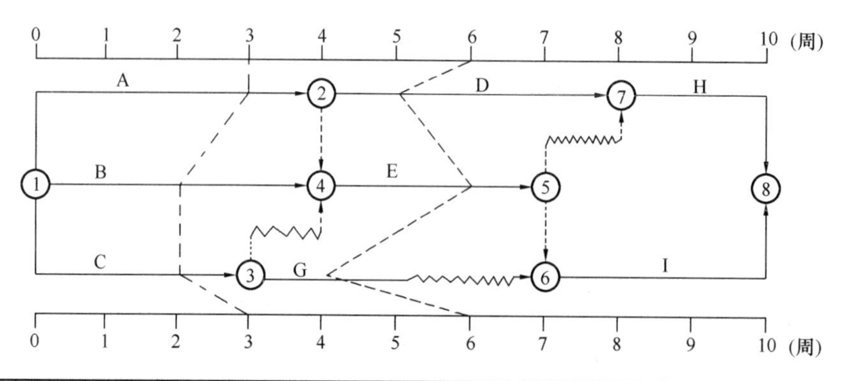

周	1	2	3	4	5	6	7	8	9	10
(1)	10	10	10	9	10	8	8	7	3	3
(2)	10	20	30	39	49	57	65	72	75	78
(3)	10	22	35	43	46	49	67	70	78	80

图 7-6　某工程时标网络计划（单位：周）

注：图下方格内（1）栏数值为该工程每周计划投资额；（2）栏数值为该工程计划投资累计值；（3）栏数值为该工程已完工程实际投资累计值。

问题：

1. 计算第 3 和第 6 周底的已完工程计划投资（累计值）各为多少？
2. 分析第 3 和第 6 周底的投资偏差。
3. 试用投资概念分析进度偏差。
4. 根据第 3 和第 6 周底的实际进度前锋线分析工程进度情况。

【解题分析要点】

本案例重点考核工程的时标网络计划和实际进度前锋线，使学生能够灵活掌握投资偏差、进度偏差的基本概念和计算，以及根据实际检查的进度会分析对工期的影响。

[答案]

问题 1：

第 3 周底，已完工程计划投资为：20＋3＝23 万元

第 6 周底，已完工程计划投资为：39＋5＋3×2＝50 万元

问题 2：

第 3 周底的投资偏差＝已完工程实际投资－已完工程计划投资

＝35－23＝12 万元，即投资增加 12 万元。

第 6 周底的投资偏差＝已完工程实际投资－已完工程计划投资

＝49－50＝－1 万元，即投资节约 1 万元。

问题 3：

根据投资概念分析进度偏差为：

进度偏差＝拟完工程计划投资－已完工程计划投资

第 3 周底，进度偏差＝30－23＝7 万元，即进度拖延 7 万元。

第 6 周底，进度偏差＝57－50＝7 万元，即进度拖延 7 万元。

问题 4：

第 3 周底，工程进度情况为：

①→②工作进度正常；

①→④工作拖延 1 个周，将影响工期 1 个周，因为是关键工作；

①→③工作拖延 1 个周，不影响工期，因为有 1 个周的总时差。

第 6 周底，工程进度情况为：

②→⑦工作拖延 1 个周，将影响工期 1 个周，因为是关键工作；

④→⑤工作进度正常；

③→⑥工作拖延 2 个周，不影响工期，因为有 2 个周的总时差。

练　习　题

习题 1

背景材料：

某工程承包商按照甲方代表批准的时标网络计划（如图 7-7 所示）组织施工。其每周计划投资见表 7-24。

各工作每周计划投资数值　　单位：万元　　**表 7-24**

工作	A	B	C	D	E	G	H	I
每周计划投资	5	4	3	6	4	2	3	6

在工程进展到第 5 周末检查的工程实际进度为：工作 A 完成了 3/4 的工作量，工作 D 完成了 1/2 工作量，工作 E 完成了 1/4 工作量，B、C 全部完成了工作量。

在工程进展到第 9 周末检查的工程实际进度为：工作 G 完成了 2/4 的工作量，工作 H 完成了 1/2 工作量，工作 I 完成了 1/5 工作量。

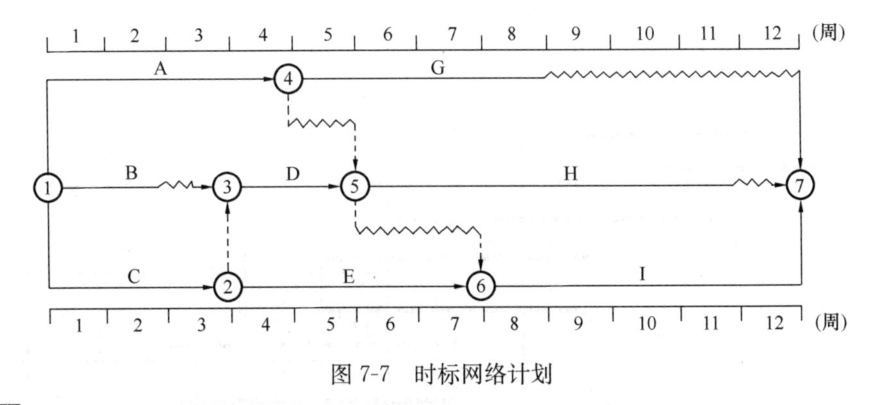

图 7-7　时标网络计划

问题：

1. 在图中标出第 5 周末、第 9 周末的实际进度前锋线。
2. 完成该项目投资数据统计表（已完工程实际投资已在表 7-25 中给出）

投资数据统计表　　　　单位：万元　　**表 7-25**

项目	投资数据											
	1	2	3	4	5	6	7	8	9	10	11	12
每周拟完工程计划投资												
拟完工程计划投资累计												
每周已完工程实际投资	12	10	7	17	14	12	6	13	8	9	10	7
已完工程实际投资累计												
每周已完工程计划投资												
已完工程计划投资累计												

3. 分析第 5 周末、第 9 周末的投资偏差。

4. 分析第 5 周末、第 9 周末的进度偏差（以投资表示）。

5. 根据第 5 和第 9 周末的实际进度前锋线分析工程进度情况。

习题 2

背景材料：

某工程计划进度与实际进度如表 7-26 所示。表中粗实线表示计划进度（进度线上方的数据为每周计划投资），粗虚线表示实际进度（进度线上方的数据为每周实际投资）。假定各分项工程每周进度计划与实际进度均为匀速进度，而且各分项工程实际完成总工程量与计划总工程量相等。资金单位：万元。

某工程计划进度与实际进度表　　　　**表 7-26**

工作项目	进度计划（周）											
	1	2	3	4	5	6	7	8	9	10	11	12
A	5	5	5									
	5	5	5									
B		4	4	4	4	4						
			4	4	4	3	3					
C				9	9	9	9					
						9	8	7	7			
D						5	5	5	5			
							4	4	4	5	5	
E								3	3	3		
										3	3	3

问题：

1. 计算每周投资数据表，并将结果填入表 7-27。

投资数据表 单位：万元 **表 7-27**

项目	投资数据											
	1	2	3	4	5	6	7	8	9	10	11	12
每周拟完工程计划投资												
拟完工程计划投资累计												
每周已完工程实际投资												
已完工程实际投资累计												
每周已完工程计划投资												
已完工程计划投资累计												

2. 试绘制该工程三种投资曲线，即：（1）拟完工程计划投资曲线；（2）已完工程实际投资曲线；（3）已完工程计划投资曲线。

3. 分析第 6 周末和第 10 周末的投资偏差和进度偏差。

习题 3

背景材料：

某工程项目施工合同于 2016 年签订，合同约定的工期为 20 个月，2017 年 1 月正式开工，施工单位按合同工期要求编制了混凝土结构工程施工进度时标网络计划，如图 7-8 所示，并经监理工程师审核批准。

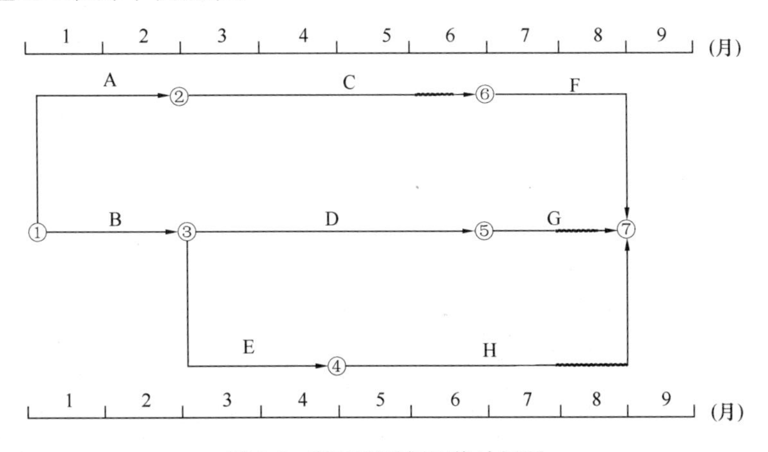

图 7-8 某工程时标网络计划图

该项目各项工作均按最早开始时间安排，且各工作每月所完成的工程量相等。各工作的计划工程量和实际工程量见表 7-28。工作 D、E、F 的实际工作持续时间与计划工作持续时间相同。

计划工程量和实际工程量　表 7-28

工作	A	B	C	D	E	F	G	H
计划工程量（m^3）	8600	9000	5400	9800	5200	6200	1000	3600
实际工程量（m^3）	8600	9000	5600	9200	5000	6000	1200	5000

合同约定，混凝土结构工程综合单价为 1000 元/ m^3，按月结算。结算价按项目所在地混凝土工程价格指数进行调整，项目实施期间各月的混凝土结构工程价格指数如表 7-29所示。

工程价格指数表　表 7-29

时间	2016 年 12 月	2017 年 1 月	2017 年 2 月	2017 年 3 月	2017 年 4 月	2017 年 5 月	2017 年 6 月	2017 年 7 月	2017 年 8 月	2017 年 9 月
砼结构工程价格指数（%）	100	116	106	110	114	112	110	110	120	115

施工期间，由于建设单位原因使工作的开始时间比计划的开始时间推迟了 1 个月，工作 H 因设计变更工程量增加，使该工作的持续时间延长了 1 个月。

问题：

1. 按施工进度计划编制资金使用计划（即计算每月和累计拟完工程计划投资），并简要写出其步骤，将计算结果填入表 7-30 中。

计算结果　单位：万元　表 7-30

项目	投资数据								
	1	2	3	4	5	6	7	8	9
每月拟完工程计划投资									
拟完工程计划投资累计									
每月已完工程实际投资									
已完工程实际投资累计									
每月已完工程计划投资									
已完工程计划投资累计									

2. 计算工作 H 各月的已完工程计划投资和已完工程实际投资。

3. 计算混凝土结构已完工程计划投资和已完工程实际投资，将计算结果填入表 7-30中。

4. 列表计算 7 月月末的投资偏差和进度偏差（用投资额表示）。

注：计算结果保留 1 位小数。

习题 4

背景材料：

某分部工程双代号时标网络计划执行到第 3 周末及第 8 周末时，检查实际进度后绘制的前锋线如图 7-9 所示。

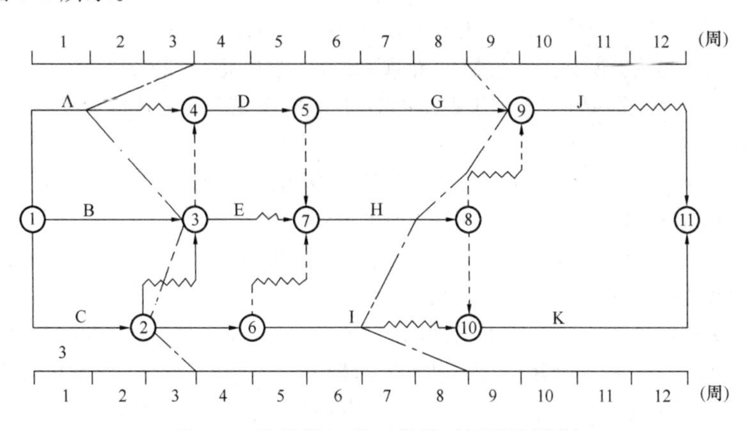

图 7-9 某分部工程双代号时标网络计划

问题：

根据第 3 和第 8 周末的实际进度前锋线分析工程进度情况。

参 考 文 献

[1] 袁建新. 工程造价管理(第四版)[M]. 北京：高等教育出版社，2018.

[2] 冯辉红. 工程造价管理[M]. 北京：化学工业出版社，2017.

[3] 柴琦，冯松山. 建筑工程造价管理[M]. 北京：北京大学出版社，2012.

[4] 尹贻林. 2014年版全国造价工程师执业资格考试应试指南-建设工程造价管理[M]. 北京：中国计划出版社，2014.

[5] 申玲. 工程造价计价(第四版)[M]. 北京：知识产权出版社，2014.

[6] 周国恩. 工程造价管理[M]. 北京：机械工业出版社，2012.

[7] 王凯，王丽红，马桂茹. 建设工程造价案例分析[M]. 北京：清华大学出版社，2015.

[8] 郭树荣. 工程造价管理(第二版)[M]. 北京：科学出版社，2015.

[9] 徐锡权，厉彦菊，刘永坤. 工程造价管理(第二版)[M]. 北京：北京大学出版社，2016.

[10] 王春梅，曹杰，崔晓伟，谷洪雁. 工程造价案例分析(第二版)[M]. 北京：清华大学出版社，2014.

[11] 杨锐. 工程招投标与合同管理实务[M]. 北京：机械工业出版社，2013.

[12] 张萍. 建筑工程招投标与合同管理[M]. 武汉：武汉理工大学出版社，2011.

[13] 中华人民共和国建设部. 建设工程工程量清单计价规范[M]. 北京：中国计划出版社，2018.

[14] 中华人民共和国建设部. 房屋建筑与装饰工程工程量计算规范[M]. 北京：中国计划出版社，2018.

[15] 中华人民共和国住房和城乡建设部，财政部. 建筑安装工程费用项目组成(建标〔2013〕44号)[EB/OL]. [2013-03-21]. http://www.mohurd.gov.cn/wjfb/201304/t201304_01_213303.html.

[16] 城乡建设部标准定额研究所. TY 01-31-2015 房屋建筑与装饰工程消耗量定额 [S]. 北京：中国计划出版社，2015.

[17] 危道军. 招投标与合同管理实务(第四版)[M]. 北京：高等教育出版社，2018.

[18] 全国造价工程师执业资格考试培训教材编审委员会. 2017年全国造价工程师执业资格考试培训教材—考试大纲[M]. 北京：中国计划出版社，2017.

[19] 全国造价工程师执业资格考试培训教材编审委员会编. 2017年全国造价工程师执业资格考试培训教材—工程造价案例分析[M]. 北京：中国城市出版社，2017.

[20] 全国造价工程师执业资格考试培训教材编审委员会编. 2017年全国造价工程师执业资格考试培训教材—建设工程计价[M]. 北京：中国计划出版社，2017.

[21] 全国造价工程师执业资格考试培训教材编审委员会编. 2017年全国造价工程师执业资格考试培训教材—建设工程造价管理[M]. 北京：中国计划出版社，2017.

[22] 迟晓明. 工程造价案例分析(第三版)[M]. 北京：机械工业出版社，2016.

[23] 何增勤，王亦虹，李丽红. 全国造价工程师执业资格考试应试指南—建设工程造价案例分析[M]. 北京：中国计划出版社，2017.

[24] 徐刚. 全国造价工程师执业资格考试套路解析建筑工程造价案例分析[M]. 北京：中国计划出版社：2018.

[25] 左红军. 2018全国造价工程师执业资格考试过关必备—建设工程造价案例分析真题精解[M]. 北京：中国建材工业出版社，2018.

[26] 建设工程教育网. 2017年全国造价工程师执业资格考试经典题解—建设工程造价案例分析[M]. 北京：中国计划出版社，2017.